FPGA软件测试：
入门到实战

石　颢　陈军花　郑玲玲◎编著

重庆大学出版社

内容提要

本书从 FPGA 软件测试的基本概念入手，理论部分详细解读了 FPGA 软件测试相关国家标准与国家军用标准的要求；实战部分结合相关标准，在详细介绍 FPGA 软件静态测试技术的同时，结合工程实例深入剖析了常用的动态测试技术，力求指引初级 FPGA 软件验证与测试工程师建立基本的测试规范，指导其完成 FPGA 软件验证与测试入门技术，助力他们持续提升综合技术实力。

本书可作为 FPGA 软件设计工程师内部测试的参考书，也可作为 FPGA 软件验证与测试工程师日常查阅用书，还可作为高校相关专业 FPGA 入门教材使用。

图书在版编目(CIP)数据

FPGA 软件测试：入门到实战 / 石颢，陈军花，郑玲玲编著. -- 重庆：重庆大学出版社，2024. 9. -- ISBN 978-7-5689-4770-1

Ⅰ. TP303

中国国家版本馆 CIP 数据核字第 2024VC3188 号

FPGA 软件测试：入门到实战
FPGA RUANJIAN CESHI：RUMEN DAO SHIZHAN

石　颢　陈军花　郑玲玲　编著
策划编辑：杨粮菊
责任编辑：杨育彪　　版式设计：杨粮菊
责任校对：邹　忌　　责任印制：张　策

*

重庆大学出版社出版发行
出版人：陈晓阳
社址：重庆市沙坪坝区大学城西路 21 号
邮编：401331
电话：(023)88617190　88617185(中小学)
传真：(023)88617186　88617166
网址：http://www.cqup.com.cn
邮箱：fxk@cqup.com.cn(营销中心)
全国新华书店经销
重庆新荟雅科技有限公司印刷

*

开本：787mm×1092mm　1/16　印张：20　字数：508 千
2024 年 9 月第 1 版　　2024 年 9 月第 1 次印刷
印数：1—1 000
ISBN 978-7-5689-4770-1　定价：59.00 元

前　言

FPGA 软件测试是确保 FPGA 设计正确性和可靠性的关键环节。随着 FPGA 在武器系统、航空航天、工业控制、人工智能、汽车电子等应用领域的广泛使用,FPGA 软件测试的重要性日益凸显。在这样的大背景下,越来越多的测试工程师进入 FPGA 软件测试领域。

本书从 FPGA 软件测试的基本概念入手,结合国家标准与国家军用标准的相关要求,在详细介绍 FPGA 软件静态测试技术的同时,深入剖析了常用的动态测试技术,力求指引 FPGA 软件验证与测试工程师建立基本的测试规范,实现 FPGA 软件测试快速入门,助力其持续提升综合技术实力。

第一部分理论篇,包括第 1—2 章,介绍了 FPGA 软件的基本概念,并对 FPGA 软件测试中涉及的测试级别、测试过程和测试产出物进行了说明,以及详细解读了《可编程逻辑器件软件测试指南》(GB/T 33783—2017)和《军用可编程逻辑器件软件测试要求》(GJB 9433—2018)中的测试类型、测试方法。

第二部分实战篇,包括第 3—10 章,其中第 3—9 章详细介绍了人工代码审查、编码规则审查、跨时钟域信号分析、静态时序分析、功能仿真、时序仿真和实物测试等常用测试方法,并通过实例进行了有针对性的实战测试。第 10 章以一个 FPGA 软件项目为切入口,依照《军用可编程逻辑器件软件文档编制规范》(GJB 9764—2020)对该项目进行了需求描述,随后按照配置项软件的测试过程对每一个过程的工作及输出文档进行了介绍,并在测试执行过程中使用常用测试方法对该项目进行了实战演练。

日拱一卒,功不唐捐。学习 FPGA 软件测试的道路漫长,希望本书内容能对刚接触 FPGA 软件测试的工程师尽快进入工作角色有所帮助,也能为有意长期从事并致力于 FPGA 软件测试工作的资深人士提供参考与查阅之便。

本书的内容设计与组织编写由石颢担纲,全书分工如下:第 1、2 章由郑玲玲执笔,陈军花参与编写;第 3、4 章由陈军花执笔;第 5、6、7、8、9 章由石颢执笔;第 10 章由石颢执笔,陈军花、郑玲玲参与编写。全书的审校和最终定稿由石颢和陈军花共同完成。

由于编者水平有限,书中不当与错误之处在所难免,敬请读者提出宝贵建议。

编　者
2024 年 3 月

目录

第一部分

理论篇

1

FPGA 简介

可编程逻辑器件(Programmable Logic Device,PLD)是一种可以由用户进行编程和配置,实现数字电路逻辑功能的电子器件。从 20 世纪 70 年代开始,可编程逻辑器件实现了集成度由低到高、从简单到复杂的发展历程。目前,复杂可编程逻辑器件(Complex Programmable Logic Device,CPLD)和现场可编程逻辑门阵列(Field Programmable Gate Array,FPGA)是应用最广泛的两种可编程逻辑器件。

1.1 FPGA 的发展简介

可编程逻辑阵列(Programmable Logic Array,PLA)是可编程逻辑器件发展的起点,由可编程的与逻辑阵列、可编程的或逻辑阵列和输出缓冲器组成,可以将布尔逻辑表达式实现为两级积和函数。PLA 通过可编程开关实现可配置性,可编程开关选择每个与门/或门的输入来实现不同的布尔逻辑表达式。

可编程阵列逻辑(Programmable Array Logic,PAL)是从 PLA 发展而来的,其原理框架与 PLA 几乎一模一样,不同之处在于只有与逻辑阵列是可编程的,而或逻辑阵列是固定的。PAL 相对于 PLA 速度更快,复杂性和成本更低,因此应用面更加广泛。

通用阵列逻辑(Generic Array Logic,GAL)是在 PAL 的基础上发展起来的,通过引入可电擦除的编程方法和可编程输出逻辑宏单元(Output Logic Macro Cell,OLMC),实现了 PAL 的扩展,使电路的逻辑设计更加灵活。

PAL、GAL 可以实现速度特性较好的逻辑功能,但其简单的结构使它们只能实现规模较小的电路。为了弥补这一缺陷,Altera 公司和 Xilinx 公司分别推出了 CPLD 和 FPGA,二者均具有体系结构和逻辑单元灵活、集成度高以及适用范围广等特点。

1984 年,Xilinx 公司推出了第一款真正意义上的 FPGA 产品 XC2064,这是 FPGA 软件的开端。XC2064 具有 16 个输入和 64 个可编程逻辑门,可以通过编程、配置器件的电气特性来实现多种逻辑功能。

2010 年,Xilinx 公司推出了 7 系列产品,进一步提升了 FPGA 的可重构性、低功耗、抗干扰能力。

1985 年，Altera 公司推出了第一款 PLD，这是 FPGA 的前身。PLD 具有多个输入和输出端口，是一种基于 PLA 技术的数字电路可编程器件。

1992 年，Altera 公司推出了第一款基于 EEPROM 的 FPGA 产品 FLEX 8000，这是 FPGA 软件发展的重要里程碑。FLEX 8000 具有多个输入和输出端口，采用了基于 EEPROM 的可编程逻辑阵列（Electrically Erasable Programmable Logic Array，EEPLA），与 PLA 相比，EEPLA 具有更高的可重构性和更好的性能。

2000 年后，Altera 公司推出了高性能的 FPGA 产品 Stratix 系列和面向低成本用户的 Cyclone 系列，在各个行业均有广泛的应用。

Altera 公司及 Xilinx 公司的产品都是采用 SRAM 结构，因为掉电数据丢失，所以需要一块配置芯片，而 ACTEL 公司的芯片除反熔丝系列外，均基于 Flash 结构，无须额外配置芯片，并且具有良好的安全性（无法破解）和稳定性。

总之，随着科技不断进步，FPGA 的可重构性和逻辑复杂度不断提高，应用范围不断扩大，但 FPGA 也不断面临新的挑战和机遇，需要不断创新和发展。

1.2 FPGA 的基本结构

FPGA 芯片内部主要由块存储器、可配置逻辑块、输入/输出模块、时钟管理单元等核心模块通过互连资源连接组成，其内部结构示意图如图 1-1 所示。

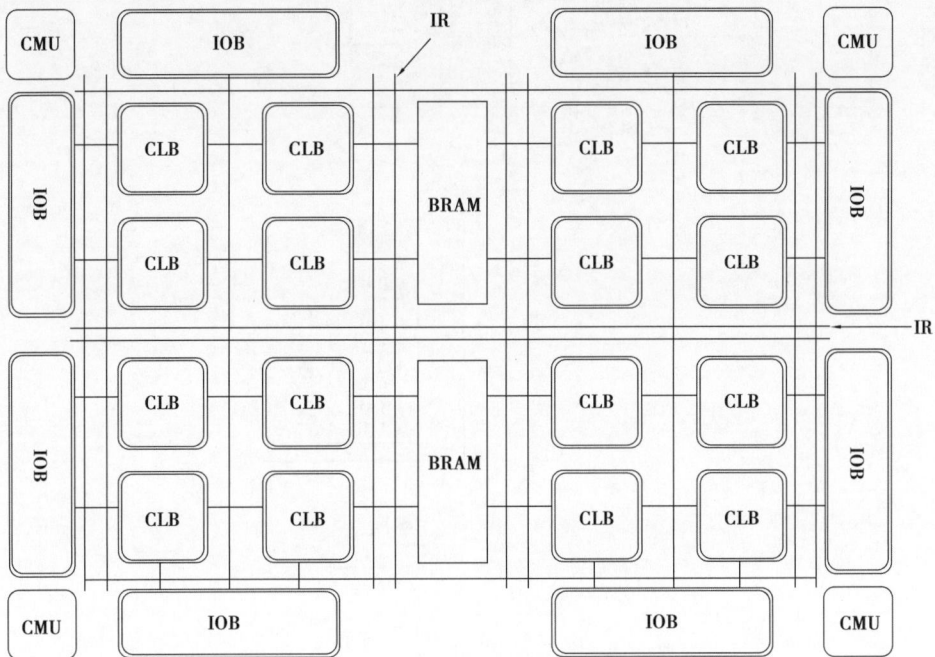

图 1-1 FPGA 芯片内部结构示意图

①块存储器（Block RAM，BRAM）。FPGA 的内嵌 RAM 块可以灵活配置为单端口 RAM（Single Port RAM，SPRAM），双端口 RAM（Double Port RAM，DPRAM），先进先出存储器（First

Input First Output,FIFO)等常用存储器结构。

②可配置逻辑块(Configurable Logic Block,CLB)。可配置逻辑块是 FPGA 的核心部分,用于实现逻辑功能,每个 CLB 都是由触发器、多路选择器、查找表(Look Up Table,LUT)等基本逻辑元件组成的。其中查找表实现了逻辑表达式的计算功能,其核心是一个静态存储器,当开发工程师通过编程描述了一个逻辑表达式后,FPGA 开发软件计算出逻辑电路所有可能的结果并写入该静态存储器。静态存储器的输入信号作为查找表的地址,在 FPGA 运行时通过地址查找到相应的数据后输出,从而实现组合逻辑电路的功能,如图 1-2 所示。

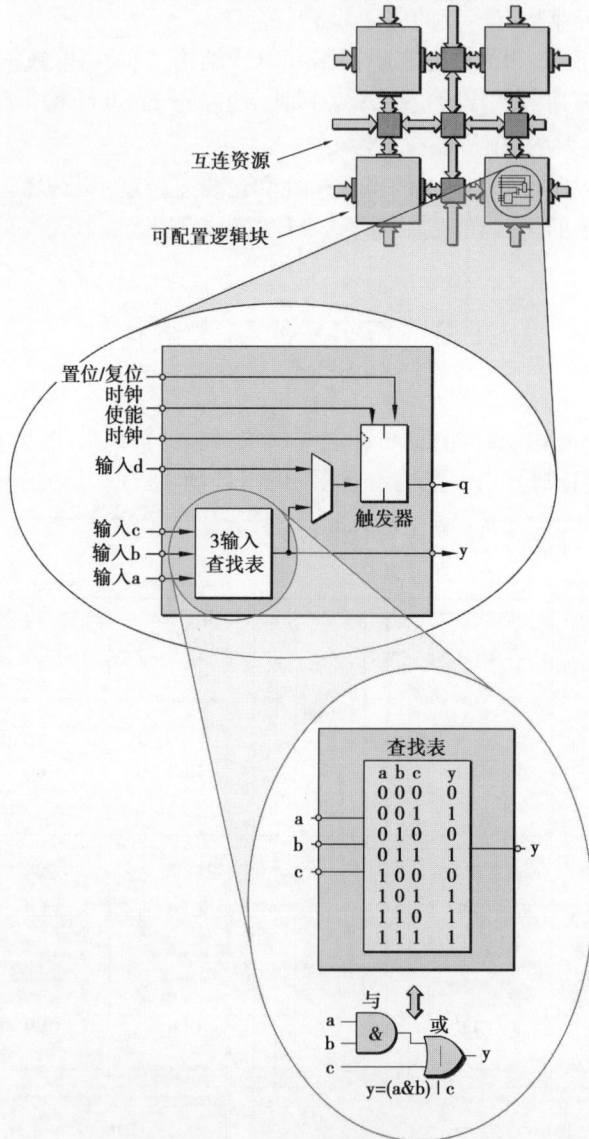

图 1-2 组合逻辑电路的功能实现

③互连资源(Interconnect Resources,IR)。互连资源用于连接可配置逻辑块之间的信号和数据路径。它包括大量连接通道和交叉开关,允许信号在 FPGA 内部进行路由和连接。

④输入/输出模块(Input/Output Blocks,IOB)。输入/输出模块连接到外部引脚,用于与

外部设备进行通信。

　　⑤时钟管理单元(Clock Management Unit,CMU)。时钟管理单元用于生成和分配时钟信号,可以为内部提供多个时钟域,并执行时钟分频、时钟缓冲和时钟延迟等功能。有的器件中使用锁相环(Phase Locked Loop,PLL)或混合模式时钟管理器(Mixed-Mode Clock Manager,MMCM)实现时钟管理的功能。

　　FPGA 既不是冯诺依曼架构,也不是哈佛架构,而是一种半定制电路。不同的生产厂商和不同的型号之间可能会有一些差异,但这些组成部分通常是 FPGA 的核心元素。FPGA 可以根据设计者的需要通过硬件描述语言(例如 Verilog、VHDL)编程来改变芯片内部的电路结构,从而实现不同的功能。

1.3　FPGA 的工作原理

　　FPGA 芯片运行主要包括配置阶段和运行阶段。

　　在配置阶段进行的工作是将完成的设计映射到 FPGA 芯片硬件中,使 FPGA 芯片的运行实现预期功能。在这个阶段,FPGA 芯片的内部模块根据配置文件中的编程信息发生改变。IOB 根据编程信息完成与外部芯片或设备的对接,一部分被赋予输入功能,另一部分被赋予输出功能;各个 CLB 根据编程信息完成逻辑运算的配置,不同的 CLB 被赋予不同的逻辑运算或时序控制功能,在使用的 CLB 中利用 LUT 来实现组合逻辑,每个 LUT 在 CLB 中连接到一个 D 触发器的输入端,由此构成了既可实现组合逻辑功能又可实现时序逻辑功能的基本逻辑单元模块;IR 根据编程信息将这些基本逻辑单元模块互相连接,或连接到 BRAM 进行数据暂存,或连接到 IOB 接收外部输入信号和输出结果信号;CMU 也会根据编程信息产生不同频率的内部时钟供 CLB 中的触发器使用。

　　当配置文件中的编程信息发生变化时,FPGA 芯片会在配置阶段根据新的编程信息对内部各模块进行重新配置,从而实现 FPGA 芯片的功能更新。

　　在运行阶段,FPGA 芯片中的内部模块将按照最终的配置结果运行。当外部输入信号到达输入 IOB 后,驱动 FPGA 的内部逻辑电路开始工作。在内部逻辑电路中,各种复杂计算和逻辑操作在 CLB 中被并行地进行,各个 CLB 的运行结果通过 IR 在内部传输,存储器单元用于存储中间结果,最终的处理结果通过输出 IOB 将其传递给外部其他芯片或设备。

　　值得一提的是,FPGA 芯片的并行与单片机的并行不同,单片机在运行时一次只能执行一条代码,即使是没有依赖关系的代码也需要按顺序来执行,通过时间片在不同的任务之间切换;FPGA 芯片的并行是根据用户需要,设计一个或多个时钟域逻辑,通过时钟信号推动时钟域逻辑运行,让没有依赖关系的任务可以同时执行,不需要利用时间片来回切换,可实现完全的并行。

1.4　FPGA 软件开发与测试

　　FPGA 软件开发与测试都是 FPGA 软件设计过程中不可或缺的环节。

1.4.1 FPGA 软件开发

FPGA 软件开发过程主要包括在开发工程师获取上层需求后，经过不断迭代的软件需求分析、设计输入、综合优化、布局布线、板级调试一系列过程，最终实现产品的发布，如图 1-3 所示。

图 1-3 FPGA 软件开发过程

FPGA 软件需求分析，是指从任务书、安全相关需求和系统架构的分析分解出的需求，有可能是直接来自任务书的直接需求，也有可能是派生需求。FPGA 软件的需求应当被描述为可以单独测试的需求，并以文档的形式体现。根据《可编程逻辑器件软件文档编制规范》（GB/T 33784—2017）和《军用可编程逻辑器件软件文档编制规范》（GJB 9764—2020）的要求，FPGA 软件的需求分析规格说明文档应包括以下内容。

①功能需求：描述可编程逻辑器件软件的所有功能需求，如对 AD 芯片进行采样控制的功能要求。

②性能需求：描述可编程逻辑器件软件的所有性能需求，如完成某个功能的时间要求，数值计算的精度要求。

③软件可编程要求：针对与软件配合工作的可编程逻辑器件软件，描述可编程逻辑器件软件与其他可编程逻辑器件软件的交互流程，明确软件对可编程逻辑器件软件的操作要求、操作时序以及接口协议，如可编程逻辑器件外接 DSP 芯片时，DSP 芯片通过访问外部寄存器地址实现数据读写的要求。

④外部接口需求：描述可编程逻辑器件软件的所有外部接口需求，如外部接口关系图、接口信号关系、接口时序特性、时序余量要求等。

⑤内部接口需求：描述可编程逻辑器件软件内部模块之间的接口需求，如内部模块的接口关系图、接口信号关系等。

⑥数据需求：描述可编程逻辑器件软件运行时需要的数据要求，如数据名称、数据大小、地址分配、地址读写等要求。

⑦容量和时间要求：预估芯片内资源利用情况，规定资源余量需求、时序余量需求和处理时间（时序延时）要求，如逻辑资源使用量的要求、最大时钟频率要求等。

⑧安全性需求：描述可编程逻辑器件软件的安全性要求，根据任务书或上层需求提出的对安全的具体要求，分解出安全性要求，如应对关键模块或整体采用三模冗余的设计方法，对输入接口进行滤波和抗干扰设计等。

⑨保密性需求：描述与维护保密性有关的可编程逻辑器件软件配置项需求。

⑩质量因素：描述可编程逻辑器件软件功能完备性、可靠性、可维护性、可移植性、可重用性等方面的要求。

⑪设计约束：约束可编程逻辑器件软件设计的要求，包括数学模型和算法公式、芯片型号及等级约束、设计开发工具环境及版本、设计语言约束、设计方法约束。

⑫可追踪性：描述每一个需求与任务书或上层需求的可追踪性。

需求描述时应满足以下要求：

a. 正确性：每条需求应正确描述对开发设计的要求。

b. 无二义性：每条需求描述应是清晰、准确的，确保只有一种可能的解释。在对需求的描述中应当避免采用"可能""也许""大约"等含糊的词汇。在对需求的描述中应明确度量单位。

c. 完整性：需求的描述应该是完整的，这意味着开发工程师和测试工程师不需要参考其他材料来了解系统的特定功能，包括涉及功能、性能、设计约束和外部接口的所有重要需求。并且每个需求应该对应上级需求且所有的上级需求均应被实现。

d. 一致性：需求描述之间应不存在相互矛盾。

e. 可测试性：每条需求是否能满足，应通过人工或机器以一种有限的方式进行测试。

f. 可追踪性：上层需求或任务书与用户要求都应能够被正反向追踪。

在需求分析过程中，工程师应识别和记录项目的需求，包括由任务书或上层需求提出的项目结构、工艺的选择、基本的和可选的功能、环境或性能需求所施加的派生需求，以及由系统安全性评估所施加的需求。由于在开发过程中会出现来自开发过程产生的附加需求，因此需求分析在整个项目开发的生命周期中是不断迭代的。

当软件需求确定后，开发工程师可以根据软件需求开始进行 FPGA 软件的开发设计。

FPGA 软件设计输入，通常包括原理图、IP 核复用、基于文本的 HDL 语言设计输入 3 种形式。

原理图的设计方法在 FPGA 软件设计中是一种比较老派的设计方法，与在面包板上搭建电路的情况类似，它通过连接数字逻辑模块的方式实现设计输入。例如：实现逻辑处理 $y = f(A,B,C)$ 的原理图设计如图 1-4 所示。

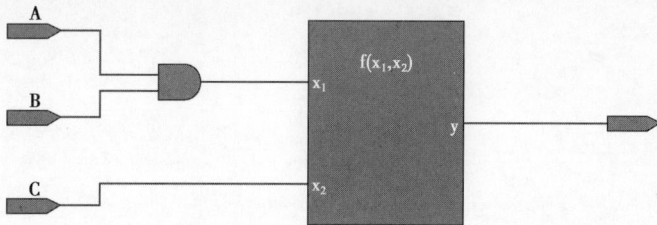

图 1-4　原理图设计

原理图的输入方法非常直观，但是效率较低且容易出错。目前大多数开发工程师采用的是硬性描述语言（Hardware Description Language，HDL）设计输入方式。常见的 HDL 语言是 VHDL 语言和 Verilog 语言。VHDL 语言是由美国国防部在 20 世纪 80 年代初为实现其高速集成电路计划（Very High Speed Integrated Circuit，VHSIC）而提出的一种高速集成电路硬件描述语言，目的是给数字电路的描述与模拟提供一个基本的标准。VHDL 语法比较规范，对任何一种数据对象（信号、变量、常数）必须严格限定其取值范围，即明确界定对其传输或存储的数据类型。目前 VHDL 语言执行的最新标准是 IEEE 1076—2019。Verilog 语言是一种用于描述、设计电子系统的硬件描述语言，多用于进行数字电路系统的寄存器传输级建模和测试工作。Verilog 语言的语法规则与 C 语言有很多相似之处。Verilog 标准包括 IEEE Std 1364—1995、IEEE Std 1364—2001、IEEE Std 1364—2005 和 IEEE Std 1800—2017（SystemVerilog）等版本。

随着数字电路的规模不断扩大，开发工程师在面对一个超级大的工程时，很难从无到有地使用原理图或 HDL 语言完成整个设计。为了提高设计效率，工程师将具有一定通用性的功能给独立出来，形成 IP 核，这些 IP 核既可以是来自企业内部的设计，也可以是来自第三方的商业 IP 核。IP 核类似于 C 语言设计中的库函数，开发工程师可以使用这些 IP 核相对快速地完成整个设计，具有非常好的复用性。在设计中使用 IP 核可以很大程度地提高设计效率。

为了将寄存器传输级（Register-Transfer Level，RTL）的设计在 FPGA 中实现，其中很重要的一步就是进行综合。综合就是将用 HDL 语言所描述的寄存器传输级模型转化为 FPGA 器件的资源实现，如设计中的乘法、加法、比较等诸多行为级的功能逻辑转化为器件所具备的查找表、与非门、触发器等资源的实现。综合的过程就是行为级功能描述到和器件工艺相关的资源实现的转换过程，转换结果称为门级网表。每个器件厂家的集成开发环境中的操作步骤和名称略有不同，但是实现的功能是一致的。如 Intel（Altera）公司的 Quartus Prime 软件中的分析与综合（Analysis & Synthesis），如图 1-5 所示。

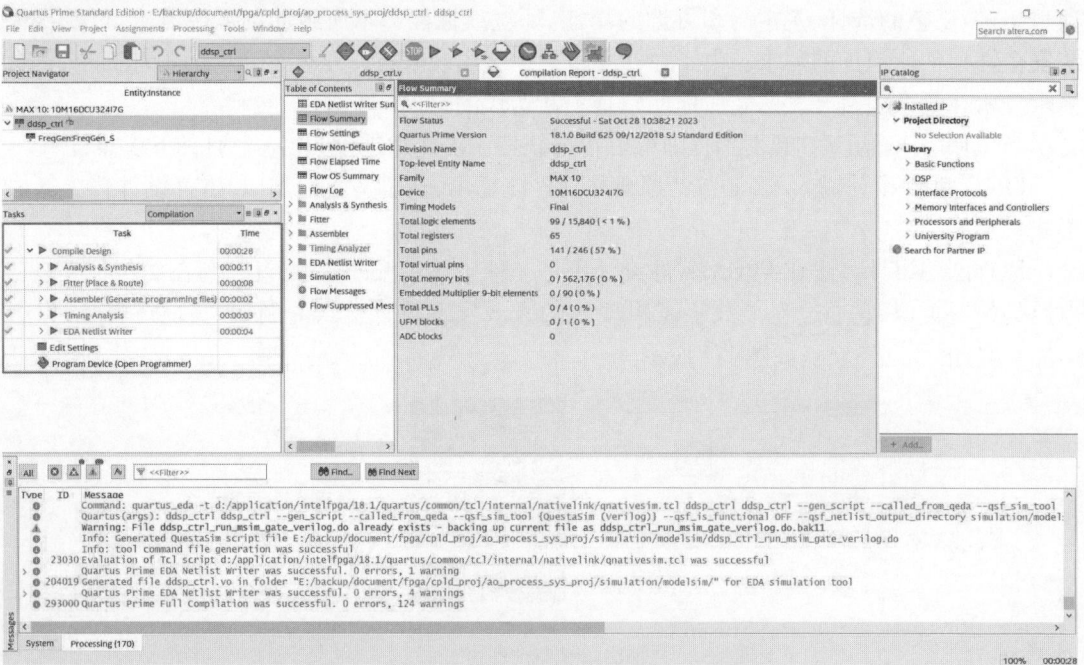

图 1-5　Quartus Prime 软件中的分析与综合

AMD（Xilinx）公司的 Vivado 软件中的综合（Run Synthesis），如图 1-6 所示。

布局布线是 FPGA 支持软件设计中关键的一步，主要是确定逻辑单元的位置（布局），确定逻辑单元之间的连线（布线）。在这个过程中往往需要在速度优化和面积优化之间找平衡。

板级调试一般是通过 JTAG 在线下载 bit 文件到 FPGA 芯片中，接入实际的输入信号，在实物环境下观察 FPGA 软件的工作情况，确认功能、性能、接口等需求是否得到满足。

在软件需求分析、设计输入、综合、布局布线、板级调试这几个过程中，如果发现问题都有可能会返回到之前的过程重新执行。因此，FPGA 软件开发是一个不断迭代的过程，直到问题被全部关闭。发现问题可以是在开发工程师调试时，也可以是在测试工程师进行测试时。由此可见，FPGA 软件开发和测试紧密相关，相辅相成。

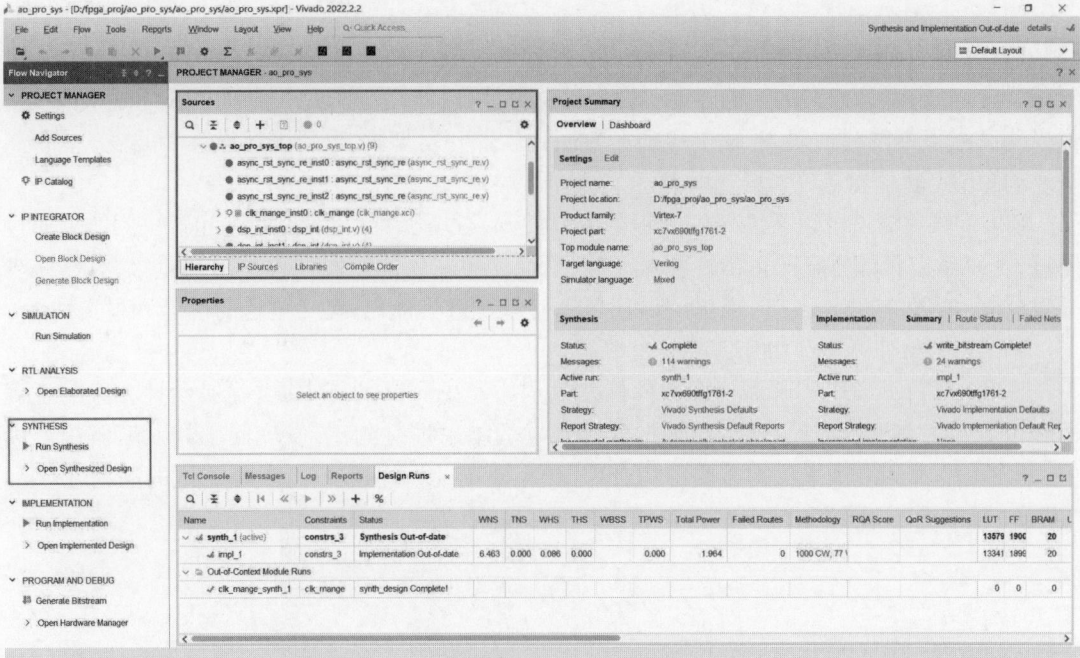

图 1-6　Vivado 软件中的综合

1.4.2　FPGA 软件测试

在 FPGA 软件开发过程中,需要通过一系列测试手段,确认设计的正确性和可靠性,测试需求的满足性,同时检测潜在的错误和漏洞,不断迭代,直至最终完成产品发布,如图 1-7 所示。针对 FPGA 软件开发过程的各个环节,都有相应的测试手段来保证开发各环节产出物的正确性。

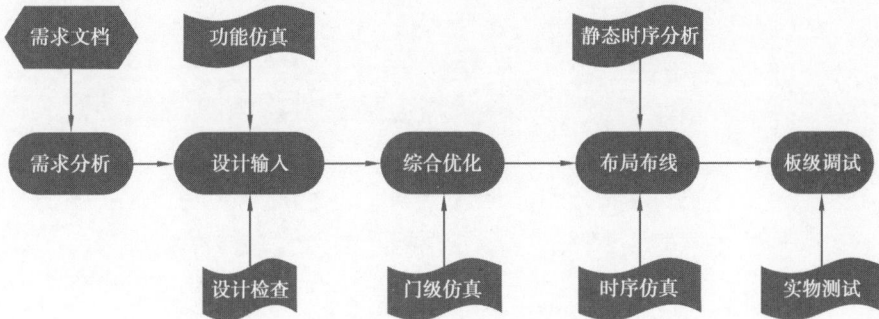

图 1-7　FPGA 软件测试

FPGA 软件开发与测试紧密相关,体现在以下几方面。

1)FPGA 软件开发是测试的前提

FPGA 软件开发是测试的前提,只有在开发有产出物的前提下才能开展相应的软件测试。在软件开发过程中,需要确定设计的功能、性能和资源占用情况等,这些都是测试的基础。因此,在进行 FPGA 测试之前,必须先完成软件开发。

2) FPGA 软件测试是 FPGA 软件开发的重要组成部分

FPGA 软件测试可以帮助开发工程师发现和解决软件开发过程中存在的设计问题。通过测试,可以确定设计方案的正确性、可靠性和稳定性,以及是否满足预期的功能和性能要求。如果测试结果不符合预期,开发工程师需要回到软件开发阶段,重新进行设计和开发。

3) FPGA 软件测试可以提高软件开发效率

FPGA 软件测试可以帮助开发工程师在软件开发过程中及时发现问题和解决问题。通过测试,可以确定设计方案的正确性和可靠性,从而避免在软件开发过程中出现重大错误,减少开发时间和开发成本。此外,通过测试还可以对系统进行优化,提高系统的性能和稳定性。

4) FPGA 软件开发和测试需要紧密配合

FPGA 软件开发工程师需要在软件开发过程中考虑测试的需求,以确保设计方案的正确性和可靠性。在测试过程中,需要根据软件开发的结果进行测试,发现问题并及时解决。因此,开发工程师和测试工程师需要密切合作,相互协调,以确保软件开发和测试的顺利进行。

1.5　习题

①FPGA 芯片的基本构成是什么?

②FPGA 软件的主要开发流程包括哪些步骤?

③FPGA 软件开发的各个阶段分别包含哪些测试手段?

2

FPGA 软件测试要求

FPGA 软件测试级别包括单元测试、配置项测试以及系统测试。测试过程包括测试需求分析、测试计划、测试设计与实现、测试执行和测试总结。国家军用标准中针对测试设计及实现环节提出了 13 项不同的测试类型，依次为文档审查、代码审查、代码走查、逻辑测试、功能测试、性能测试、时序测试、接口测试、强度测试、余量测试、安全性测试、边界测试以及功耗分析；针对不同的测试类型推荐了不同的测试方法，包括设计检查、功能仿真、门级仿真、时序仿真、静态时序分析、逻辑等效性检查以及实物测试。

《可编程逻辑器件软件测试指南》（GB/T 33783—2017）和《军用可编程逻辑器件软件测试要求》（GJB 9433—2018）对 FPGA 软件测试做出了明确的要求。

2.1　测试级别

2.1.1　单元测试

单元测试的对象为 FPGA 软件单元，一般应符合以下技术要求。

➤对软件单元的功能、性能等应逐项进行测试；

➤软件单元的每个特性应至少被一个正常测试用例和一个被认可的异常测试用例覆盖；

➤测试用例的输入应至少包含有效等价类值和无效等价类值；

➤覆盖率应达到充分性要求，对未覆盖的情况进行分析；

➤对软件单元之间的接口进行测试。

FPGA 软件单元可以理解为一个功能模块或者几个功能子模块的集合，它具备一定的功能性，例如 EEPROM 通信模块，可以作为一个独立模块开展测试，也可以将 EEPROM 的读功能和写功能分为两个模块分别开展单元测试，单元测试主要在开发过程中进行。

FPGA 软件单元测试，可以采用功能仿真和设计检查中代码审查的方法，对单元模块的功能、性能、接口进行测试。在单元测试的功能仿真测试用例设计时需要从正常功能实现和异常场景考虑，设计有效值和无效值的测试用例。例如在测试串口接收模块时，需设计正常波

11

特率和波特率拉偏的测试用例,确保每个功能特性的正常和异常工作模式都得到充分测试,并且要使覆盖率尽可能达到 100%,若存在某些情况导致覆盖率不能达到 100%,则需要对这种情况进行分析,确认不是因为设计的测试用例空间不足导致的。需要注意的是,针对异常工作模式的测试用例设计应当是合乎逻辑的,能被开发方和测试方认可的。在 FPGA 单元测试中,除对功能和性能指标进行测试外,还需要对单元的全部接口进行测试,包括 FPGA 软件与其他外围设备连接的外部接口和与内部其他单元连接的内部接口。例如,串口接收模块通常包含接收外部输入串口数据的外部接口,以及将接收的数据处理完成后传递给内部其他模块的内部接口。

2.1.2 配置项测试

配置项测试的对象为 FPGA 软件配置项,一般应符合以下技术要求：

➤应逐项测试规定的配置项的功能、性能、时序、接口、余量、安全性等特性；

➤配置项的每个特性应至少被一个正常测试用例和一个被认可的异常测试用例覆盖；

➤测试用例的输入应至少包括有效等价类值和无效等价类值；

➤覆盖率应达到充分性要求,对未覆盖的情况进行分析；

➤在边界状态和异常状态下,应测试配置项的功能和性能；

➤对配置项的功能、性能进行强度测试；

➤对有恢复或重置功能需求的配置项,应测试其恢复或重置功能和平均恢复时间；

➤必要时,应对配置项的功耗情况进行分析。

FPGA 软件配置项一般由若干单元模块组成。作为最常用的测试级别,FPGA 软件配置项测试主要在软件开发完成后、软件产品交付前进行。

FPGA 软件配置项测试要求与单元测试类似,也需要对功能、性能、接口进行测试,在测试用例的设计中应当设计有效值和无效值的测试用例,确保每一个功能特性、性能指标、接口时序从正常和异常两方面都得到测试,并且尽量使语句、分支、状态机等覆盖率达到最充分。FPGA 软件配置项测试覆盖率 100% 是一个逐步实现的过程,需要在功能仿真中反复迭代调试、完善测试用例,最终达到覆盖率收敛。对于覆盖率确实不能达到 100% 的要具体分析不可达的原因,如状态机中的容错代码和冗余代码一般就不可达。

与单元测试不同的是,配置项测试需对整个软件的各项指标全面考量,采取的测试类型和使用的测试方法更复杂,需要考虑在边界状态下的功能正确性和性能指标符合性,还需要根据需求文档(包括但不限于研制任务书、软件需求规格说明)中提出的需求设计相应的测试用例,以检验这些方面的指标满足情况。例如针对强度需求设计关于持续运行时间的测试用例,针对功耗指标设计最大静态功耗测试的测试用例等。

2.1.3 系统测试

FPGA 系统测试的对象是完整、集成的 FPGA 软件系统,一般应符合以下技术要求：

➤应逐项测试系统的功能、性能、安全性等特性；

➤系统的每个特性应至少被一个正常测试用例和一个被认可的异常测试用例覆盖；

➤测试用例的输入应至少包括有效等价类值和无效等价类值；

➤应测试配置项之间及配置项与硬件之间的所有接口；

➤应测试系统的全部存储量、输入/输出通道的吞吐能力和处理时间的余量；

➤应实现对开发技术要求相关需求的 100% 覆盖；

➤应在边界状态、异常状态的运行条件下测试系统的功能和性能；

➤对系统的功能、性能等进行强度测试；

➤对有恢复性或重置功能需求的系统，应测试其恢复或重置功能。

FPGA 软件系统通常由两个或两个以上紧密联系的共同完成一系列功能的软件配置项组成，且该系统组成中以 FPGA 软件为主，可能包含其他类型的软件。例如一个单机系统可以由多个 FPGA 软件和嵌入式软件组成。为确保系统测试的有效性，在开始系统测试时，各个配置项均应处于确定且稳定的状态，因此 FPGA 软件系统测试一般在系统内所有软件的配置项测试完成后进行。

在 FPGA 软件系统测试中，实物测试是最常用的测试方法，同样需要从正常任务剖面和异常任务剖面两方面逐一确认系统的功能特性、性能指标、内外接口、安全性、可靠性、可恢复性、输入输出吞吐能力、存储和处理时间余量、强度需求以及边界条件下的运行情况是否满足系统级的需求，确保所有的系统级软件需求都得到了正确实现。

2.2　测试过程

在 FPGA 软件项目测试中，单元测试一般在开发方内部进行，配置项测试可以在开发方内部进行，也可以由独立第三方完成，系统测试则通常由独立第三方测试机构完成。如图 2-1 所示，不同级别的测试，测试过程相同，一般包括测试策划、测试设计与实现、测试执行和测试总结。其中，测试策划包括测试需求分析、测试计划两个同步进行的过程。产生的测试文档主要有测试计划、测试需求规格说明、测试说明、测试记录、测试问题报告、测试报告。测试实施过程中，开发方提供的一系列设计依据文件作为整个测试项目的输入，当前阶段的输出作为下一阶段的输入。

测试文档是指在软件测试过程中创建的一整套相关文档，是测试过程各阶段最真实直观的反映。为保证高质量的测试文档，在测试前期就应设计出好的测试框架和计划，测试设计中尽可能设计充分完备的测试用例，测试执行中真实详细地记录用例执行过程、测试结果以及测试后期的各种测试数据统计分析，如此才能保证整个测试过程有序、高效地开展，也为能够更好地梳理测试工作，达到事半功倍的效果。

由于项目背景和测试需求不同，在实际测试与测试活动开展过程中，根据不同的软件特性、测试级别等，采用的测试策略可能不同，产生的测试文档内容颗粒度和结构也有所不同。

在内部测试中主要开展数字仿真测试，确认测试中主要开展实物测试，测试各阶段比较典型的输出文档包括：

①测试策划过程：《软件仿真测试计划》或《软件确认测试计划》；

②测试设计与实现过程：《软件仿真测试说明》或《软件确认测试说明》；

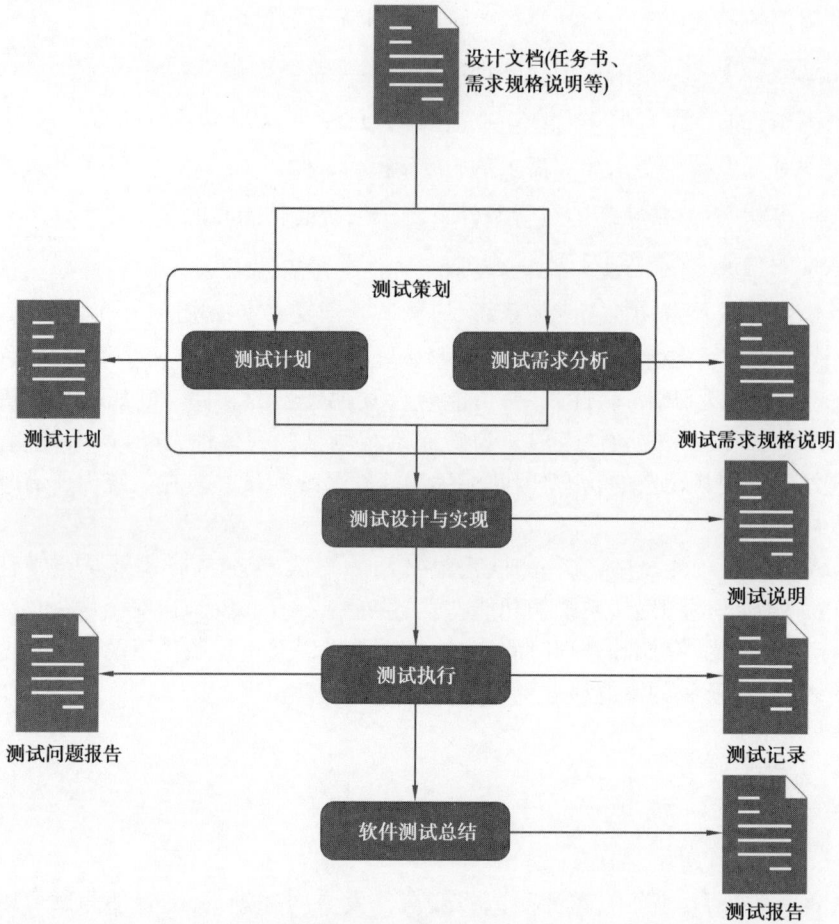

图 2-1　系统测试

③测试执行过程:《软件测试用例记录表》和《软件问题报告单》;

④软件测试总结过程:《软件仿真测试报告》或《软件确认测试报告》。测试执行过程产生的《软件测试用例记录表》和《软件问题报告单》可以作为测试报告的附件。

在第三方测试中,测试各阶段比较典型的输出文档包括:

①测试策划过程:《软件测试计划》和《软件测试需求分析》;

②测试设计与实现过程:《软件测试说明》或《软件测试用例》;

③测试执行过程:《软件测试记录》和《软件问题报告单》;

④软件测试总结过程:《软件测试报告》。

测试策划过程中的测试计划与测试需求分析产生的测试计划文档与测试需求规格说明文档可以分别输出,也可以合并为一个文档,即测试大纲文档;测试执行产生的测试记录可以作为单独的产出物,也可以作为测试报告的附件。

在整个测试执行过程中开展的测试监督、测试评审等形成的原始记录文件可纳入软件测试过程管理记录文件统一管理。

2.2.1 测试策划

测试策划过程包含两方面的内容:测试需求分析和测试计划。

1)测试需求分析

测试需求分析的输入是开发方提供的设计依据文件,包括需求规格说明、任务书、设计说明等。

测试需求分析主要依据输入,明确测试过程中将采用的测试类型和相关测试要求。通过分析输入的设计依据文件,提炼出被测设计的所有直接需求和隐含需求,包括但不限于功能点、技术指标、数据结构和算法处理、工作状态、余量要求、接口时序、安全性等各方面的设计要求。每一条需求至少对应一项测试项,在测试项的具体描述中,为了确认测试项是否覆盖了需求规格说明、任务书等技术开发文档中规定的各项内容,首先应明确对测试顶层输入的追溯性,其次需要根据分解的测试需求,详细描述每个测试点的测试方法和充分性要求,包括所有可能的正常测试输入和有效的异常测试场景,最后还需对测试级别、测试对象、优先级、覆盖范围以及测试终止条件进行说明。需求分析中特别需要对测试环境和实际使用环境的差异性进行详细分析,说明差异性对测试结果是否产生不利影响。

测试需求分析的产出物是测试需求规格说明文档。

2)测试计划

测试计划的输入是开发方提供的设计依据文件,包括需求规格说明、任务书、设计文档等。

测试计划主要依据输入,明确测试过程中需要采用的测试策略、测试资源、测试过程的进度安排、测试是否通过的评价准则和方法、测试数据采集及度量、测试风险的分析、保密性要求等。在测试策略中需要明确各个测试类型的要求,例如性能测试需要测量几次数据,功能测试中的测试点将采用何种测试方法等。在测试资源的描述中需要明确将使用的软件项的版本、硬件项的规格、测试场所和测试人员的安排、测试数据的获取方式等。测试风险分析中应根据项目实际情况,对技术风险、人员风险、资源风险、进度风险进行有针对性的分析并提出应对措施。测试数据的获取方式包括测试数据的生成、验证、输入以及采集所使用的技术。

测试计划的产出物是测试计划文档。

软件测试大纲是软件测试需求分析和测试计划共同的产物。"测试需求分析"强调测试需求分解分析的完备性;"测试计划"强调测试具体工作内容与方法以及测试时间性。因此软件测试大纲是组织某项具体测试任务的指导性管理文档,也是需求方评估评测方所执行的测试是否充分的主要依据之一。

软件测试需求分析是从测试的角度梳理一个项目需要被测试和确认的直接需求和隐含需求;它是依据软件研制任务书或者软件需求规格说明等文档来完成,通过对这些文档的细分和整理,明确后续测试工作的具体对象和依据;可以将测试需求按照 FPGA 软件特性分为功能需求、接口需求、性能需求、安全性需求等,明确不同的需求采用的测试类型和测试方法。

测试计划是为了规范测试过程,筹划测试需要用到的资源等,描述软件测试特性而编写的计划文档。测试工作如何开展、具体测试目的、测试策略、测试工作阶段划分、测试人力资源组成、测试进度安排、测试环境资源、测试风险预测与分析等都是测试计划文档需要明确的内容。

一份完整的软件测试大纲包含以下内容：

①范围（含被测件简介）；

②引用文件；

③测试内容与方法；

④测试环境；

⑤测试进度；

⑥测试结束条件；

⑦测试通过准则；

⑧软件质量评价内容与方法；

⑨配置管理；

⑩质量保证；

⑪测试分包；

⑫测试项目成员组成；

⑬安全保密与知识产权保护；

⑭测试风险分析；

⑮其他。

具体实施过程中，可根据实际进行适应性裁剪。其中，测试内容与方法包括测试级别和类型、测试策划。针对软件需求分解出软件测试需求，在软件测试需求中按测试项详述测试的目的、充分性分析、测试方法以及测试项与软件需求的正反向追溯关系等。

2.2.2　测试设计与实现

测试设计与实现阶段的输入是测试需求规格说明文档和测试计划文档。

测试设计和测试实现紧密相联。测试设计主要是指依据测试计划，针对测试需求规格说明中测试项的相关要求，逐一设计测试用例。在每个测试用例中需要包含该测试用例的追溯关系（通常是追溯到测试大纲或测试需求规格说明中的测试项）、测试对象、测试目的、测试方法（功能仿真测试、时序仿真测试还是实物测试）、用例初始化、前提和约束条件、设计方法、终止条件等。在测试执行步骤中，若是实物测试，应首先在用例初始化中明确硬件配置、软件配置、参数设置，并据此在执行步骤中详细描写每一步的操作，使用到的测试数据对应期望结果和评估标准；若是仿真测试，也应首先在用例初始化中明确仿真软件的版本，运行仿真软件的硬件环境，在描述执行步骤时需详细说明使用到的测试数据、每个输入信号的定义、时序关系以及执行该仿真用例时的期望结果和评估标准，必要时可以通过时序图进行说明。测试实现主要是在设计测试用例时，测试工程师需要结合测试用例，对涉及仿真测试的测试用例需要搭建仿真平台、编写仿真激励程序；对实物测试则需要准备满足测试要求的实物测试设备，构建实物测试环境；对于其他的测试方法需要准备相应的测试工具。

测试设计与实现阶段的产出物包括测试说明文档，以及用于功能仿真和时序仿真的仿真平台。

《软件测试说明》是根据《软件测试需求规格说明》或《软件测试大纲》编写，用于描述测试用例的具体工作的文档。一份完整的《软件测试说明》需对《软件测试大纲》或《软件测试需求规格说明》中的所有测试项实现全覆盖，且至少包含以下内容：测试数据、测试步骤、期望结果、前提条件、对《软件测试大纲》的追溯等。

2.2.3　测试执行

测试执行阶段的输入是测试说明文档,以及用于功能仿真和时序仿真的仿真平台。

在测试执行阶段,严格依据测试说明中规定的用例初始化要求准备测试环境,按步骤执行测试并同步记录实际测试结果,根据期望结果和评判标准给出用例是否通过测试的结论。若测试未通过,应对测试用例执行情况进行分析,鉴别是测试工作的缺陷还是被测软件的缺陷,若是测试工作的缺陷,则应更新测试用例后重新执行;若是被测软件的缺陷,则应详细阐述发现问题的测试执行步骤和观察到的现象,给出影响或风险提示,形成软件问题报告单。软件问题报告单将提交给开发工程师,若开发工程师确认软件问题成立并对软件进行了修改,修改后的软件将重新提交测试,测试工程师对修改后的软件首先应进行影响域分析,其次根据影响域分析结果有针对性地开展回归测试,如此迭代直到没有发现新的问题,最后所有问题单都得到关闭。问题单关闭包括测试提出的问题已修改到位、开发方坚持问题不影响功能实现明确答复不修改等。

当测试正常结束时,应分析测试的充分性,考虑是否需要补充测试。当实际测试过程与计划发生重大偏离,需要异常终止时,应记录异常终止的原因、未完成的测试用例和未关闭的测试问题,经承研单位、测评方确认后终止测试工作。

测试执行阶段的产出物是测试记录文档和软件问题报告文档。《软件测试记录》是执行《软件测试说明》中测试用例的详细原始记录文件,至少应包括测试用例标识、测试结果描述、测试是否通过的结论以及发现的缺陷;《软件问题报告》是根据测试执行过程中发现软件缺陷整理出的文件,详细描述了实际测试结果与期望结果的不一致,主要包括问题现象、发现过程、问题缺陷重要等级、问题缺陷类别等。测试记录和软件问题报告通常作为测试报告的附件,也可以作为单独的文档输出。

除测试文档外,典型的 FPGA 软件测试在执行过程中的产出物还有在开展功能仿真、门级仿真或时序仿真时,设计的数字仿真平台以及仿真产生的结果文件,一般包含测试激励代码、仿真框架代码、编译库文件、自动化脚本文件、覆盖率信息文件和波形文件等,这些数据文件都可以作为测试产出物进行管理。

2.2.4　测试总结

测试总结阶段的输入是测试输入和测试各阶段的产出物,一般包含技术开发文档、测试需求规格说明、测试计划、测试说明、测试记录、软件问题报告等。

测试总结阶段主要是对测试工作和被测软件进行分析和评价。

在测试工作总结中,需要说明对软件需求的覆盖和满足情况以及追溯关系,各轮次测试用例的执行、通过情况,测试环境有效性的满足情况,实际测试过程与测试计划、测试需求规格说明的偏离情况等,最终根据测试需求规格说明或测试中软件测试通过准则给出测试结论。当实际测试过程发生偏离时,应说明偏离原因及相应的处理措施;当发生测试异常终止时,应说明测试未覆盖的范围和异常终止的理由,以及造成的风险和影响。

在对被测软件的总结中,主要总结被测软件与需求之间的符合性和差异,对被测软件的性能指标、设计依据文件进行评价,对测试过程中发现的软件问题进行总结和统计,必要时可以提出建议，说明被测试软件的版本和文档版本。若被测软件存在遗留问题则需要进行单独的说明。

《软件测试报告》是软件测试总结的产物，它在作为测试工程师测试总结文档的同时，还能为开发工程师提供软件产品质量资料，作为评判软件质量是否达标的重要依据，帮助开发工程师更好地进行产品质量管理和分析评价。

《软件测试报告》主要描述整个测试实施过程，说明测试的充分性和正确性；分析测试结果，从测试用例设计与执行情况、发现问题统计等多维度全方位描述软件质量，并给出被测设计软件是否通过测试的结论。一份完整的《软件测试报告》至少应包括以下内容：

①范围；
②引用文件；
③测试进度；
④各轮次测试执行情况与发现问题情况；
⑤测评环境；
⑥测试充分性；
⑦主要技术指标满足情况；
⑧测试工作评估与建议；
⑨测试结论；
⑩其他。

2.3　测试类型

2.3.1　文档审查

文档审查的对象是开发方提供的设计依据文件，如任务书、需求规格说明、软件设计文档等。文档审查技术要求如下：

➤审查文档齐全性；
➤审查文档标识和签署的完整性；
➤审查文档内容的完备性、准确性、一致性、可追踪性；
➤审查文档格式的规范性。

齐全性检查，即检查开发方提交的设计依据文件是否齐全，不同应用领域、不同关键等级、不同测试级别的软件，文档齐全性要求不同，而对于其他如数据传输接口控制协议等文档开发方应根据实际情况作为补充被测文档提供。

文档的标识和签署的完整性检查，主要检查文档的名称、标识、版本是否准确且唯一，为了保证测试的有效性，要求提交的被测设计是已固定的版本，因此还需检查提交的被测文档是否经过正式签署。

文档内容的完备性是指文档应当包含上层文档要求的全部内容。例如需求文档中应当完整地描述对硬件的要求，应包括功能、性能、接口、电气特性、加载方式、安全性等内容。特别是对异常输入的处理要求应当清晰地说明。

文档内容的准确性是指描述的内容应当准确描述对可编程逻辑器件软件的要求,且无其他含义,例如在需求文档中的每条需求描述是清晰、准确的,确保只有一种可能的解释。在对需求的描述中应当避免采用"可能""也许"等含糊的词汇。在对需求的描述中应明确度量,并且每一条需求应当都是可验证的,每条需求是否能够通过人工或机器以一种有限的方式进行验证。

文档内容的一致性是指同一文档上下文之间、不同文档之间不应存在不一致或相矛盾的地方。

文档内容的可追踪性是指设计依据文件之间应建立正向、反向追踪关系,上层文件到下层文件的分解、下层文件对上层文件的覆盖应完备且一致,如需求规格说明要覆盖任务书或上层需求的全部内容,设计说明文档要覆盖需求规格说明的内容。

文档格式的规范性主要是指检查文档的格式和章节是否满足文档编写标准。例如是否满足《可编程逻辑器件软件文档编制规范》(GB/T 33784—2017)、《军用可编程逻辑器件软件文档编制规范》(GJB 9764—2020),《军用软件开发文档通用要求》(GJB 438B—2009、GJB 438C—2021)等。

无论是单元测试、配置项测试还是系统测试都应有相应的设计依据文件作为设计和测试的依据,因此文档测试适用于所有测试级别。

2.3.2　代码审查

代码审查的对象是开发方提供的设计文件,如 HDL 代码、约束文件等。代码审查要求如下:

➢审查工程文件的完整性、一致性;

➢审查代码和设计的一致性;

➢审查代码执行标准的情况;

➢审查代码逻辑表达的正确性;

➢审查代码的合理性;

➢审查代码的可读性;

➢审查约束文件的符合性。

代码审查分为编码规则检查和人工审查两种方式。

编码规则检查主要检查代码是否执行了编码规则的要求,是否符合代码执行标准,以及工程文件是否完整且与设计文件一致。

人工审查主要是指测试工程师在代码审查单的指导下通过阅读代码和对照设计依据文件的方式检查工程是否完整、有无缺失或多余的代码文件;代码实现是否与设计依据文件要求一致;约束文件是否合理;同时还需要检查代码的逻辑正确性、阅读便捷性,代码结构合理性是否符合要求,代码在时钟、复位、状态机等方面的设计是否合理。

在单元测试、配置项和系统测试中,可以对获取的源代码开展代码审查。当获取的源代码不完整时,可能会影响编码规则检查的结果。

2.3.3 代码走查

代码走查的对象通常是一个功能模块或一个专题。代码走查技术要求如下：

➤对至少一个完整的功能模块或完整的专题进行走查；

➤人工检查程序逻辑，记录走查结果；

➤必要时，可以画出结构图、状态迁移图和时序关系图等。

代码走查应根据代码逻辑查找被测软件缺陷，采用人脑代替电脑的方式，设计一组或多组输入数据，按照程序设计，逐步运行，遍历所有可能的分支，查找并记录设计中的缺陷。在代码走查过程中可以通过绘制结构图、数据流图、状态迁移图和时序关系图辅助进行代码分析。

代码走查通常只针对设计中的某个功能相对独立的关键模块开展。代码走查与人工代码审查的重要区别在于代码走查需要设计输入数据，检查代码中是否有逻辑缺陷，人工代码审查更偏重于检查代码与文档的一致性。

在单元测试、配置项和系统测试中，可以针对一个专题或模块在获取全部源代码的条件下开展代码走查。

2.3.4 逻辑测试

逻辑测试的对象是开发方提供的 HDL 代码，测试要求如下：

➤语句覆盖；

➤分支覆盖；

➤状态机覆盖；

➤条件覆盖；

➤表达式覆盖；

➤位翻转覆盖。

逻辑测试应利用软件内部的逻辑结构及有关信息，设计或选择测试用例，对 HDL 代码的逻辑路径进行测试，检查软件状态，确定是否实现全覆盖。我们通常考查的是语句覆盖率、分支覆盖率和状态机覆盖率。语句覆盖率是指统计程序中每条语句都至少被执行一次的比例。分支覆盖率是指针对例如 if/else、case 这类分支结构的语句，要求每个分支至少被执行一次。状态机覆盖率统计的是程序中状态机每个可能的状态是否可达，以及所有可能的状态跳转是否至少被执行一次。

在工程实践中，逻辑测试依托功能仿真进行。在功能仿真前通过仿真脚本或仿真器界面确定需统计的覆盖率类别，如设置需采集覆盖率信息的是语句覆盖率和分支覆盖率。随后执行功能仿真，当功能仿真执行完毕后将获取相应的覆盖率数据，当次仿真的覆盖率数据可存为一个数据库文件。若执行多个不同激励的功能仿真，则可获取多个不同的覆盖率数据库文件。在所有功能仿真测试用例执行完毕后，可将全部覆盖率数据库文件进行融合，获得软件最终的覆盖率信息。

逻辑覆盖率作为功能仿真完备性的一个重要指标，在功能仿真结束后，若覆盖率未达到

100%,则需要分析覆盖率结果,发现软件设计问题或仿真设计中的漏洞,有针对性地调整仿真激励,重新统计覆盖率,如此迭代,直到覆盖率满足要求。

逻辑测试通常只在单元测试和配置项测试中开展。

2.3.5 功能测试

应对需求规格说明等文档中规定的所有功能需求逐项进行测试,一般包括以下内容:

➤对存在边界值的功能项合法的以及非法的边界值进行测试;

➤在进行配置项测试时,对配置项控制流程的正确性、合理性等进行验证;

➤功能的每个特性至少被一个正常测试用例和一个被认可的异常测试用例覆盖;

➤如有必要,需对程序代码、逻辑综合后网表文件及布局布线后网表文件的逻辑一致性开展检查。

功能测试回答了"软件是否做了正确的事,没有做不正确的事",主要检验软件是否实现了任务书、需求规格说明等文档中所要求的全部功能。

在设计功能测试用例时,需要考虑输入或数据处于边界情况。例如,FPGA 芯片外接一片 AD 采样芯片时,AD 采样芯片的输出有一定的量程范围。在功能测试时需测试当 AD 输出数据超量程时 FPGA 设计的处理情况是否符合需求。

对 FPGA 设计中有多个控制流程时,需要对控制流程的正确性、合理性设计功能测试用例,以测试是否按需求执行控制过程。例如,在进行图像识别时需要对接收的图像先进行去噪、平滑、增强对比度等图像预处理,再进行边缘检测等特征提取,最后进行特征匹配后输出结果。在测试用例设计时,需测试处理流程是否按需求进行,是否存在流程不合理的可能,譬如一帧图像预处理的功能尚未完成时就开始进行特征提取操作。

通常要求一个功能特性至少被一个正常用例和一个被认可的异常用例覆盖。正常用例输入的是正常的数据,用来证明软件是否正确实现功能。异常用例的输入则是非法数据或非法状态,证明软件能识别无法接受的、异常的、意外的数据,并进行容错处理。例如,对指令编码中 3 个指令段进行 3 取 2 判断的测试中,设计 3 个指令段一致,3 个指令段均不相同,第 1个、第 2 个、第 3 个指令段与其余两个指令段不一致且其余两个指令段相同,作为正常和异常测试用例输入。被认可的异常用例是指在设计异常测试用例时应当基于项目事实,例如,设计中 FPGA 芯片与 DSP 芯片通过 EMIF 协议进行通信,硬件设计中使用的地址线为 15 位,因此设计地址大于 0x7FFF 的测试用例是不被认可的。

逻辑等效性检查是一种形式化验证方法,属于功能测试的一部分。FPGA 片内资源是固定的,在综合或布局布线的过程中会尽量优化配置,减少资源消耗。而这些优化会使电路结构与原始的 RTL 逻辑设计结构有差别,如寄存器复制、寄存器合并、状态机编码方式的改变等。逻辑等效性检查的目的就是确保代码设计的功能在经过综合和布局布线后不会出现功能缺失和变化,需要使用专门的逻辑等效性检查工具。当程序代码与综合后的网表文件或布局布线后的网表文件进行逻辑等效性检查时,若发现逻辑不一致的情况,可以通过查看综合报告或布局布线报告后,再在逻辑等效性检查工具中调整对比点等配置后进行迭代分析。在工程实践中,逻辑等效性检查结合静态时序分析一定程度上可以代替布局布线后的时序仿真。

功能测试作为最主要的测试类型,应用于单元测试、配置项测试和系统测试。单元测试中通常只是对内部模块进行测试,因此一般采用功能仿真的测试方法。配置项测试采用功能仿真和实物测试结合的方式,同时还可以采用逻辑等效性检查。系统测试中包含多个配置项且不完全是可编程逻辑器件,因此一般采用实物测试的测试方法。

2.3.6 性能测试

应对需求规格说明等文档中规定的各项性能进行测试,性能测试要求如下:

➤测试软件的时间指标;

➤测试软件的精度指标;

➤在三种工况下,测试软件的其他性能指标,如为完成功能所需处理的数据量、为完成功能所需的运行时间、最大工作频率等。

任务书或需求规格说明文档中会规定一些时间和精度的指标,例如,在 1 ms 内完成一次图像预处理的计算,或者 5 ms 内输出一组控制信号。工程实践中通常采用实物测试、时序仿真和功能仿真来考查这些指标是否满足要求。在采用时序仿真时,需要通过最大、典型、最小工况分别对性能指标进行考查。

性能测试应用于单元测试、配置项测试和系统测试,针对不同测试级别测试对象的性能指标进行测试。

2.3.7 接口测试

接口测试是对任务书、需求规格说明文档中规定的外部接口进行的测试。接口测试要求如下:

➤针对所有的外部接口进行测试,并检查接口实现的正确性;

➤接口的每个特性至少被一个正常测试用例和一个被认可的异常测试用例覆盖;

➤测试不同的接口数据、通信速率、错误类型等对软件功能及性能的影响。

接口测试主要检查接口协议、数据内容的正确性、测试接口信号之间的时序是否满足任务书、需求规格说明或芯片手册等文档中的时序要求。同时也测试业务之间的依赖关系,例如当接口数据、速率等发生异常时,软件接口是否正确处理而不对软件的正常功能和性能产生影响。例如在对接收串口进行接口测试时,可以设计拉偏串口波特率的测试用例,测试当波特率大于或小于要求波特率的某个范围时是否能被被测设计正确解析。接口测试的每个特性也需要至少被一个正常测试用例和一个被认可的异常测试用例覆盖。

单元测试、配置项测试和系统测试被测对象的测试范围划分不同,因此接口测试的对象也有区别。例如,某个单元测试的外部接口在配置项中作为配置项的内部接口,该接口可以在单元测试中进行接口测试,而在配置项测试中不作为接口进行测试。

2.3.8 时序测试

应在三种工况下,对软件的时延、建立时间、保持时间等指标进行测试。时序测试要求如下:

➤测试建立、保持时间是否满足要求;

➤测试时序控制信号相位、时延、电平宽度等是否满足要求;

➤测试脉冲信号的频率、占空比等是否满足要求。

时序测试主要检测信号建立时间、保持时间是否存在违例的情况,以及电平宽度,相位、时延、频率、占空比等是否满足任务书、需求规格说明文档要求。时序测试包括时序仿真和静态时序分析,通常都要求在三种工况下进行测试。其中最大工况指的是温度在允许范围内的最大值和电压在允许范围内的最小值的测试;典型工况是指温度在常温(通常是 25 ℃)和电压在芯片手册推荐值的测试;最小工况是指温度在允许范围内的最小值和电压在允许范围内的最大值的测试。时序仿真执行方式与功能仿真类似,借助仿真软件开展测试工作,静态时序分析借助静态时序分析工具开展。

时序测试考查建立时间和保持时间时,针对的是一个 FPGA 配置项软件布局布线后网表文件中的寄存器,因此时序测试仅在配置项测试时采用。

2.3.9 强度测试

应在软件运行异常至发生故障的过程中,检验软件在扩展情况下可工作的临界点。强度测试要求如下:

➤提供最大处理的信息量;

➤提供数据处理能力的饱和实验指标;

➤在错误状态下进行软件反应的测试;

➤在规定的持续时间内,进行连续非中断的测试。

强度测试通常使用实物测试方法进行,测试软件在满负荷和长时间运行条件下,能否始终处于无故障运行状态,例如 FIFO 写满、输入的数据帧连续无间隔、软件连续不间断运行24 h。当不具备实物测试环境时,对于最大信息处理量、数据处理能力以及错误状态下软件反应的测试也可以采用功能仿真的方式进行。

强度测试通常在配置项测试和系统测试中采用。

2.3.10 余量测试

应对被测软件的余量要求进行测试。余量测试要求如下:

➤经过布局布线后的软件的资源使用余量;

➤经过布局布线后的软件的时钟余量;

➤输入/输出及通道的吞吐能力余量;

➤功能处理时间的余量。

余量测试通常是指针对资源余量和时间余量的测试。资源余量统计的是 FPGA 软件布局布线后芯片内部寄存器、触发器等硬件资源使用情况,通过查看 EDA 开发工具生成的布局布线报告可以检查其详细使用情况。时钟余量指标则是在静态时序分析中获得,在考查时钟余量时需要按不同的工况分别考查。输入/输出及通道的吞吐能力余量是指被测设计接收数据和发送数据的能力,通常可以通过实物测试和功能仿真进行。功能处理的时间余量一般指任务处理的时间耗费情况,其时间指标可以在功能仿真或时序仿真的波形图中直接测得,也可以通过实物测试使用示波器等设备测得。

余量测试通常只在配置项测试中采用。

2.3.11　安全性测试

应对被测软件是否满足安全性要求的情况进行测试。安全性测试要求如下:

➤对状态机可能出现的异常情况进行测试;

➤测试抗状态翻转措施的有效性;

➤测试防止危险状态措施的有效性和每个危险状态下的反应;

➤测试设计中用于提高安全性的结构、算法、容错、冗余等方案;

➤测试设计中的跨时钟域信号处理的有效性;

➤进行边界、界外及边界结合部的测试;

➤进行最坏情况配置下的最小输入和最大输入数据率的测试;

➤测试工作模式切换和多机替换的正确性和连续性。

安全性测试一般来源于开发方提出的明确安全性需求或测试工程师提取的隐含需求,主要对异常条件下 FPGA 软件的处理机制进行测试,确保 FPGA 软件具备一定的容错和抗风险能力。例如检验设计中安全性相关的算法、结构,为了减缓单粒子翻转现象采用的三模冗余方案等。

安全性测试还需进行状态机安全性检测和跨时钟域信号处理(CDC),前者主要测试当状态机进入异常状态时,能否跳转到初始状态或正常状态,不会出现死锁情况而对功能和性能等指标产生不利影响。后者可使用专用的 CDC 测试工具,对 FPGA 软件的所有 HDL 代码是否进行了适当的同步处理、是否存在多时钟域之间信号传递的亚稳态问题进行专项检查。

单元测试、配置项测试和系统测试均可以提出安全性指标或需求,因此安全性测试可在 3 个测试级别中采用。

2.3.12　边界测试

应对软件处在边界或端点情况下的运行状态进行测试。边界测试要求如下:

➤对软件输入域或输出域的边界或端点进行测试;

➤对功能界限的边界或端点进行测试;

➤对性能界限的边界或端点进行测试;

➤对状态转换的边界或端点进行测试。

边界测试主要是对有范围要求的指标进行的测试。在对一个边界值进行测试时,通常要设计界外、界上和界内的测试用例,例如要求转速的范围为[1000,20000]r/s,精度为 1 r/s 时,针对下边界 1000 r/s,需要设计 999 r/s、1000 r/s、1001 r/s 三种测试输入场景,对于上边界 20000 r/s,需要设计 19999 r/s、20000 r/s、20001 r/s 三种测试输入场景。

单元测试、配置项测试和系统测试均可能有边界需求,因此边界测试可在三个测试级别中采用。

2.3.13 功耗测试

应对被测软件运行时所消耗的功耗进行分析。功耗测试要求如下：

➤在典型工作频率、工作电压、环境温度、输入信号频率、输出负载电容和驱动电流、内部信号的翻转率等约束条件下，进行功耗分析；

➤在典型运行时间条件下，进行功耗分析。

FPGA 的功耗一般分为静态功耗与动态功耗。静态功耗是指逻辑门没有开关活动时的功率消耗，主要由晶体管的漏电流引起，取决于 FPGA 芯片本身。动态功耗是指逻辑门开关活动时的功率消耗 P，主要由电容充放电引起，取决于节点电容 C、工作电压 V、工作频率 f、节点数 n。

$$P = n \times C \times V^2 \times f$$

通过在功耗评估工具中设置工作电压等参数，执行功耗分析可以获得详细的分析报告，常见的 EDA 开发工具，例如 ISE、Quartus Ⅱ 和 Vivado，都支持比较准确的功耗评估，可以直接得到功耗测试结果。

功耗测试关注某个配置项 FPGA 软件在加载芯片上的运行情况，因此仅用于配置项测试。

2.4 测试方法

2.4.1 设计检查

设计检查是采用人工（包含工具辅助）的方法，对开发文档及工程文件等进行测试。设计检查一般包含以下工作内容：

➤检查文档的正确性、准确性和一致性；

➤检查代码和设计的一致性、代码执行标准的情况、代码逻辑表达的正确性、代码结构的合理性以及代码的可读性；

➤检查被测试软件的外部接口与其外围接口芯片的接口符合性，被测软件外部接口相关代码在逻辑和时序方面处理方式的合理性；

➤检查内部模块之间接口信号的一致性，内部模块之间接口信号相关代码在逻辑和时序方面处理方式的合理性；

➤检查约束文件的正确性、一致性。

在设计检查中对文档的检查与测试类型中文档审查要求一致，对代码的检查与代码审查、代码走查的要求一致。

跨时钟域检查可以作为独立的测试方法，但在《可编程逻辑器件软件测试指南》（GB/T 33783—2017）和《军用可编程逻辑器件软件测试要求》（GJB 9433—2018）中均未将其独立列出，本书将其纳入设计检查测试方法的一部分进行说明。由于亚稳态问题的暴露存在一定的随机性，并且在仿真时很难被发现，为了避免 FPGA 软件设计处于不可靠的状态，跨时钟域设计检查非常有必要。

设计检查主要的工作包括借助工具审查设计依据文件,检查设计的代码实现、状态机的安全使用情况,查看资源使用报告、功耗分析报告等,通常应用于文档审查、代码审查、代码走查、余量测试、安全性测试和功耗分析。

2.4.2　功能仿真

功能仿真是在不包含信号传输延时信息的条件下,用数字仿真的方式测试设计的逻辑是否满足要求的过程。功能仿真一般包含如下工作内容:

➤依据测试用例的要求,建立功能仿真环境,编制仿真测试激励向量,应满足被测软件外部输入的功能、性能、时序、接口等要求;

➤在仿真工具中开展功能仿真工作,人工或自动检测仿真结果,并依据判定准则确定测试用例是否通过;

➤统计语句覆盖率和分支覆盖率等覆盖率信息,对未覆盖的情况进行影响域分析。

功能仿真作为 FPGA 软件测试中最重要的手段之一,其仿真对象是 HDL 代码,对于原理图的设计,可将其转化为 HDL 语言。功能仿真可以在不改变软件结构的基础上,观察软件顶层端口、内部接口、信号和寄存器的状态和实时变化,提升测试深度;可以模拟实装环境无法实现的破坏性试验场景、极端工作场景等,克服实物测试时很多异常、边界情况难以覆盖的缺点,提升测试广度和测试充分性。例如,AD 采样功能测试时,由于 AD 芯片电气特性的限制,难以使用实物测试的方法对 AD 量程以外的数据处理功能进行异常测试,而仿真测试可以方便地构造任意采样数据。在功能仿真时需要由测试工程师编写程序搭建仿真环境、编写仿真测试激励,此外,在分析测试结果时,可以人工分析内部各信号波形,也可以采用 SVA 等编程语言编写自动检测代码进行结果的自动判读。功能仿真的执行需要将仿真环境、仿真测试激励和自动检测代码载入仿真软件中进行。

功能仿真可用于大多数需要运行设计程序的测试类型,包括逻辑测试、功能测试、性能测试、接口测试、强度测试、余量测试、安全性测试和边界测试。

2.4.3　门级仿真

门级仿真是对逻辑综合后网表文件开展的仿真测试,一般包含以下工作内容:

➤依据测试用例的要求,建立门级仿真环境,编制仿真激励测试向量,针对逻辑综合后的网表文件开展门级仿真;

➤在仿真工具中开展门级仿真工作,人工或自动检测仿真结果。

门级仿真的目的在于验证基于基本逻辑门构建的电路模块的功能与性能。门级仿真与功能仿真不同之处在于仿真对象是综合后的网表文件。门级仿真同样需要在仿真环境下执行仿真激励,测试综合后网表的逻辑正确性。功能仿真时编制的仿真环境、仿真激励和自动检测代码稍作修改后可以复用在门级仿真中。

门级仿真的对象是网表文件,所以门级仿真适用于功能测试、接口测试、余量测试、安全性测试、边界测试和逻辑测试的位翻转覆盖率检查。

2.4.4 时序仿真

时序仿真是对布局布线之后的网表文件和标准延时格式文件开展的仿真测试。时序仿真一般包含以下工作内容：

➤依据测试用例的要求，建立时序仿真环境，编制仿真激励测试向量集；

➤在仿真工具中开展时序仿真工作，人工或自动检测仿真结果，并依据判定准则确定测试用例是否通过。

时序仿真与门级仿真不同之处在于，仿真对象是布局布线后的网表文件，仿真时加载了标准格式延时文件（Standard Delay Format Timing Anotation），主要用于测试布局布线后网表的逻辑、时序正确性，各寄存器的建立时间和保持时间是否存在时序违例。时序仿真的有效性受仿真激励的影响，仿真激励越全面，测试覆盖的寄存器就越多，测试也就越充分；仿真激励不够全面，就会导致有些时序违例被忽略。功能仿真时编制的仿真环境、仿真激励和自动检测代码稍作修改后可以复用在时序仿真中。

时序仿真是最接近硬件层面的仿真方法。时序仿真的对象是网表文件，所以时序仿真适用于功能测试、性能测试、时序测试、接口测试、强度测试、余量测试、安全性测试、边界测试和逻辑测试的位翻转覆盖率检查。

2.4.5 静态时序分析

针对逻辑综合或布局布线后的网表文件和标准延时格式文件开展静态时序分析，一般包含以下工作内容：

➤定义时序约束；

➤在静态时序分析工具中加载被测文件，被测试文件包括逻辑综合或布局布线后的网表文件、标准延时格式文件、时序约束文件、相关库文件；

➤分别在三种工况下开展静态时序分析；

➤对未覆盖情况进行分析和说明；

➤人工对时序分析得到的信息进行二次分析，对时序违反情况进行问题追踪和定位。

静态时序分析与时序仿真同属于时序测试，但与时序仿真不同的是，它是一种静态的时序测试方法。静态时序分析采用专门的时序分析工具对整个设计的所有路径进行遍历，它不依赖仿真激励，花费的时间也远小于时序仿真。需要注意的是，在进行静态时序分析时，需在静态时序分析工具中设置最大、典型、最小三种工况，并且静态时序分析结果与时序约束有关，约束不同，产生的分析结果也有所不同，因此当时序约束不合理时，可能会导致时序违例不能被发现或虚假的时序违例报告。静态时序分析产生的分析结果若有时序违例问题，需要通过人工分析、追踪和定位检查是设计代码的问题还是时序约束的问题。

静态时序分析可用于时序测试和余量测试，在余量测试中主要是测试最大时钟频率。

2.4.6 逻辑等效性检查

依据测试用例的要求，采用专门的检查工具，对设计代码、逻辑综合后的网表文件及布局布线后的网表文件开展逻辑等效性检查。一般包含以下工作内容：

➢在逻辑等效性检查工具中加载被测文件;

➢在逻辑等效性检查工具中人工对尚未匹配的比对点进行分析和匹配;

➢执行逻辑等效性检查;

➢人工对分析结果进行二次分析,对不等价点进行问题追踪和定位。

逻辑等效性检查是对设计代码、逻辑综合后的网表文件与布局布线后的网表文件两两之间的逻辑是否等效而开展的检查。人工对尚未匹配的比对点进行分析和匹配时,需要仔细分析综合后输出的综合报告、布局布线后输出的布局布线报告,了解综合或布局布线过程中对设计中的寄存器进行了何种处理。这个过程往往需要经过多次迭代,直到设计中使用的寄存器均得到了正确匹配。

逻辑等效性检查仅用于功能测试。

2.4.7 实物测试

实物测试是将 FPGA 软件配置文件加载到真实的目标板或经认可的目标板中,使用的芯片与设计中规定的芯片型号、等级一致,通过施加模拟或真实激励场景,确认输出是否正确的过程。实物测试一般包含以下工作内容:

➢依据测试用例的要求,在实际运行条件下,对软件实现的功能和性能指标进行测试;

➢在真实的硬件环境中,对被测软件施加测试激励,记录测试结果。

实物测试通常和功能仿真互为补充,相互印证。当功能仿真的时间耗费不能承受时,例如长时间的性能测试、强度测试等,采用实物测试的方法就十分高效。此外,实物测试还能检验被测软件与系统内其他配置项软件的接口连接与实现情况,更接近真实应用场景,测试结果更具有说服力。

实物测试虽然有很多硬件限制,但在功能测试、性能测试、时序测试、接口测试、强度测试、安全性测试和边界测试中是首选的测试方法。

2.5 习题

①FPGA 软件包含哪些测试级别?

②FPGA 软件包含哪些测试类型?

③FPGA 软件包含哪些测试方法?

④请简述 FPGA 软件各个测试类型,并简述这些类型与测试方法间的对应关系。

第二部分

实战篇

3

设计检查-人工代码审查

3.1 人工代码审查的目标

人工代码审查的目标是检查代码与设计依据文件的一致性、逻辑设计的正确性、代码设计的合理性与可读性以及约束文件的合理性。

3.2 人工代码审查的方法

人工代码审查的方法通常是在代码审查检查单的帮助下,对照设计依据文件对代码进行审查。使用的代码审查检查单应经过评审并得到认可。

人工代码审查一般需要关注以下要点:

①时钟、复位信号的设计是否正确合理。

②状态机及状态转移设计是否正确合理。

③寄存器使用是否正确合理。

④模块间接口设计是否正确合理。

⑤可靠性、安全性实现是否正确合理。

⑥代码、原理图、网表文件与设计要求是否一致。

⑦代码、原理图是否按照标准执行。

⑧代码、原理图逻辑功能是否正确。

⑨代码、原理图结构和实现是否合理。

⑩代码、原理图是否具备可读性。

⑪管脚约束与时序约束是否合理。

在检查功能正确性的同时还需要对综合结果、布局布线结果进行检查,确保综合结果和布局布线结果对功能、性能等需求不产生不利影响。

3.3　人工代码审查实战要点

人工代码审查除通过阅读代码或原理图审查与需求的符合性、代码实现的逻辑正确性外,还应当特别关注时钟、复位、状态机的代码实现。

3.3.1　时钟相关代码审查

FPGA 软件中,各级时序逻辑的输出是被时钟信号一级一级推动的,因此理想的时钟信号是稳定且干净的,各个寄存器内的时钟偏斜和时钟延迟是可以忽略不计的。测试工程师在进行代码审查时应当特别关注时钟信号的使用是否尽可能满足上述要求。

为了使时钟信号在 FPGA 芯片内部尽可能保持频率稳定、不受干扰、不产生抖动,有以下推荐处理方式:

①使用专门的时钟管脚将外部晶振产生的时钟信号引入 FPGA 内部。

②根据设计需求,如果在器件内部使用不同频率的时钟,最好将外部输入的时钟信号通过 DCM 或 PLL 等片内时钟管理资源进行倍频或分频,产生不同频率的内部工作时钟,不建议采用计数分频等方式产生所需要的时钟。

③当不使用 DCM 或 PLL 等片内时钟管理资源时,内部时钟应在使用前挂载到片内的全局时钟网络上。例如 Xilinx 的芯片可以使用 BUFG 实现这一目的。

④由于时钟信号要避免被干扰出现抖动,因此不能在内部时钟信号上挂载组合逻辑、不能使用组合逻辑产生的时钟、不能使用行波时钟或门控时钟等会影响时钟信号"干净"的设计。

如图 3-1 所示,使用 IP 核生成器将输入的时钟信号 clk 进行处理生成了 5 个内部时钟,分别为 118 MHz、5 MHz、40 MHz、10 MHz、50 MHz。

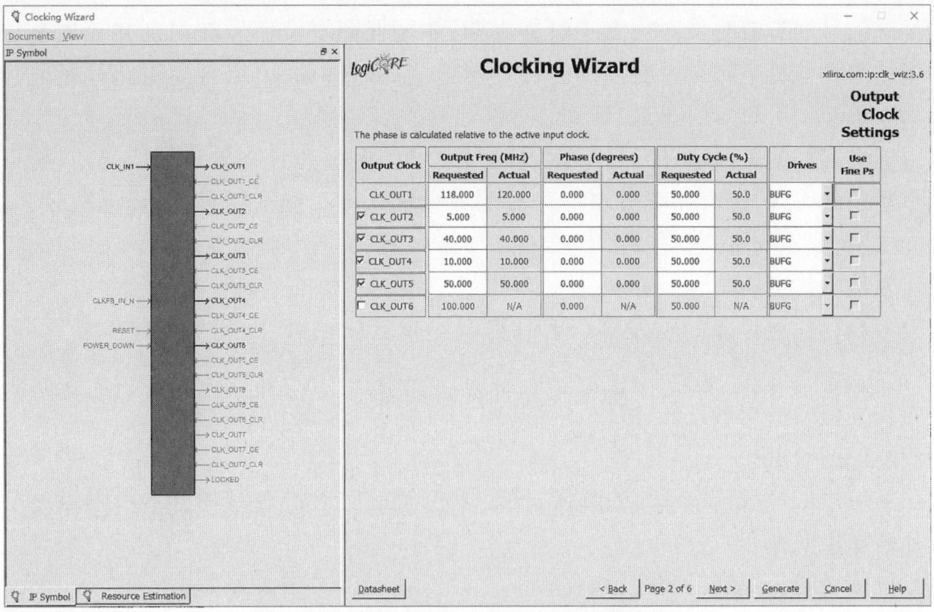

图 3-1　使用 IP 核生成器生成的内部时钟

31

在顶层进行例化，将生成的内部时钟提供给设计中的其他模块使用，代码如下所示。

```
wire clk118m, clk5m, clk50m, clk40m, clk10m;
pll_out pll_out_inst(
            .CLK_OUT1(clk118m),
            .CLK_OUT2(clk5m),
            .CLK_OUT3(clk40m),
            .CLK_OUT4(clk10m),
            .CLK_OUT5(clk50m),
            .CLK_IN1(clk)
    );
trig_int trig_int_inst0(
    .clk_i(clk40m),
    .rst_n_i(rst_n),
    .trig_o(frame_start)
    );
```

3.3.2 复位相关代码审查

在 FPGA 软件设计中，复位信号被分为同步复位和异步复位，其区别在于复位信号有效的时刻是否与时钟信号的变化同步。

同步复位的优点：

①由于复位信号与时钟同步，有利于时序分析。

②由于在时钟变化边沿才有效，所以可以滤除高于时钟频率的毛刺。

同步复位的缺点：

①复位信号的有效时长必须大于时钟周期，才能保证复位信号被识别并完成复位任务，否则可能被当作信号毛刺被过滤。同时还要考虑诸如时钟偏移、组合逻辑路径延时、复位延时等因素。

②由于大多数的逻辑器件的目标库内的触发器（DFF）都只有异步复位端口，所以，倘若采用同步复位的方式，综合器就会在寄存器的数据输入端口插入组合逻辑，耗费较多的逻辑资源。

异步复位的优点：

①大多数目标器件库的触发器（DFF）都有异步复位端口，因此采用异步复位可以节省资源。

②异步复位信号识别方便，可以直接使用 FPGA 的全局复位端口 GSR。

异步复位的缺点：

①在复位信号释放（release）的时候，倘若复位释放时恰恰在时钟有效沿附近，就很容易造成寄存器输出亚稳态。

②复位信号容易受到毛刺的影响。

但无论是同步复位还是异步复位，复位的作用都是将所有的存储类元件设置成已知状态。因此,设计中通常希望复位信号能在有效时使所有存储类元件被设置成确定的状态,并且在释放复位时能同步开始工作。

通常不推荐在同一条复位线上同时使用异步复位和同步复位。异步复位和同步复位同时作用可能导致逻辑状态冲突,增加时序分析的复杂性,更容易引发亚稳态问题,并且开发工具在处理复位信号时,可能无法正确区分同步和异步的要求,造成综合和实现错误。

推荐的做法是结合同步复位和异步复位的优点,统一采用异步复位、同步释放的方式。异步复位是指复位信号不受时钟的控制,只要复位信号有效,那么电路就会进入复位逻辑。同步释放指的是为了避免亚稳态,将拉高的复位信号打两拍,达到与时钟边沿同步的目的。如图 3-2 所示。

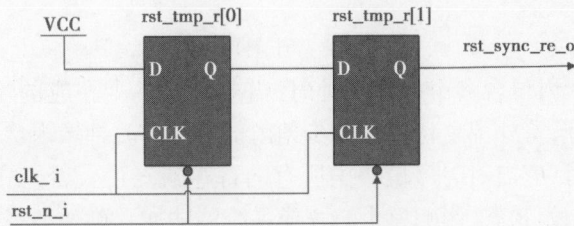

图 3-2　异步复位、同步释放

对应的代码实现如下所示。

```verilog
module async_rst_sync_re(
    input clk_i,
    input rst_n_i,
    output rst_sync_re_o
    );

    // reset process signals
    reg[1:0]    rst_tmp_r;

    always @ (posedge clk_i or negedge rst_n_i)
      begin
        if( rst_n_i == 1'b0 ) begin
          rst_tmp_r <= 2'b00;
        end else begin
          rst_tmp_r[0] <= rst_n_i;
          rst_tmp_r[1] <= rst_tmp_r[0];
        end
      end

    assign rst_sync_re_o = rst_tmp_r[1];

endmodule
```

在复位信号 rst_i 下降沿或 clk_i 上升沿时触发这个 always 块。当 rst_i 为低电平时,进入 if 分支,将该模块的内部寄存器 rst_tmp_r 设置为 2' b00。在 clk_i 上升沿时,若 rst_i 为高电平,则采用非阻塞赋值的方式,将 rst_n_i 的值传递给 rst_tmp_r[0],同时将 rst_tmp_r[0] 的值传递给 rst_tmp_r[1]。rst_tmp_r[1] 的值直接传递给 rst_sync_re_o 作为被处理后的复位信号供 FPGA 软件设计内部各模块使用。信号时序如图 3-3 所示。

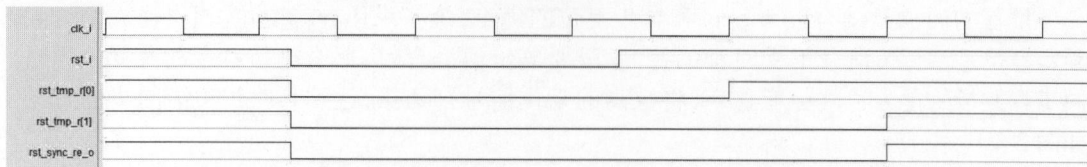

图 3-3　信号时序

当 FPGA 软件设计内包含多个内部时钟时,需要例化多个相应的复位处理模块,对复位信号进行跨时钟域处理,将外部复位信号同步到内部不同的时钟域内。

当复位信号有效时,应当对时序模块中所有的寄存器复位。否则在复位解除后,由于部分寄存器没有恢复到初始状态,影响整个芯片或系统的功能正确性和稳定性。

为了避免组合逻辑中的竞争冒险可能导致复位信号的不稳定,不能在复位信号上挂载组合逻辑,也不能通过组合逻辑产生复位信号。

3.3.3　状态机相关代码审查

有限状态机在 FPGA 的设计中应用非常广泛,通常分为 Moore 状态机和 Mealy 状态机。Moore 状态机的输出只取决于当前状态;Mealy 状态机的输出不仅取决于当前状态,还跟输入相关。测试工程师在对有限状态机进行代码审查时,需要关注以下几个方面:

①状态机是否会进入死锁状态或不可达状态。FPGA 软件设计在综合时,状态机的设置建议使用 safe 模式。采用这种模式可以使状态机进入错误状态时,自动跳转到复位状态,从而避免状态机"死机"。

②状态机是否设置了初始状态。通常在状态机的初始状态中要将状态机中涉及的所有寄存器设置初始值,其作用是使状态机从一个确定的状态开始执行,确保状态机的运行不会出现不确定的输出和异常状态跳转。

③状态机的状态编码优先采用格雷码、独热码。格雷码相邻的两个状态只有一位不一样,如 000、001、011、010;这种编码方式每次变化一位,毛刺少,功耗低,使用寄存器较少,但是编码方式复杂,需要更多的组合逻辑。独热码是有多少个状态就需要有多少位的状态码,每个状态码只有一位为 1,如 0001、0010、0100、1000。这种编码方式译码简单,需要组合逻辑少,易于增加或改变状态,但是需要更多的寄存器。因此,当状态数量不多时,建议使用独热码,当状态数量较多时,使用格雷码会更加高效。

④状态机的编写优先使用三段式状态机。一段式状态机,采用时序逻辑设计,状态转移和每个状态的输出都在一个时序逻辑中实现。二段式状态机,由时序逻辑控制状态的转移,组合逻辑实现状态转换条件的判断并产生输出。三段式状态机,状态转移采用时序逻辑,状态转换条件的判断采用组合逻辑,信号输出采用时序逻辑。一段式状态机代码较冗长,不利于电路分析。二段式状态机中组合逻辑电路容易造成竞争与冒险,导致输出产生毛刺。三段

式状态机采用时序逻辑控制输出,不仅消除了组合逻辑输出的不稳定与毛刺的隐患,而且更利于时序路径分组。

例如,一个状态机包含 s0,s1,s2 三个状态,其中 s0 为初始状态,在 s0 状态下,din 输入为 2'b01 时,跳转到 s1 状态,dout 输出 16'h0A;在 s1 状态下,din 输入为 2'b10 时,跳转到 s2 状态,dout 输出 16'hA5;在 s2 状态下,din 输入为 2'b11 时,跳转回 s0 状态,dout 输出 16'h00,如图 3-4 所示。

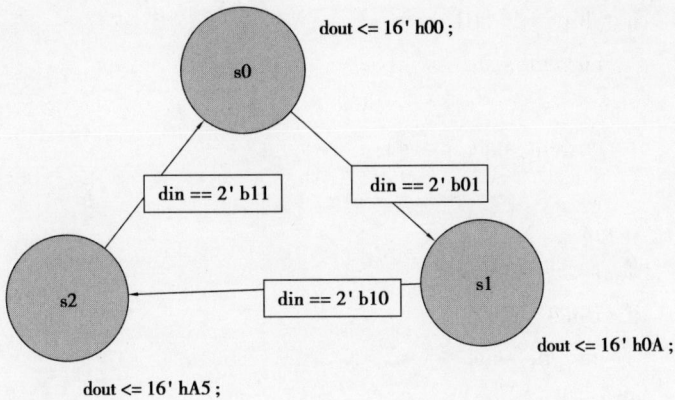

图 3-4　状态转移图

一段式状态机的代码如下所示。

```verilog
// State encoding
parameter
            s0 = 2'd0 ,
            s1 = 2'd1 ,
            s2 = 2'd2 ;

reg [1:0] current_state ;

//----------------------------------------------------------------
// Clocked Block for machine csm
//----------------------------------------------------------------
always @ (
    posedge clk or
    negedge rst
)
begin : clocked_block_proc
    if ( ! rst ) begin
        current_state <= s0 ;
    end
    else
```

```
        begin

            // Combined Actions
            case (current_state)
                s0: begin
                    dout <= 16' h00;
                    if (din = = 2' b01)
                        current_state <= s1;
                    else
                        current_state <= s0;
                end
                s1: begin
                    dout <= 16' h0A;
                    if (din = = 2' b10)
                        current_state <= s2;
                    else
                        current_state <= s1;
                end
                s2: begin
                    dout <= 16' hA5;
                    if (din = = 2' b11)
                        current_state <= s0;
                    else
                        current_state <= s2;
                end
                default: begin
                    current_state <= s0;
                end
            endcase
        end
    end // Clocked Block
```

二段式状态机的代码如下所示。

```
    // State encoding
    parameter
                s0 = 2' d0,
                s1 = 2' d1,
                s2 = 2' d2;
```

```verilog
reg [1:0] current_state, next_state;

//------------------------------------------------------------
// Next State Block for machine csm
//------------------------------------------------------------
always @ (
    current_state or
    din
)
begin : next_state_block_proc

    // Combined Actions
    case (current_state)
        s0: begin
            dout <= 16' h00;
            if (din==2' b01)
                next_state <= s1;
            else
                next_state <= s0;
        end
        s1: begin
            dout <= 16' h0A;
            if (din==2' b10)
                next_state <= s2;
            else
                next_state <= s1;
        end
        s2: begin
            dout <= 16' hA5;
            if (din==2' b11)
                next_state <= s0;
            else
                next_state <= s2;
        end
        default: begin
            next_state <= s0;
        end
```

```
        endcase
    end // Next State Block


    //-------------------------------------------------------------
    // Clocked Block for machine csm
    //-------------------------------------------------------------
    always @ (
        posedge clk or
        negedge rst
    )
    begin : clocked_block_proc
        if (!rst) begin
            current_state <= s0;
        end
        else
        begin
            current_state <= next_state;
        end
    end // Clocked Block
```

三段式状态机的代码如下所示。

```
    // State encoding
    parameter
            s0 = 2' d0,
            s1 = 2' d1,
            s2 = 2' d2;
    reg [1:0] current_state, next_state;


    //-------------------------------------------------------------
    // Next State Block for machine csm
    //-------------------------------------------------------------
    always @ (
        current_state or
        din
    )
    begin : next_state_block_proc
        case (current_state)
            s0: begin
```

```
            if ( din = = 2' b01 )
                next_state <= s1 ;
            else
                next_state <= s0 ;
        end
        s1 : begin
            if ( din = = 2' b10 )
                next_state <= s2 ;
            else
                next_state <= s1 ;
        end
        s2 : begin
            if ( din = = 2' b11 )
                next_state <= s0 ;
            else
                next_state <= s2 ;
        end
        default :
            next_state <= s0 ;
    endcase
end // Next State Block


//------------------------------------------------------------
// Output Block for machine csm
//------------------------------------------------------------
always @ (
    current_state
)
begin : output_block_proc

    // Combined Actions
    case ( current_state )
        s0 : begin
            dout <= 16' h00 ;
        end
        s1 : begin
            dout <= 16' h0A ;
        end
```

```
        s2: begin
            dout <= 16' hA5;
        end
    endcase
end // Output Block


//--------------------------------------------------------------
// Clocked Block for machine csm
//--------------------------------------------------------------
always @ (
    posedge clk or
    negedge rst
)
begin : clocked_block_proc
    if (!rst) begin
        current_state <= s0;
    end
    else
    begin
        current_state <= next_state;
    end
end // Clocked Block
```

3.3.4　表达式相关代码审查

计算表达式在 FPGA 软件设计中大量使用，通常会被综合为组合逻辑。其中涉及大量具有优先级的运算符，见表 3-1。

表 3-1　组合逻辑运算符

运算符	功能	优先级别
！、~	反逻辑、位反相	高
* √、%	乘、除、取模	
+、-	加、减	
<<、>>	左移、右移	
<、<=、>、>=	小于、小于等于、大于、大于等于	
==、! =、===、! ==	等、不等、全等、非全等	
&	按位与	
^、^~	按位逻辑异或、按位逻辑同或	

续表

运算符	功能	优先级别
|	按位或	
&&	逻辑与	
||	逻辑或	
?:	条件运算符	低

当逻辑运算比较复杂时,设计导致容易因为逻辑运算优先级的问题实现与预期不一致。开发工程师预期实现的电路如图 3-5 所示。

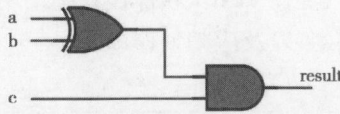

图 3-5　开发工程师预期实现的电路

开发工程师未能正确考虑运算的优先级,将电路描述为:

```
module logical_operator(
    input wire a,
    input wire b,
    input wire c,
    output reg result
);

    always @ * begin
        result   = a ^ b & c;
    end
endmodule
```

由于按位逻辑或异或运算的优先级低于按位逻辑与的优先级,因此综合后的结果为先计算 b & c,再将结果与 a 进行按位与运算,与设计初衷不一致。正确的设计代码如下所示。

```
module logical_operator(
    input wire a,
    input wire b,
    input wire c,
    output reg result
);

    always @ * begin
```

41

```
        result    = ( a ^ b ) & c ;
    end
    endmodule
```

这类逻辑正确性问题在编码规则检查时无法发现，在设计检查中只能通过人工代码审查发现。

3.4 习题

①请简述什么是门控时钟，以及在 FPGA 软件设计中使用门控时钟有什么危害。

②请分析以下代码存在的问题，以及应如何修改。

代码 1：

```
reg [2:0] state, nstate;

always @ (state) begin
    case(state)
        3'b001: nstate = 3'b010;
        3'b010: nstate = 3'b100;
        3'b100: nstate = 3'b001;
    endcase
end
```

代码 2：

```
always @ (posedge clk, negedge rst_n, negedge set_n) begin
    if(!rst_n)
        q_out <= 1'b0;
    else if(!set_n)
        q_out <= 1'b1;
    else
        q_out <= data_in;
end
```

4

设计检查-编码规则检查

4.1 编码规则检查的目标

编码规则检查的目标是检查代码的规范性、可综合性、可测试性、可重用性,从而达到规范编码,发现影响仿真、综合和性能的一些设计和编码缺陷,提高代码的整洁度,便于跟踪、分析、调试的目的。

4.2 编码规则检查的方法

编码规则检查通常采用工具软件实现,首先确定软件编码规范,制定编码规则集,然后通过编码规则检查工具对设计源代码进行扫描,最后通过人工对扫描结果进行逐一核查。编码规则检查一般包含如下要点。

①FPGA 软件编码规范可以来自开发单位指定的工具厂商,也可以由开发单位制定,还可以直接来源于《军用可编程逻辑器件软件编程语言安全子集-VHDL 语言篇》(GJB 9765—2020)、《军用可编程逻辑器件软件 Verilog 语言编程安全子集》(GJB 10157—2021)。

②编码规则检查工具内置了不同的设计规则集合,例如检查时钟设计是否采取措施避免产生不可综合的代码,状态机状态设计是否完备等,测试工程师应根据编码规范对规则集进行修改和定制。

③编码规则检查的主要目的是对设计人员的代码进行检查,对于继承的内部 IP 或者是第三方商用 IP 核、网表设计文件等文件不作为检查对象,需要将这些资源设置成黑盒,不进行分析。

④编码规则检查会对工程中的模块自顶向下地对照设定规则集中的每一个条目进行检查,将存在违例的建议项和强制项都罗列出来。其中可能存在误报情况,因此有必要通过人工对检查结果进行核查;同时,对于一些不能通过工具软件检查的规则条目则需要采用人工阅读代码的方式完成。

4.3　常见编码规则检查问题与影响

根据编码规范常见的例化、结构设计、敏感列表、时钟设计、复位及初始化、状态机、综合/约束等类别分别对 HDL 常见的编码规范问题举例进行说明。详细内容可参考《可编程逻辑器件软件 VHDL 编程安全要求》（GB/T 37979—2019）、《军用可编程逻辑器件软件编程语言安全子集-VHDL 语言篇》（GJB 9765—2020）和《军用可编程逻辑器件软件 Verilog 语言编程安全子集》（GJB 10157—2021）。

1）例化类

规则：避免没有连接的输入端口。

说明：所有的输入端口都应该被另一个端口、信号或者是常量驱动；对于未被驱动的端口须通过综合工具指定端口状态；输入端口和双向端口应该是被连接着的，不应该被悬空，没有连接的输入端口可能会引起意外的行为功能。

VHDL 实例代码如下所示。

```
违例：
component usable_vhd
    PORT(
in1 : IN std_logic ;
in2 : IN std_logic_vector( MEM_ADR_WIDTH-1 DOWNTO 0) ;
out1 : OUT std_logic_vector( MEM_ADR_WIDTH-1 DOWNTO 0) ;
out2 : OUT std_logic_vector( MEM_ADR_WIDTH-1 DOWNTO 0)
    ) ;
--违例：U_bad 模块中有未使用的输入端口 in2,该端口需要被另一个信号驱动或强
制为 0 或 1
    U_bad : usable_vhd PORT MAP(
in1 => d,
out1 => q,
out2 => q
    ) ;
```

Verilog 实例代码如下所示。

```
违例：
Module muxtwo( out,a,b,sl) ;
input a,b,sl;
output out;
……
endmodule
```

```
......
//违例:muxtwo 模块中 b 端口需要被另一个信号驱动或强制为 0 或 1
muxtwo m(
.out(outw),
.a(ain),
.sl(select));
```

规则:避免没有连接的输出端口。

说明:设计的输出端口应该被连接,输出端口通常应该连接到一个内部信号,若没有连接,综合器将可能把与内部信号相关的逻辑优化掉,并可能造成行为功能异常。

VHDL 代码如下所示。

```
违例:
component usable_vhd
PORT(
    in1 : IN std_logic ;
    in2 : IN std_logic_vector(MEM_ADR_WIDTH-1 DOWNTO 0);
    out1 : OUT std_logic_vector(MEM_ADR_WIDTH-1 DOWNTO 0);
    out2 : OUT std_logic_vector(MEM_ADR_WIDTH-1 DOWNTO 0)
);
…
--违例:U_bad 模块中有一个未使用的输出端口 out1
U_bad: usable_vhd PORT MAP(
    in1 => d,
    in2 => FLOAT,
    out2 => q
);
```

Verilog 代码如下所示。

```
违例:
Module block(
a,b,c,d); //违例:未使用输出端口 d
    input a,b;
    output c,d;

    assign c=a|b;
endmodule
```

2)结构设计类

规则:避免内部三态驱动。

说明:在当前主流的 FPGA 结构中,除 I/O 端口外,内部没有支持三态信号的电路,因此只有对应芯片管脚的端口才能定义成三态；内部三态将被综合工具忽略或错误综合，引起功能失效。

Verilog 实例代码如下所示。

```
违例:
  reg   ctl;
  wire [7:0] tri_bus;    // tri_bus 非顶层端口

  assign tri_bus = (ctl) ? 8' h5A : 8' hzz;   //违例:内部三态驱动
```

VHDL 实例代码如下所示。

```
违例:
    SIGNAL mode : std_logic；--内部三态控制
    --内部信号,非顶层端口
    SIGNAL tri_bus : std_logic_vector (1 DOWNTO 0);
    ...
    Tristate_Control: PROCESS (mode)
    BEGIN
      --违例: 内部三态驱动
      IF (mode='0') THEN tri_bus <="0Z";
      ELSE tri_bus <= "Z0"; --违例:内部三态驱动
      END IF;
    END PROCESS Tristate_Control;
```

规则:避免产生隐含锁存器。

说明:HDL 编码应在每一个 if 语句的时候用 else 收尾,以此避免在设计中出现不必要的锁存器。锁存器的危害在于对电平信号敏感,容易产生毛刺,并且没有时钟信号,不能对其进行时序约束。除非在某些特殊条件下必须使用锁存器,大多数时候应避免综合电路中出现锁存器。

VHDL 实例代码如下所示。

```
违例:
ENTITY latch IS
PORT(a,b,c :IN STD_LOGIC;
sel : IN STD_LOGIC_VECTOR(4 DOWNTO 0);
oput : OUT STD_LOGIC);
END latch;
ARCHITECTURE rtl OF latch IS
BEGIN
PROCESS(a,b,c,sel) BEGIN
IF sel ="00000" THEN
```

```
oput <= a;
ELSIF sel = "00001" THEN
oput <= b;
ELSIF sel = "00010" THEN
oput <= c;
-- 违例:缺少 ELSE 分支,对 oput 产生了锁存器
END if;
END PROCESS;
END rtl;
```

Verilog 实例代码如下所示。

```
违例:
module latch(d,q,en);

input d;
input en;
output q;
reg q;

always@ (en,d)
begin
if(en = = 1)
q<=d;
//违例:注释 else 分支将导致产生寄生锁存器
//else
//q<=0;
end

endmodule
```

3)敏感列表类

规则:敏感向量列表中应该只包含进程中需要的信号,不包含任何不必要的信号和多余的信号。

说明:如果进程中需要的输入信号没有在敏感列表中列出,可能导致该信号的变化不会立刻被执行;如果进程中不需要的输入信号在敏感列表中列出,则该信号的变化将导致进程被误触发。不管是敏感列表中信号缺失还是多余,都可能导致功能实现出现偏差。

VHDL 实例代码如下所示。

违例:

--进程中需要的信号应包含在敏感向量表中,不必要的信号不应包含在敏感向量表中

```
    RCV_CLOCKED_PROC : PROCESS(
clk,
-- rst,
rcv_bit_cnt_cld
)
BEGIN
    IF ( rst='0' ) THEN
            rcv_current_state <= waiting;
    ELSIF ( falling_edge(clk) ) THEN
        rcv_current_state <= rcv_next_state;
        CASE rcv_current_state IS
            WHEN waiting =>
                    rcv_bit_cnt_cld <= "000";
                IF ( sin='0' ) THEN
                    rcv_bit_cnt_cld <= "001";
                END IF;
            WHEN incr_count2 =>
                IF ( sample='1' AND rcv_bit_cnt_cld /= "111" ) THEN
                    rcv_bit_cnt_cld <= unsigned(rcv_bit_cnt_cld)+1;
                END IF;
            WHEN OTHERS =>
                NULL;
        END CASE;
    END IF;
    END PROCESS RCV_CLOCKED_PROC;
```

Verilog 实例代码如下所示。

违例:

```
    module senslist1 (input [3:0] in1, in2, input sel, output reg [3:0] out1);// sel 信
号被重复包含、in2[3:1]不应被包含、in1 未被包含在敏感向量表中
    always @ ( in2 or sel or sel )
      begin
            if( sel )  begin
                out1[0] <= in2[0];
                out1[3:1] <= 3'b110;
            end
```

```
            else
                out1 <= in1;
        end
    endmodule
```

4)声明定义类

规则:避免出现没有使用的声明对象。

说明:所有声明的对象都应该被使用,没有使用的已声明对象将被当作"死代码",影响设计重用。

VHDL 实例代码如下所示。

```
违例:
    --违例:'SpeedType' 是一种未声明的类型
    ENTITY top IS GENERIC (Speed: SpeedType := typical;….);
    PORT(
    …
    );
```

VHDL 实例代码如下所示。

```
违例:
    ENTITY unuseddecl IS
    PORT(
        --端口 in1(3 downto 1)未被使用
      in1 : IN std_logic_vector (3 DOWNTO 0);
        --端口 out1(2 downto 0)未被赋值,端口 out2 未被使用
      out1, out2 : OUT std_logic_vector(3 DOWNTO 0));
    END;

    ARCHITECTURE unuseddecl OF unuseddecl IS
    SIGNAL temp1, temp2 : std_logic;
    BEGIN
        temp1 <= in1(0);
        out1(3) <= temp2;
    END;
```

Verilog 实例代码如下所示。

```
违例:
    module subprog1 (input clk, rst_n, output reg [3:0] out1);
```

```
        reg [3:0] add;              //违例:寄存器 add 未使用
        always @ ( posedge or negedge   rst_n )
        begin
          if ( !rst_n )
            out1 <= 4' d0;
          else
            out1 <= out1+4' d1;
        end
    endmodule
```

5)运算类

规则:避免范围不匹配。

说明:在赋值、比较或者联合的表达式中,表达式两边的数据位宽应该相匹配。如果两边的数据位宽不匹配,则会产生逻辑溢出的违例。

VHDL 实例代码如下所示。

```
违例:
ENTITY nonStatRange IS
PORT (
    in1 : IN std_logic_vector( 31 DOWNTO 0 );
    in2 : IN std_logic_vector( 31 DOWNTO 0 );
    sel1 : IN integer range 0 TO 15;
    sel2 : IN integer range 0 TO 15;
    out1 : OUT std_logic_vector( 31 DOWNTO 0 ) );
END;
ARCHITECTURE arch_nonStatRange OF nonStatRange is
BEGIN
    sm_proc: PROCESS( in1, in2 )
        variable local_var1 : std_logic_vector ( 1 DOWNTO 0 );
        variable local_var2 : std_logic_vector ( 1 DOWNTO 0 );
    BEGIN
        local_var1 : = in1 ( sel1+1 DOWNTO sel1 );
        --违例:可能导致范围不匹配
        local_var2 : = in2 ( sel1+sel2 DOWNTO sel1 );
    END PROCESS;
END;
```

Verilog 实例代码如下所示。

违例：
```
    //违例:端口在端口声明和寄存器声明中位宽不一致
input [3:0] in1, in2, in3;
output [3:0] out1, out2, out3;
reg [4:0] out3;


//违例:赋值操作符左右两边位宽不一致
assign out1 = {in1[0], in1[3]};
always @ (in1 or in2)
begin
        if(in1 = = 3' b000) //左边4位,右边3位
        begin
            out3[0] = 3' b010; //左边1位,右边3位
end
end
```

6)时钟设计类

a. 规则:避免使用门控时钟。

说明:门控时钟容易引起时钟抖动,导致时钟敏感的电路出现差错。同时由于传输延时和单个事件短暂的影响,可能会在多 bit 数据位中产生错误数据。

VHDL 实例代码如下所示。

违例：
```
clk_s <= mclk AND en_i;
--违例：使用门控时钟
P_PULSE_FF : PROCESS(clk_s, rst_n)
BEGIN
    IF (rst_n = '0') THEN
        pulse_r <= '0';
    ELSIF rising_edge(clk_s) THEN
        pulse_r <= in1(DIR_BIT);
    END IF;
END PROCESS P_PULSE_FF;
```

Verilog 实例代码如下所示。

违例:

```
module design_top ( in1 , design_clk , design_rst , design_en , out1 ) ;
    input in1 , design_clk , design_rst , design_en ;
    output wire out1 ;
    wire rst , en ;
    wire [ 1 :0 ] clk ;
    clkRstGenerator inst1 (
//违例:' inst1.clk[0]' 为门控时钟
    . clk ( clk ) ,
    . rst ( rst ) ,
    . en ( en ) ,
    . in_clk ( design_clk ) ,
    . in_rst ( design_rst ) ,
    . in_en ( design_en ) ) ;
    middle m1 ( in1 , clk [ 0 ] , rst , en , out1 ) ;   //clk[0]为门控时钟
endmodule

module middle ( in1 , clk , rst , en , out1 ) ;
    input wire in1 , clk , rst , en ;
    output reg out1 ;
    always @ ( posedge clk )
        if ( rst )
            out1 <= 1' b1 ;
        else
            out1 <= in1 ;
endmodule

module clkRstGenerator ( clk, rst, en, in_clk, in_rst, in_en ) ;
    output reg [ 1 :0 ] clk ;
    output reg rst , en ;
    input wire in_clk , in_rst , in_en ;
    always@ ( in_clk , in_rst , in_en )
      begin
        clk [ 0 ] <= !clk [ 0 ] & in_clk ;
        rst <= !rst & in_rst ;
        en <= ! en & in_en ;
      end
    endmodule
```

b. 规则:避免把时钟当作数据使用。

说明:时钟信号被当作数据会导致潜在的竞争条件发生,同时影响时钟信号的"干净"。

VHDL 实例代码如下所示。

```
违例:
P_GATED_IN : PROCESS( in1 , mclk )
BEGIN
    gated_in_s <= '0' ;
    --    mclk is used for data usage 违例:时钟作为数据使用
    IF ( in1 = TRANSITION ) and ( mclk = '0' ) THEN
        gated_in_s <= '1' ;
    END IF;
END PROCESS P_GATED_IN;


P_PULSE_FF : PROCESS( mclk , rst_n )
BEGIN
    IF ( rst_n = '0' ) THEN
        pulse_r <= '0' ;
    ELSIF rising_edge( mclk ) THEN
        pulse_r <= gated_in_s;
    END IF;
END PROCESS P_PULSE_FF;
```

Verilog 实例代码如下所示。

```
违例:
module test1( clk1 ,clk2 ,reset ,data_en ,d, q1 ,q2 );
input          clk1 ,clk2 ,reset ,data_en ,d;
output         q1 ,q2 ;
reg            q1 ,q2 ;
always @ ( posedge clk1 or posedge reset )   // clk1 是时钟信号
begin
    if( reset )
      q1 <= 1' b0 ;
    else if( data_en )
      q1 <= d;
    end


always @ ( posedge clk2 or posedge reset )
begin
```

```
       if( reset )
          q2 <= 1' b0 ;
       else if( data_en )
          //违例:时钟 clk1 被用作数据使用
          q2 <= clk1 && d ;
end
endmodule
```

7)复位设计类

规则:避免使用未复位的寄存器。

说明:所有的寄存器应进行复位控制,以确保复位后所有的寄存器处于一个确定的状态。

VHDL 实例代码如下所示。

违例:

```
    --违例: 对于 out3 缺少复位控制
    PROCESS ( clk , reset )
    BEGIN
      IF( reset =' 1' ) THEN
        out2 <= ( others => ' 0' ) ;
      ELSIF( rising_edge( clk ) ) THEN
        out2 <= in2 ;
        out3 <= in1 ;
      END IF ;
    END PROCESS ;
```

Verilog 实例代码如下所示。

违例:

```
    always @ ( posedge clk )
    begin
      if( rst )
      begin
        out2 <= 0 ;   //违例: 对于 out1 缺少复位控制
      end
      else
      begin
        out1 <= 8' hAA ;
        out2 <= 8' h55 ;
      end
    end
```

8）状态机设计类

规则：确保安全的有限状态机进行状态转换。

说明：

➢一个有限状态机应该有一个明确的恢复状态，不能出现死锁状态；

➢所有没有使用的状态都应该转到一个明确的恢复状态，这个恢复状态可以使程序继续运行；

➢在有限状态机中，没有不可达的状态，也没有"孤岛"状态；

➢状态机必须设置初始状态。

VHDL 实例代码如下所示。

```
违例：
TYPE fsm_state_type IS(
    IDLE,
    START_OP,
    WRITE_DATA,
    DO_READ,
    WAITMEM,
    STALL_WAIT,
    DO_RD
    --违例：注释掉 AIS 状态将会在后面的程序中导致违例
    --AIS

);
……
CASE current_state IS
        WHEN IDLE =>
          IF（rd_req='1' AND pre='0'）THEN
            next_state <= DO_RD;
            ……
        WHEN DO_READ =>--违例：不可达的状态
            next_state <= DO_RD;
            ……
        WHEN DO_RD =>
          IF（pre='1'）THEN
            status <= WAITMEM；--违例：没有退出的状态
        WHEN OTHERS =>
            next_state <= AIS；--违例：不是定义中的状态
END CASE；
```

Verilog 实例代码如下所示。

```
违例:
reg [4:0] state_0;
always @ (posedge clk or posedge rst)
begin
    if (rst)
      state_0=ST0;
    else begin
     case (state_0)
     //违例1:FSM(有限状态机)没有 default 状态;
     //违例2:状态机中状态 ST3 没有对应的入口;
     //违例3:状态机中状态 ST4 没有对应的执行语句;
     ST0 : begin
       state_0=ST1;
       p=a;
     end
     ST1 : begin
       state_0=ST2;
       p=a;
     end
     ST2 : begin
       state_0=a ? ST0 : ST4;
       p=a;
     end
     ST3 : begin
       state_0=ST1;
       p=b;
       end
      endcase
      end
end
```

9)综合约束类

规则:避免使用不可被综合的语句作为控制语句。

说明:不应使用不可综合的 Verilog 事件控制结构。常见的不可综合的 Verilog 结构分别是:always 模块中敏感列表使用表达式的沿,敏感列表同时使用同一信号的上升沿和下降沿控制,敏感列表同时使用边沿控制和电平控制,repeat 事件控制,有事件控制的 task、wait 语句,用 initial 块来描述的时序逻辑,使用无限循环(如 forever 循环)来控制状态机的转移等。

Verilog 实例代码如下所示。

```
违例:
always @ (posedge(in1 || in2)) //违例
begin
    repeat(5) @ (in1); out1 <= in1; //违例
end
always @ (posedge in1, negedge in1, in2) //违例
always @ (in1)
    out1 <= @ (in1) in2; //违例

task t1;
    @ (in1)
    out1 <= in2; //违例
endtask
```

10)语句类

a. 规则:组合电路模块中应使用阻塞赋值。

说明:阻塞赋值是指当前的赋值语句阻断了其后的语句,也就是说当前的语句必须等到前面的赋值语句执行完毕后才能执行。

Verilog 实例代码如下所示。

```
违例:
always @ (in1 or in2 orsel)
begin
out1 = sel & in1;
//违例:敏感列表为电平敏感,电路生成组合逻辑,应使用阻塞赋值
out2 <= in2;
end
```

b. 规则:时序电路模块中应使用非阻塞赋值。

说明:当前的赋值语句不会阻断其后的语句。块语句(always 块或 initial 块)执行开始后,根据块语句开始时的输入值计算块中赋值语句的结果,块语句执行结束时才会整体完成赋值更新。

Verilog 实例代码如下所示。

```
违例:
always @ (posedge clk or negedge rst_n)
if (!rst_n) begin
out1 <= 0;
out2 <= 0;
end
else begin
```

```
//违例：敏感列表为沿敏感,生成时序电路,应使用非阻塞赋值
out1 = sel & in1;
out2 <= in2;
end
```

4.4 习题

①请简述编码规则检查的主要内容,并说明它与人工代码审查的区别以及各自的侧重点。

②请举例说明在一个项目中复位信号是否可以使用不同的极性,如果不能使用,有什么危害。

5

设计检查-跨时钟域信号分析

5.1 跨时钟域信号分析的目标

大多数复杂的 FPGA 设计都有不止一个时钟。这些时钟中有许多是异步的,每个异步时钟的逻辑时钟形成各自的时钟域,如图 5-1 所示。信号连接逻辑在不同的时钟域时就可能会因跨时钟域问题处理不当产生亚稳态效应。跨越时钟域"边界"的信号必须正确且有效地同步。验证这些需求的过程称为跨时钟域(Clock Domain Crossing,CDC)分析。

相对于 RTL 仿真,跨时钟域信号的值可以被随机地提前或延迟。如果接收逻辑不是专门设计来容忍这些亚稳态效应,则可能发生功能错误。在硬件中,亚稳态的影响是不可预测的,因为输出信号可以随机地落在 1 或 0。然而,RTL 仿真提供了可预测的结果,当亚稳态存在时,RTL 仿真不能准确地对硬件实现建模。因此,在测试过程中需要专门开展跨时钟域信号分析,提高软件安全性。

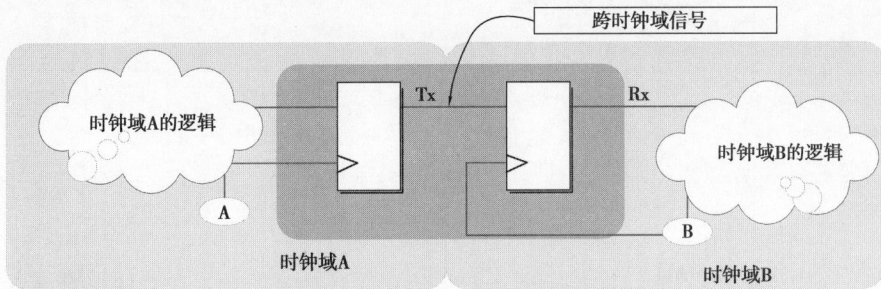

图 5-1 各异步时钟的时钟域

5.2 跨时钟域信号分析中的概念

5.2.1 时钟域

时钟域是设计的一部分，它与设计中的另一个时钟具有异步时钟（或具有可变相位）关系。

例如，假设一个时钟是通过时钟分频从另一个时钟派生出来的，则这两个时钟具有恒定的相位关系，因此使用这些时钟的两个部分实际上是属于同一个时钟域，如图 5-2(a)所示。但是，假设两个时钟的频率分别为 50 MHz 和 33 MHz，则这两个时钟的相位关系随着时间的推移而变化，因此它们处于两个不同的时钟域，如图 5-2(b)所示。

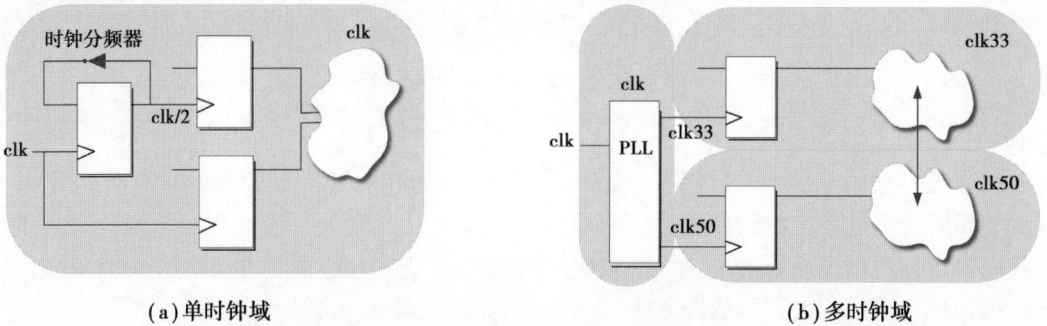

(a)单时钟域　　　　　　　　　　(b)多时钟域

图 5-2　单时钟域与多时钟域

如果 FPGA 的主输入包括多个时钟，则这些时钟应被视为异步时钟，具有单独的时钟域，如图 5-3(a)所示。如果电路的输入信号与 FPGA 本身是异步的，那么这些异步输入信号位于单独的时钟域如图 5-3(b)所示。

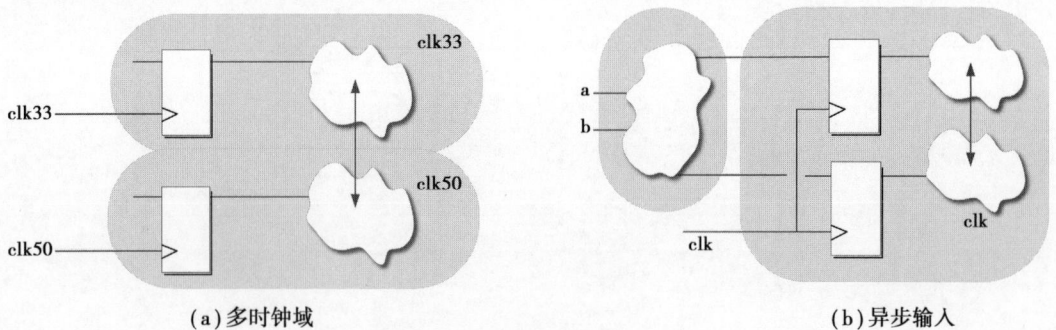

(a)多时钟域　　　　　　　　　　(b)异步输入

图 5-3　多时钟域与异步输入

5.2.2 时钟组

属于同一时钟域的所有时钟组成一个时钟组。因此，时钟组划分了设计中的所有时钟。时钟组主要用于识别设计中的各种时钟域。

5.2.3 亚稳态

一个时钟域的信号穿过边界进入另一个时钟域,当该信号的发送时钟沿与接收时钟沿太接近时,信号在接收时钟的建立/保持时间内发生变化,则发生亚稳态。接收寄存器的输出为一个不可预测的值。如果发送时钟与接收时钟是同步的,但具有不可预测的抖动或偏斜,则也有可能发生亚稳态。每一种双稳态存储元件,例如 D 触发器,都易受亚稳态影响,因此它必须被设计成能够"容忍"它的影响。

5.3 跨时钟域信号的处理

跨时钟域信号处理主要有单比特信号、多比特信号、单比特信号和多比特信号结合的数据总线几种典型情况。

5.3.1 单比特信号跨时钟域处理

单比特异步信号 D 的值可以在任意时刻改变,当 D 进入 clk 时钟域被采样时,如图 5-4 所示,如果在触发器 DFF 的建立时间(setup time)和保持时间(hold time)内,D 的值发生变化将会导致输出(Q)在一段时间内处于 0 或 1 的不稳定状态。

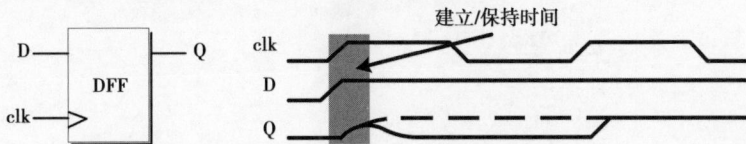

图 5-4 D 进入 clk 时钟域被采样

对于单比特信号 D 的同步处理,典型的解决方案是由两级触发器直接串联形成同步器。如图 5-5、图 5-6 所示。触发器 D1、D2 之间没有其他组合电路,下一级触发器 D2 获得前一级触发器 D1 的输出值 int_s 时,D1 已退出亚稳态,并且输出 int_s 已稳定。

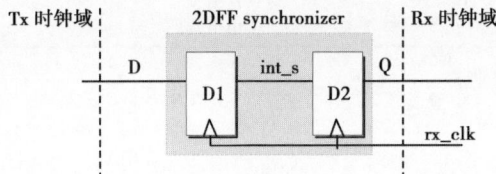

图 5-5 同步器

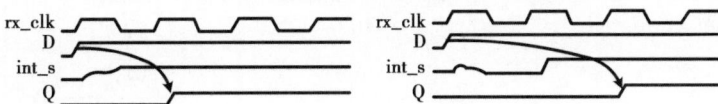

图 5-6 同步器时序图

在测试时需要注意的是:

➤两级触发器必须使用同一个时钟采样沿;

➤两级触发器必须布置得尽可能近,不允许有组合逻辑,以确保两者间有最小的时间

61

延迟；

➤输入 D 的路径中必须无毛刺；

➤接收时钟域中的寄存器采样输入信号 D 时，信号 D 必须保持稳定，稳定的时间 t 应当满足：

$$t > t_{period\_rx\_clk} + t_{setup} + t_{hold} + t_{max\_skew}$$

5.3.2 多比特信号跨时钟域处理

对于多比特信号的跨时钟域处理可以采用多比特数据同步器的方式，即每一比特位都添加一个单比特信号的同步器，如图 5-7 所示。各比特位信号经过同步后，由于延迟时间差异，后续逻辑采样的值和预期值存在差异，因此还需进行后续处理。

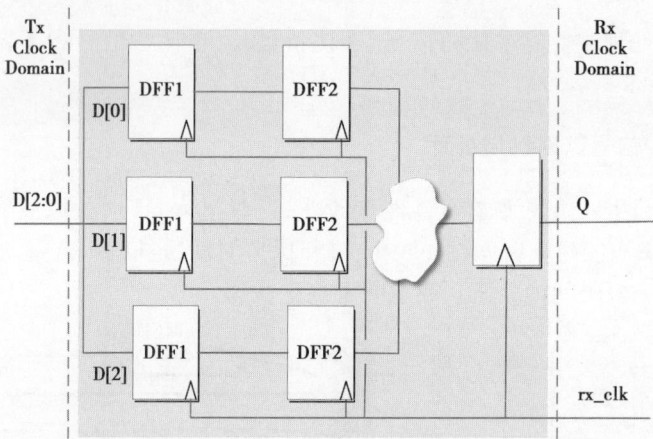

图 5-7　多比特信号同步器

当多比特数据的变化是连续时，采用格雷码是一种常见的后续处理方式。格雷码的特点是从一个数变为相邻的一个数时，只有一个数据位发生跳变。例如一个 4 bit 的数据编码见表 5-1。

表 5-1　一个 4 bit 的数据编码

十进制数	二进制码	格雷码
0	0000	0000
1	0001	0001
2	0010	0011
3	0011	0010
4	0100	0110
5	0101	0111
6	0110	0101
7	0111	0100

使用格雷码处理多比特数据跨时钟域问题时，就是利用格雷码的特性，先将原始数据转

化为格雷码后,对每一位同步后送入目标时钟域,随后解码处理,如图5-8所示。当解码处理时发现两位或两位以上的数据位发生了跳变,则认为当前采样数据有误,不使用该数据。

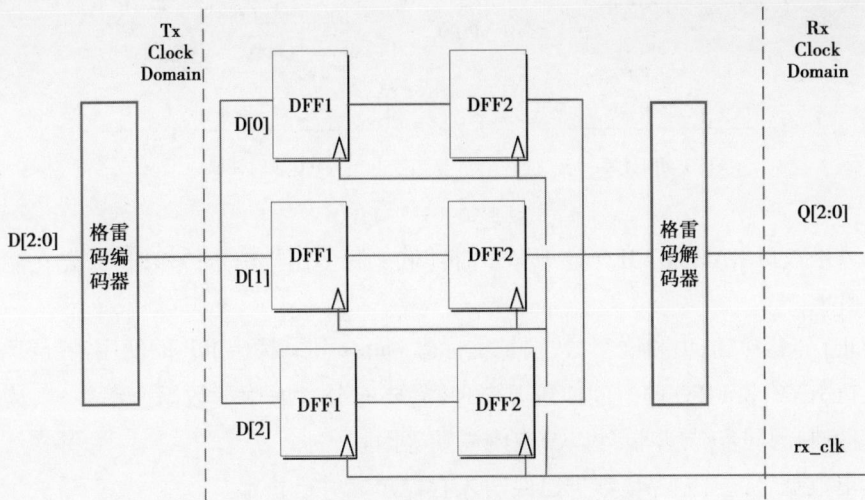

图 5-8 格雷码处理多比特信号跨时钟域

在测试过程中需要关注单比特信号同步器的使用。

对于多比特信号的跨时钟域处理还可以使用异步双口 RAM 的方式,如图5-9所示。

在异步双口 RAM 操作时,首先在写时钟 wr_clock 作用下依照写地址 wr_addr 将数据 wr_data 写入 RAM,读取时要在读时钟 rd_clock 下判断写地址 wr_addr,当写地址与读地址满足一定的差值关系时再去读取 RAM,同时在读写操作时设置空标志 empty 和满标志 full。由于对双口 RAM 的读写地址操作满足连续的特征,通常在写地址与读地址比较前,先把 RAM 的写地址转换为格雷码,再将这个转换后的格雷码进行同步,最后在读时钟域恢复为十进制后进行读写地址的比较。

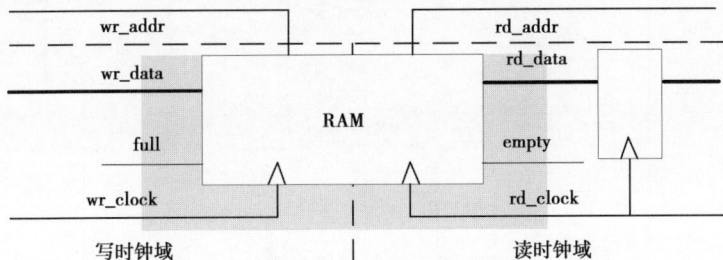

图 5-9 异步双口 RAM

在能使用异步双口 RAM 来处理跨时钟域的场景中,也可以使用异步 FIFO 来达到同样的目的。如图5-10所示,wr_clk 时钟域的多比特信号 wr_data 传输到 rd_clk 时钟域的 rd_data,通过使用异步 FIFO,发送域 wr_clk 可以任意时刻改变发送数据 wr_data 的值,而接收域 rd_clk 也可以在任意时刻从数据序列里取出数据 rd_data 并进行处理。由于 FIFO 内部通常封装了对读写地址的处理,设计中只需根据满标志信号 full 和空标志信号 empty 对写使能 w_en 和读使能 r_en 进行处理。

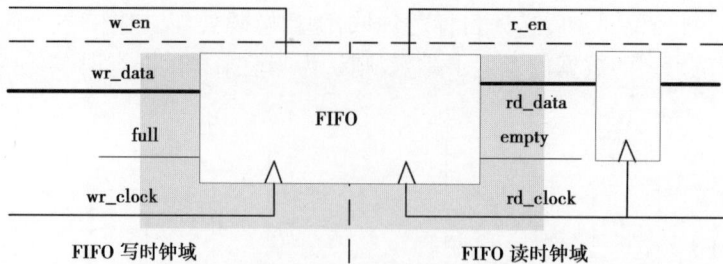

图 5-10　异步 FIFO

采用异步双口 RAM 和 FIFO 处理异步时钟域之间多比特信号传输时,需要在测试过程中关注以下事项。

➤防止存储空间溢出和读空,特别是空标志 empty 和满标志 full 的使用情况;

➤双口 RAM 和 FIFO 的空间使用要合理,需要充分考虑读写数据速率差异、读写突发数据量、读写控制的同步/异步设计以及空闲周期等因素;

➤读出数据之前必须保证数据已经写入存储单元并已稳定。

5.3.3　数据总线跨时钟域处理

数据总线由单比特的控制信号和多比特的数据总线组成。在跨时钟域信号处理时,将同步器用于控制信号,而不是数据总线,同时采用 DMUX,如图 5-11 所示,当总线数据可用时,从发送域使能控制信号 tx_sel,tx_sel 信号在进入读时钟域时被读时钟域的时钟 rx_clk 同步后控制 DMUX。当同步后的 tx_sel 信号有效时将总线数据 tx_data 传输给接收时钟域的寄存器输出 rx_data,否则 rx_data 保持原有的数据。

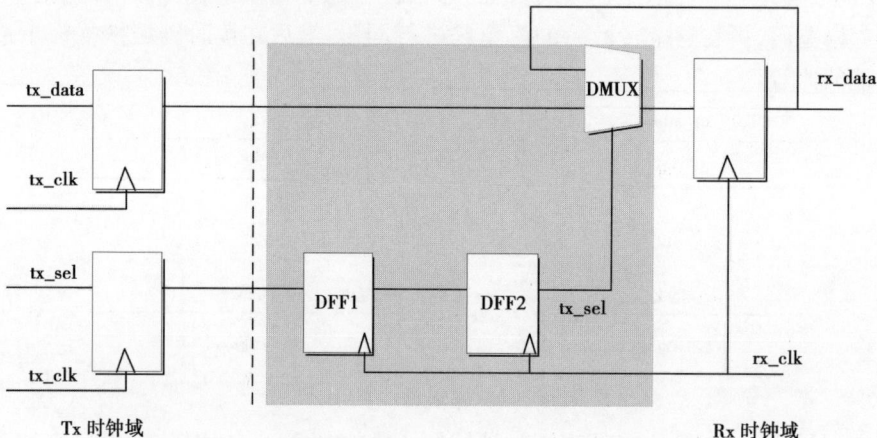

图 5-11　数据总线跨时钟域处理

数据总线的跨时钟域处理也可以采用握手机制,确保数据总线上所有比特位都稳定后,才被接收时钟域采样。

一个简易的握手处理机制如图 5-12 所示,数据总线 data 为多比特数据,通过握手方式实现跨时钟域 A、B 间的跨时钟域处理。具体思路为,当数据 data 准备好(已稳定)时,置位请求信号 Valid 有效(如高电平有效),该信号传输给时钟域 B,当时钟域 B 检测到 Valid 有效后,执行数据接收,当时钟域 B 采样到稳定的数据信号 data 后,置响应信号 Ready 有效(如高电平有效),当时钟域 A 检测到响应信号有效后,复位请求信号,最后时钟域 B 复位响应信号。

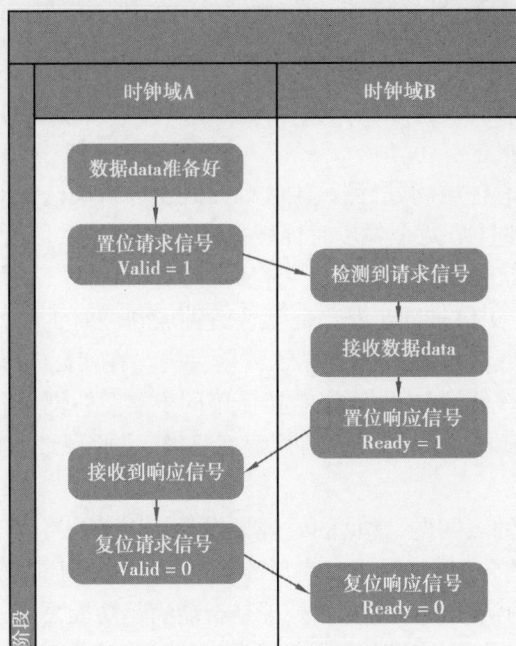

图 5-12　简易的握手处理机制

在测试时也需要注意单比特信号同步器的使用。时钟域 A 接收 Ready 信号必须同步到时钟域 A 中才能被使用,同样时钟域 B 接收 Valid 信号也必须同步到时钟域 B 中才能被使用。

5.4　跨时钟域信号分析方法

跨时钟域信号分析一般使用专用的测试工具,对 FPGA 软件的所有 RTL 设计进行专项检查。跨时钟域分析的主要步骤如下:

步骤一:编译 RTL 设计。

步骤二:运行 CDC 分析 RTL 设计。

步骤三:人工分析调试结果。

跨时钟域分析一般包含以下要点:

a.跨时钟域问题主要包括 3 大类,因跨时钟域导致的亚稳态传播、不同时钟域之间信号传播出现数据被破坏、CDC 信号再聚合时导致功能错误。

b.目前市面上的主流 CDC 工具,可以使用图形化界面进行操作,也可以使用脚本语言进行操作,无论采用哪种操作方式,进行跨时钟域分析的主要步骤都不变。

5.5　跨时钟域信号分析实战

在进行跨时钟域信号分析时,测试工程师需要对分析工具提示的跨时钟域问题进行人工分析后,再确认是否需要报告。

对于单 bit 信号的跨时钟域问题,测试工程师需人工分析确认该问题中涉及的源时钟(发送时钟)、目的时钟(接收时钟)两个异步时钟域之间的快慢关系。当目的时钟频率是源时钟频率 1.5 倍或者以上时,认为该时钟域关系为慢时钟到快时钟。慢时钟域到快时钟域的跨时钟域信号处理可以直接使用信号同步器。而从快时钟域到慢时钟域,由于信号在快时钟域中可能会频繁变化,慢时钟域来不及采样会导致数据丢失。在实际工程应用中,如果这种数据丢失是被允许的,为提升软件健壮性,可以直接使用同步器缓解漏采;如果这种数据丢失是不被允许的,那么需要确保源时钟域信号的信号宽度足够,以此保证目的时钟域有足够的时间能采样到。

对于多 bit 信号跨时钟域问题,常见的处理方式是使用 FIFO、双口 RAM 或握手机制。由于 FIFO 的深度或 RAM 的分配空间有限,读写的频率不一致,测试工程师要特别关注代码中对于 FIFO 或双口 RAM 写满和读空情况的处理是否能满足功能需求。当资源写满时,再写入数据可能会导致数据存储异常;当资源读空时,再执行数据读取可能导致取数异常。设计中通常应当使用 full 和 empty 端口来指示是否出现了写满和读空的情况,并采取相应的处理机制来避免写满和读空的情况发生。握手机制可以避免上述问题发生,但传输效率通常较低。

本小节采用 QuestaCDC 软件作为 CDC 分析工具,通过一个案例对常见的单 bit 信号和多 bit 信号跨时钟域问题进行分析讲解。

该案例的主要功能为接收两路串口 rx3 和 rx4 的数据,并解析为 6 路多比特数据 dat_ch1、dat_ch2、dat_ch3、dat_ch4、dat_ch5、dat_ch6 和单比特控制信号 S_trig_F、S_trig_S,在通过数据转换逻辑后传入数据上报模块,再从串口 tx1 发送,如图 5-13 所示。

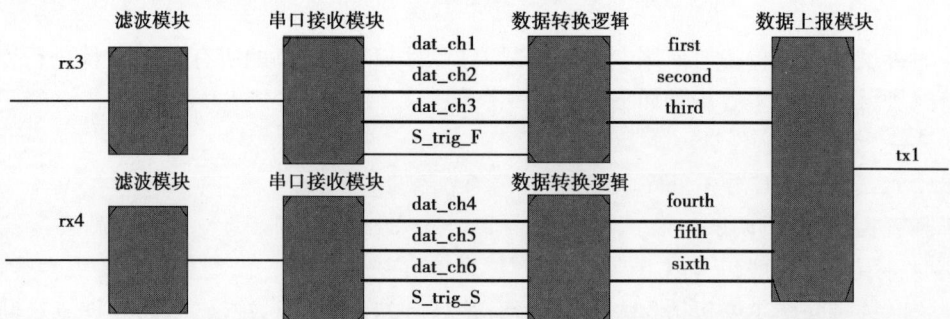

图 5-13　数据处理逻辑

顶层 RTL 代码如下所示。

```
module top ( clk, tx1, tx3, tx4, rx3, rx4, recv3, recv4, tp1, tp2, tp3, tran5, tran6 );
    input wire clk;
    input wir erx3, rx4;
```

```verilog
    output wire tx1, tx3, tx4;
    output wire recv3, recv4;
    output wire tp1, tp2, tp3;
    output wire tran5, tran6;


    wire rst_n;
    wire m_rep_spot;
    ( * mark_debug = "TRUE" * ) wire clk118m, clk50m, clk40m;
    wire        clk5m;



    wire frame_start;
     ( * mark_debug = "TRUE" * ) wire S_trig_F, S_trig_S;   //F--First, S--Second
    ( * mark_debug = "TRUE" * )
    wire [23:0] dat_ch1, dat_ch2, dat_ch3, dat_ch4, dat_ch5, dat_ch6;   //24 bit
    ( * mark_debug = "TRUE" * )
    wire [23:0] dat_pmd_ch1, dat_pmd_ch2, dat_pmd_ch3, dat_pmd_ch4, dat_pmd_ch5,
dat_pmd_ch6;
     ( * mark_debug = "TRUE" * ) wire [31:0] first, second, third, fourth, fifth, sixth;


    wire rx3_sy;
    wire rx4_sy;
    wire [31:0] first_sy, second_sy, third_sy, fourth_sy, fifth_sy, sixth_sy;
    wire frame_start_sy;


    wire rst_n_118m, rst_n_5m;

//   wire S_trig_F_syn, S_trig_S_syn;

    assign recv3 = 1' b1;
    assign recv4 = 1' b1;
    assign tran5 = 1' b1;
    assign tran6 = 1' b1;
    assign tp1 = 1' b1;
    assign tp2 = 1' b1;
    assign tp3 = 1' b1;


    // internal reset module
```

```
    por_reset por_reset_inst(
            .clk_i  (clk40m),
            .rst_n_o(rst_n)
        );  //250us low , then keep high pulse

    pll_out pll_out_inst(
            .CLK_OUT1(clk118m),
            .CLK_OUT2(clk5m),
            .CLK_OUT3(clk40m),
            .CLK_IN1 (clk)
        );

// samplingtrig trig signal instance
trig_int
    #(  .CLK_CYCLE(40_000_000),
        .TRIG_CYCLE(1_000))
trig_int_inst0(
    .clk_i(clk40m),
    .rst_n_i(rst_n),
    .trig_o(frame_start)
);

slib_input_filter #(.SIZE(8))
        slib_input_filter_inst0(
            .CLK(clk118m),
            .RST(!clk118m_rst_n),
            .CE(1'b1),
            .D(rx3),
            .Q(rx3_sy));

slib_input_filter #(.SIZE(8))
        slib_input_filter_inst1(
            .CLK(clk118m),
            .RST(!clk118m_rst_n),
            .CE(1'b1),
            .D(rx4),
            .Q(rx4_sy));
```

```
S_Receive S_Receive_Inst_F(
        .clk118m(clk118m),
        .rst_n(clk118m_rst_n),
        .Rxd(rx3_sy),
        .S_trig(S_trig_F),
        .dat_ch1(dat_ch1),
        .dat_ch2(dat_ch2),
        .dat_ch3(dat_ch3)
    );

S_Receive S_Receive_Inst_S(
        .clk118m(clk118m),
        .rst_n(clk118m_rst_n),
        .Rxd(rx4_sy),
        .S_trig(S_trig_S),
        .dat_ch1(dat_ch4),
        .dat_ch2(dat_ch5),
        .dat_ch3(dat_ch6)
    );

/***************************************************************/


……(此处省略代码)


/***************************************************************/

assign dat_pmd_ch1 = conv(dat_ch1);
assign dat_pmd_ch2 = conv(F_chan2_dat);
assign dat_pmd_ch3 = conv(F_chan3_dat);
assign dat_pmd_ch4 = conv(S_chan1_dat);
assign dat_pmd_ch5 = conv(S_chan2_dat);
assign dat_pmd_ch6 = conv(S_chan3_dat);

assign first = {4'h8, 1'b0, rebuild(dat_pmd_ch1)};
```

```verilog
assign second = {4' h9, 1' b0, rebuild( dat_pmd_ch2 ) };
assign third = {4' ha, 1' b0, rebuild( dat_pmd_ch3 ) };
assign fourth = {4' hb, 1' b0, rebuild( dat_pmd_ch4 ) };
assign fifth = {4' hc, 1' b0, rebuild( dat_pmd_ch5 ) };
assign sixth = {4' hd, 1' b0, rebuild( dat_pmd_ch6 ) };

//master report uart instance
M_Report M_Report_inst(
                        . clk5m( clk5m ),            //5Mb/s
                        . rst_n( clk5m_rst_n ),
                        . Txd( tx1 ),
                        . trig_spot( m_rep_spot_fe ),
                        . first( first ),
                        . second( second ),
                        . third( third ),
                        . fourth( fourth ),
                        . fifth( fifth ),
                        . sixth( sixth )
                    );

slib_edge_detect        slib_edge_detect_inst0(
                        . CLK( clk118m ),
                        . RST( !clk118m_rst_n ),
                        . D( S_trig_F ),
                        . RE( S_trig_F_re ),
                        . FE( )
                    );

slib_edge_detect        slib_edge_detect_inst3(
                        . CLK( clk5m ),
                        . RST( !clk5m_rst_n ),
                        . D( S_trig_F ),
                        . RE( S_trig_F_sy_re ),
                        . FE( )
                    );
// master uart read fifo data
m_rep_spot m_rep_spot_inst0(
```

```
    .clk5m(clk5m),
    .clk5m_rst_n(clk5m_rst_n),
    .S_trig_F_sy_re(S_trig_F_sy_re),
    .S_trig_S_sy_re(S_trig_S_sy_re),
    .m_rep_spot_en(m_rep_spot_en)
  );

/****************************************************************/


……(此处省略代码)



/****************************************************************/

S_Transmit S_Transmit_Inst_First(
        .clk118m(clk118m),
        .rst_n   (clk118m_rst_n),       // input    rst_n
        .Txd     (tx3),                  // output   Txd
        .Mtrig   (frame_start_sy)       // input    trig_spot
        );


S_Transmit S_Transmit_Inst_Second(
        .clk118m(clk118m),
        .rst_n   (clk118m_rst_n),       // input    rst_n
        .Txd     (tx4),                  // output   Txd
        .Mtrig   (frame_start_sy)       // input    trig_spot
        );


function [23:0] conv;
  input [23:0] value;
  reg [37:0] value_tmp;
  begin
    value_tmp=(value * 14901) / 500000;
    conv=value_tmp[23:0];
```

```
    end
  endfunction



  function [26:0] rebuild;
    input [23:0] data;
    begin
      rebuild ={
              data[23], data[22], data[21], 1'b0, data[20], data[19], data[18],
data[17], data[16], data[15], data[14], 1'b0, data[13], data[12], data[11], data
[10], data[9], data[8], data[7], 1'b0, data[6], data[5], data[4], data[3], data
[2], data[1], data[0]
              };
    end
  endfunction

endmodule
```

通过 CDC 分析工具完成跨时钟域信号分析后,CDC 分析工具报告单 bit 信号 S_trig_F 和多 bit 信号 dat_ch1 存在跨时钟域问题,如图 5-14 所示。

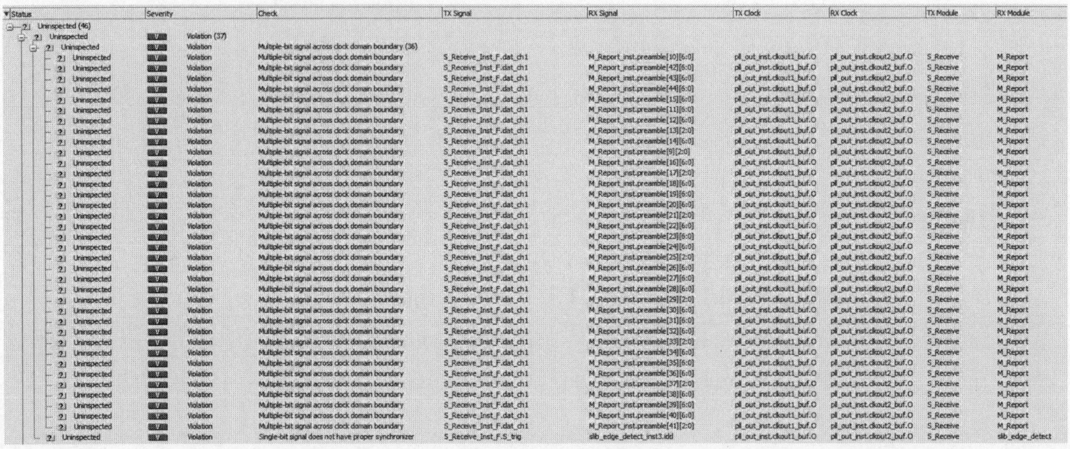

Status	Severity		Check	TX Signal	RX Signal	TX Clock	RX Clock	TX Module	RX Module
Uninspected (46)									
Uninspected	V	Violation (37)							
Uninspected	V	Violation	Multiple-bit signal across clock domain boundary (36)						
Uninspected	V	Violation	Multiple-bit signal across clock domain boundary	S_Receive_Inst_F.dat_ch1	M_Report_inst.preamble[10][6:0]	pll_out_inst.clkout1_buf.O	pll_out_inst.clkout2_buf.O	S_Receive	M_Report
Uninspected	V	Violation	Multiple-bit signal across clock domain boundary	S_Receive_Inst_F.dat_ch1	M_Report_inst.preamble[42][6:0]	pll_out_inst.clkout1_buf.O	pll_out_inst.clkout2_buf.O	S_Receive	M_Report
Uninspected	V	Violation	Multiple-bit signal across clock domain boundary	S_Receive_Inst_F.dat_ch1	M_Report_inst.preamble[43][6:0]	pll_out_inst.clkout1_buf.O	pll_out_inst.clkout2_buf.O	S_Receive	M_Report
Uninspected	V	Violation	Multiple-bit signal across clock domain boundary	S_Receive_Inst_F.dat_ch1	M_Report_inst.preamble[44][6:0]	pll_out_inst.clkout1_buf.O	pll_out_inst.clkout2_buf.O	S_Receive	M_Report
Uninspected	V	Violation	Multiple-bit signal across clock domain boundary	S_Receive_Inst_F.dat_ch1	M_Report_inst.preamble[15][6:0]	pll_out_inst.clkout1_buf.O	pll_out_inst.clkout2_buf.O	S_Receive	M_Report
Uninspected	V	Violation	Multiple-bit signal across clock domain boundary	S_Receive_Inst_F.dat_ch1	M_Report_inst.preamble[11][6:0]	pll_out_inst.clkout1_buf.O	pll_out_inst.clkout2_buf.O	S_Receive	M_Report
Uninspected	V	Violation	Multiple-bit signal across clock domain boundary	S_Receive_Inst_F.dat_ch1	M_Report_inst.preamble[12][6:0]	pll_out_inst.clkout1_buf.O	pll_out_inst.clkout2_buf.O	S_Receive	M_Report
Uninspected	V	Violation	Multiple-bit signal across clock domain boundary	S_Receive_Inst_F.dat_ch1	M_Report_inst.preamble[13][2:0]	pll_out_inst.clkout1_buf.O	pll_out_inst.clkout2_buf.O	S_Receive	M_Report
Uninspected	V	Violation	Multiple-bit signal across clock domain boundary	S_Receive_Inst_F.dat_ch1	M_Report_inst.preamble[14][6:0]	pll_out_inst.clkout1_buf.O	pll_out_inst.clkout2_buf.O	S_Receive	M_Report
Uninspected	V	Violation	Multiple-bit signal across clock domain boundary	S_Receive_Inst_F.dat_ch1	M_Report_inst.preamble[9][2:0]	pll_out_inst.clkout1_buf.O	pll_out_inst.clkout2_buf.O	S_Receive	M_Report
Uninspected	V	Violation	Multiple-bit signal across clock domain boundary	S_Receive_Inst_F.dat_ch1	M_Report_inst.preamble[16][6:0]	pll_out_inst.clkout1_buf.O	pll_out_inst.clkout2_buf.O	S_Receive	M_Report
Uninspected	V	Violation	Multiple-bit signal across clock domain boundary	S_Receive_Inst_F.dat_ch1	M_Report_inst.preamble[17][2:0]	pll_out_inst.clkout1_buf.O	pll_out_inst.clkout2_buf.O	S_Receive	M_Report
Uninspected	V	Violation	Multiple-bit signal across clock domain boundary	S_Receive_Inst_F.dat_ch1	M_Report_inst.preamble[18][6:0]	pll_out_inst.clkout1_buf.O	pll_out_inst.clkout2_buf.O	S_Receive	M_Report
Uninspected	V	Violation	Multiple-bit signal across clock domain boundary	S_Receive_Inst_F.dat_ch1	M_Report_inst.preamble[19][6:0]	pll_out_inst.clkout1_buf.O	pll_out_inst.clkout2_buf.O	S_Receive	M_Report
Uninspected	V	Violation	Multiple-bit signal across clock domain boundary	S_Receive_Inst_F.dat_ch1	M_Report_inst.preamble[20][6:0]	pll_out_inst.clkout1_buf.O	pll_out_inst.clkout2_buf.O	S_Receive	M_Report
Uninspected	V	Violation	Multiple-bit signal across clock domain boundary	S_Receive_Inst_F.dat_ch1	M_Report_inst.preamble[21][2:0]	pll_out_inst.clkout1_buf.O	pll_out_inst.clkout2_buf.O	S_Receive	M_Report
Uninspected	V	Violation	Multiple-bit signal across clock domain boundary	S_Receive_Inst_F.dat_ch1	M_Report_inst.preamble[22][6:0]	pll_out_inst.clkout1_buf.O	pll_out_inst.clkout2_buf.O	S_Receive	M_Report
Uninspected	V	Violation	Multiple-bit signal across clock domain boundary	S_Receive_Inst_F.dat_ch1	M_Report_inst.preamble[23][6:0]	pll_out_inst.clkout1_buf.O	pll_out_inst.clkout2_buf.O	S_Receive	M_Report
Uninspected	V	Violation	Multiple-bit signal across clock domain boundary	S_Receive_Inst_F.dat_ch1	M_Report_inst.preamble[24][6:0]	pll_out_inst.clkout1_buf.O	pll_out_inst.clkout2_buf.O	S_Receive	M_Report
Uninspected	V	Violation	Multiple-bit signal across clock domain boundary	S_Receive_Inst_F.dat_ch1	M_Report_inst.preamble[25][2:0]	pll_out_inst.clkout1_buf.O	pll_out_inst.clkout2_buf.O	S_Receive	M_Report
Uninspected	V	Violation	Multiple-bit signal across clock domain boundary	S_Receive_Inst_F.dat_ch1	M_Report_inst.preamble[26][6:0]	pll_out_inst.clkout1_buf.O	pll_out_inst.clkout2_buf.O	S_Receive	M_Report
Uninspected	V	Violation	Multiple-bit signal across clock domain boundary	S_Receive_Inst_F.dat_ch1	M_Report_inst.preamble[27][6:0]	pll_out_inst.clkout1_buf.O	pll_out_inst.clkout2_buf.O	S_Receive	M_Report
Uninspected	V	Violation	Multiple-bit signal across clock domain boundary	S_Receive_Inst_F.dat_ch1	M_Report_inst.preamble[28][6:0]	pll_out_inst.clkout1_buf.O	pll_out_inst.clkout2_buf.O	S_Receive	M_Report
Uninspected	V	Violation	Multiple-bit signal across clock domain boundary	S_Receive_Inst_F.dat_ch1	M_Report_inst.preamble[29][2:0]	pll_out_inst.clkout1_buf.O	pll_out_inst.clkout2_buf.O	S_Receive	M_Report
Uninspected	V	Violation	Multiple-bit signal across clock domain boundary	S_Receive_Inst_F.dat_ch1	M_Report_inst.preamble[30][6:0]	pll_out_inst.clkout1_buf.O	pll_out_inst.clkout2_buf.O	S_Receive	M_Report
Uninspected	V	Violation	Multiple-bit signal across clock domain boundary	S_Receive_Inst_F.dat_ch1	M_Report_inst.preamble[31][6:0]	pll_out_inst.clkout1_buf.O	pll_out_inst.clkout2_buf.O	S_Receive	M_Report
Uninspected	V	Violation	Multiple-bit signal across clock domain boundary	S_Receive_Inst_F.dat_ch1	M_Report_inst.preamble[32][6:0]	pll_out_inst.clkout1_buf.O	pll_out_inst.clkout2_buf.O	S_Receive	M_Report
Uninspected	V	Violation	Multiple-bit signal across clock domain boundary	S_Receive_Inst_F.dat_ch1	M_Report_inst.preamble[33][2:0]	pll_out_inst.clkout1_buf.O	pll_out_inst.clkout2_buf.O	S_Receive	M_Report
Uninspected	V	Violation	Multiple-bit signal across clock domain boundary	S_Receive_Inst_F.dat_ch1	M_Report_inst.preamble[34][6:0]	pll_out_inst.clkout1_buf.O	pll_out_inst.clkout2_buf.O	S_Receive	M_Report
Uninspected	V	Violation	Multiple-bit signal across clock domain boundary	S_Receive_Inst_F.dat_ch1	M_Report_inst.preamble[35][6:0]	pll_out_inst.clkout1_buf.O	pll_out_inst.clkout2_buf.O	S_Receive	M_Report
Uninspected	V	Violation	Multiple-bit signal across clock domain boundary	S_Receive_Inst_F.dat_ch1	M_Report_inst.preamble[36][6:0]	pll_out_inst.clkout1_buf.O	pll_out_inst.clkout2_buf.O	S_Receive	M_Report
Uninspected	V	Violation	Multiple-bit signal across clock domain boundary	S_Receive_Inst_F.dat_ch1	M_Report_inst.preamble[37][2:0]	pll_out_inst.clkout1_buf.O	pll_out_inst.clkout2_buf.O	S_Receive	M_Report
Uninspected	V	Violation	Multiple-bit signal across clock domain boundary	S_Receive_Inst_F.dat_ch1	M_Report_inst.preamble[38][6:0]	pll_out_inst.clkout1_buf.O	pll_out_inst.clkout2_buf.O	S_Receive	M_Report
Uninspected	V	Violation	Multiple-bit signal across clock domain boundary	S_Receive_Inst_F.dat_ch1	M_Report_inst.preamble[39][6:0]	pll_out_inst.clkout1_buf.O	pll_out_inst.clkout2_buf.O	S_Receive	M_Report
Uninspected	V	Violation	Multiple-bit signal across clock domain boundary	S_Receive_Inst_F.dat_ch1	M_Report_inst.preamble[40][6:0]	pll_out_inst.clkout1_buf.O	pll_out_inst.clkout2_buf.O	S_Receive	M_Report
Uninspected	V	Violation	Multiple-bit signal across clock domain boundary	S_Receive_Inst_F.dat_ch1	M_Report_inst.preamble[41][2:0]	pll_out_inst.clkout1_buf.O	pll_out_inst.clkout2_buf.O	S_Receive	M_Report
Uninspected	V	Violation	Single-bit signal does not have proper synchronizer	S_Receive_Inst_F.S_trig	slib_edge_detect_inst3.idd	pll_out_inst.clkout1_buf.O	pll_out_inst.clkout2_buf.O	S_Receive	slib_edge_detect

图 5-14　跨时钟域问题

查看单 bit 信号 S_trig_F 的信号流图,如图 5-15 所示, S_trig_F 的源时钟为 S_Receive_Inst_F 模块的 clk118m118,接收时钟为 slib_edge_detect_inst3 模块的 clk5m。传输过程中经过了组合逻辑处理,由于未添加合适的同步器,因此存在发生亚稳态的可能性。

对于单 bit 信号 S_trig_F 跨时钟域问题,源时钟域的时钟 clk118m 频率是 118 MHz,目的时钟域的时钟 clk5m 频率是 5 MHz,属于快时钟域到慢时钟域的情况。由于实际应用中,S_trig_F 的变化频率远低于 5 MHz,因此可以通过添加同步器的方式进行处理。在 top 层中添加同步器 synchronizer_dut_strigf,将信号 S_trig_F 同步到 clk5m 的时钟域,同步后的信号为 S_ trig_F_sy。将 slib_edge_detect_inst3 模块的输入信号 S_trig_F 替换为信号 S_trig_F_sy,代码如下所示。

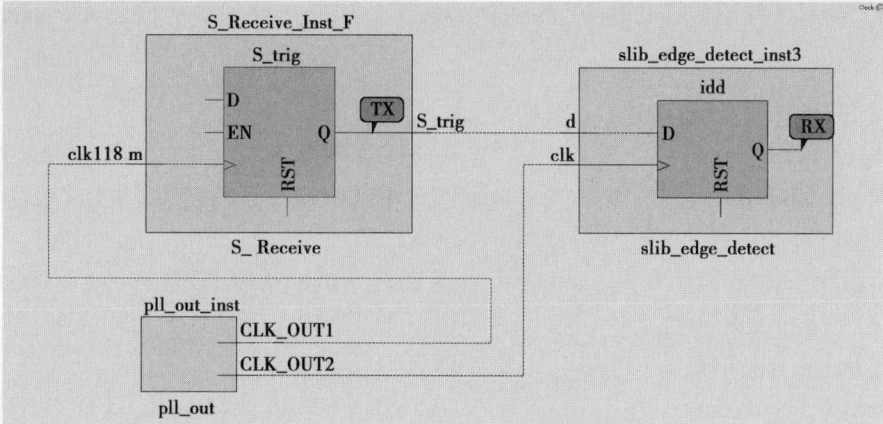

图 5-15 S_trig_F 信号流图

```
synchronizer #( . SYNC_FF_WIDTH( 1 ) )
        synchronizer_dut_strigf(
            . clk_i ( clk5m ) ,
            . rst_n_i ( clk5m_rst_n ) ,
            . dff_i ( S_trig_F ) ,
            . sync_dff_o   ( S_trig_F_sy )
        ) ;
slib_edge_detect      slib_edge_detect_inst3(
            . CLK( clk5m ) ,
            . RST( !clk5m_rst_n ) ,
            . D( S_trig_F_sy ) ,
            . RE( S_trig_F_sy_re ) ,
            . FE( )
            ) ;
```

通过以上处理,再次运行 CDC 分析工具,问题得到解决。

查看多 bit 信号 dat_ch1 的信号流图,如图 5-16 所示,S_trig_F 的源时钟为 S_Receive_Inst_F 模块的 clk118m118,接收时钟为 M_Report_inst 模块的 clk5m。传输过程中经过了组合逻辑处理,由于未对多 bit 跨时钟域信号进行同步处理,因此存在发生亚稳态的可能性。

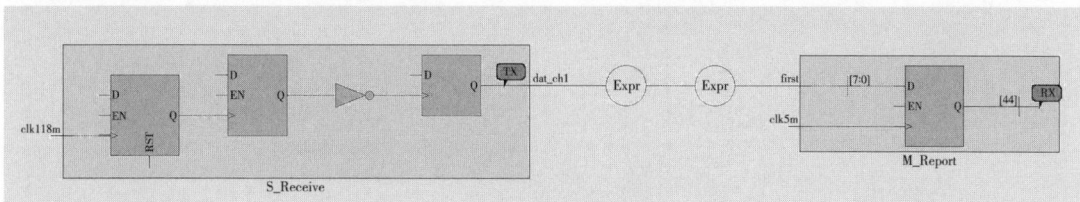

图 5-16 多 bit 信号 dat_ch1 信号流图

对于多 bit 信号 dat_ch1 跨时钟域问题,采用添加 FIFO 的方式进行处理。在 top 层中添加 IP 核 uart_fifo_24x16_fuart1。将信号 dat_ch1 同步到 clk5m 的时钟域,同步后的信号为 F_chan1_dat。将接收使用信号 dat_ch1 的语句替换为使用同步处理后的信号 dat_pmd_ch1,代码如下所示。

```
uart_fifo_24x16 uart_fifo_24x16_fuart1(
    .rst(clk118m_rst_n),            // : IN STD_LOGIC;
    .wr_clk(clk118m),               // : IN STD_LOGIC;
    .rd_clk(clk5m),                 // : IN STD_LOGIC;
    .din(dat_ch1),                  // : IN STD_LOGIC_VECTOR(23 DOWNTO 0);
    .wr_en(S_trig_F_re),            // : IN STD_LOGIC;
    .rd_en(m_rep_spot_en),          // : IN STD_LOGIC;
    .dout(F_chan1_dat),             // : OUT STD_LOGIC_VECTOR(23 DOWNTO 0);
    .full(full),        // : OUT STD_LOGIC;
    .empty(empty),      // : OUT STD_LOGIC;
    .wr_rst_busy(),     // : OUT STD_LOGIC;
    .rd_rst_busy()      // : OUT STD_LOGIC
);
assign dat_pmd_ch1 = conv(F_chan1_dat);
```

通过以上处理,再次运行 CDC 分析工具,问题得到了解决。

5.6 习题

①请按步骤简述握手通信的流程。

②请举例说明"对于多 bit 数据不能使用发送方给出数据,接收方用本地时钟同步两拍再使用"的原因。

③"单比特信号打两拍后可以避免亚稳态的发生",简述这个说法存在的问题。

74

6
静态时序分析

6.1 静态时序分析的目标

　　静态时序分析会对被测设计的所有时序路径进行遍历分析,目的是找出可能存在的时序违例问题,进而根据时序分析结果优化逻辑或约束条件,使得设计时序收敛(Timing Closure)。

　　测试工程师可以在综合后进行初步的静态时序分析,也可以在布局布线后进行静态时序分析,以获取更详细准确的结果。

6.2 静态时序分析中的概念

　　静态时序分析是基于同步逻辑设计的,仅关注被测设计的相对时序关系,而不评估逻辑功能,也无须通过测试向量/激励激活某个路径,因此可以实现100%的时序路径覆盖。本节针对静态时序的原理详细介绍其相关参数。

　　寄存器有两个输入端和一个输出端,包括一个时钟(CLK)输入、一个数据(D)输入和一个数据(Q)输出。当不向寄存器施加任何时钟输入或在时钟信号的下降沿(负边沿)期间,输出不会发生变化,它将在输出Q处保留其先前的值。如果时钟信号为上升沿(正边沿)并且如果D输入为高电平,则输出也为高电平,如果D输入为低电平,则输出将变为低电平。因此,在时钟信号上升沿的情况下,输出Q跟随输入D变化,如图6-1所示。

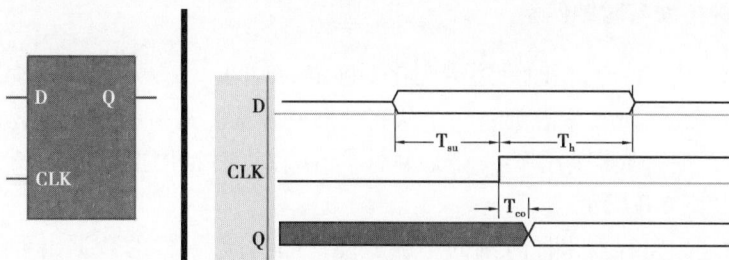

图6-1 寄存器时序图

6.2.1 建立时间

建立时间(Setup Time)，是指寄存器的时钟信号上升沿到来以前，数据稳定不变的时间。如图 6-1 所示，若建立时间 T_{su} 不够，数据 D 将不能在 CLK 的当前时钟沿被正确输入寄存器，并传递给 Q。

6.2.2 保持时间

保持时间(Hold Time)，是指寄存器的时钟信号上升沿到来以后，数据保持稳定不变的时间。如图 6-1 所示，若保持时间 T_h 不够，数据 D 将不能在 CLK 的当前时钟沿被正确输入寄存器，并传递给 Q。

6.2.3 时钟至输出延迟

时钟至输出延迟时间(Clock to Output Delay)，是指当寄存器的时钟有效沿变化后，数据从寄存器输入端到寄存器输出端的最小时间间隔，即图 6-1 中的 T_{co} 参数。

6.2.4 时序分析的起点与终点

启动沿(Launch Edge)，是指第一级寄存器数据变化的时钟边沿，也是静态时序分析的起点。

锁存沿(Latch Edge)，是指第二级寄存器的时钟边沿，也是静态时序分析的终点。

启动沿与锁存沿如图 6-2 所示。

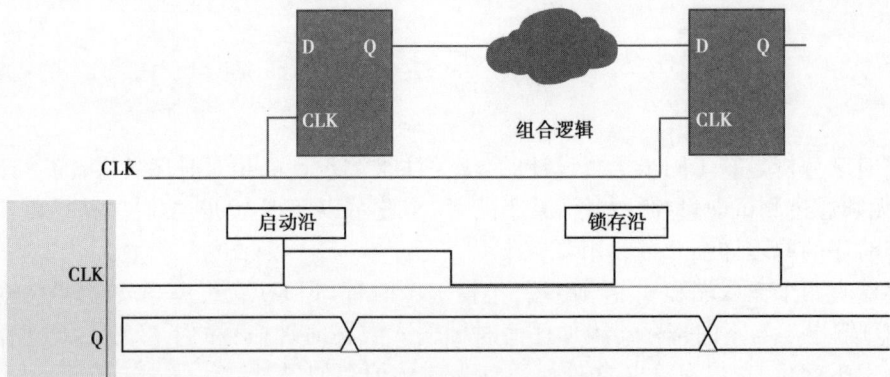

图 6-2 启动沿与锁存沿

6.2.5 时钟抖动与时钟偏斜

时钟抖动(Clock Jitter)，指时钟边沿变化不确定的时间。

时钟边沿的变化在现实中总会有一个从高到低或者从低到高的变化过程，不会是理想中的瞬变。这就导致时钟周期偶尔会发生短暂性变化，使得时钟周期可能加长或者缩短，从而产生时钟抖动，如图 6-3 所示。

时钟抖动会导致寄存器采样时刻的不确定性，可能引起采样的数据出现错误，但是时钟抖动往往是微乎其微，通常在高频电路中才会对时序产生影响。

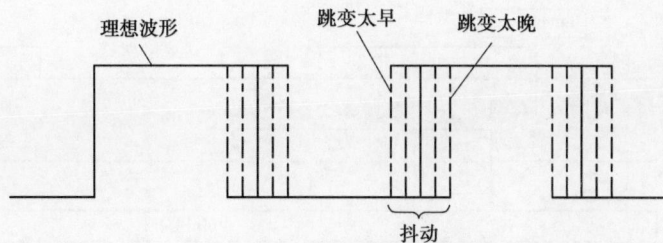

图 6-3 时钟抖动

时钟偏斜(Clock Skew),指时钟源到达源寄存器和目的寄存器的时间偏移。

时钟信号与其他信号一样,在传输时会有延迟。如图 6-4 所示,时钟源 CLK 到达源寄存器 REG1 的时间是 T_{clk1},到达目的寄存器 REG2 的时间是 T_{clk2}。时钟偏斜则为 Clock Skew = $T_{clk2} - T_{clk1}$。因此,时钟偏斜的值,可能为正,也可能为负。

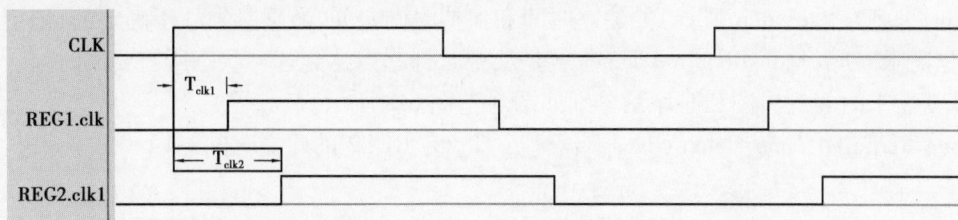

图 6-4 时钟偏斜

当设计中使用了大量的寄存器时,时钟链路上不同寄存器的时钟信号到达时间不一致产生的时钟偏斜问题,可能引起数据的建立时间和保持时间违例,从而导致数据丢失或错误。

6.2.6 数据到达时间

数据到达时间(Data Arrival Time),指从启动沿(Launch Edge)开始,数据到达目标寄存器输入端的时间,如图 6-5、图 6-6 所示。数据到达时间由 4 部分组成,即启动沿时间、时钟 CLK 到达寄存器的时间 T_{clk1}、时钟 REG1.CLK 至输出 REG1.Q 的延迟时间 T_{co}、源寄存器 REG1 到目的寄存器 REG2 数据传输的时间 T_{data}。数据到达时间为:

Data Arrival Time = launch edge + T_{clk1} + T_{co} + T_{data}。

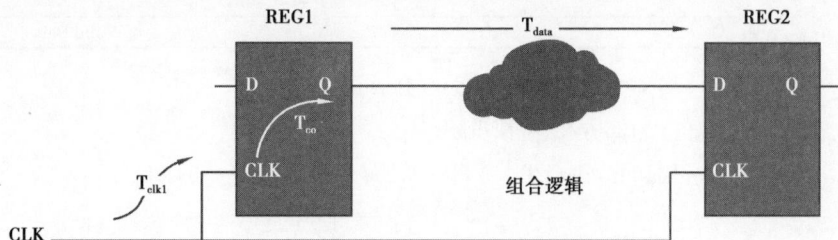

图 6-5 数据到达时间逻辑图

77

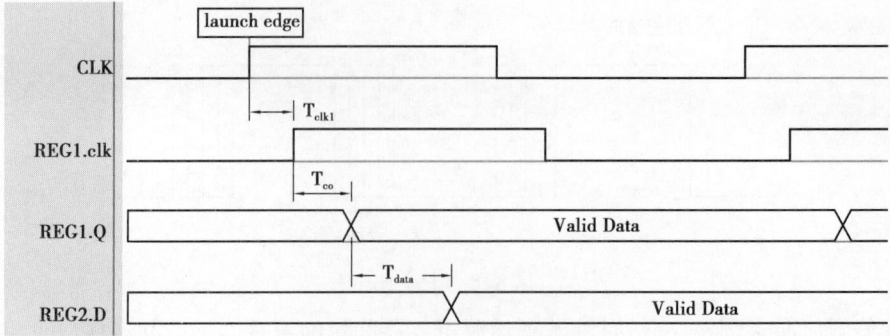

图 6-6　数据到达时间时序图

6.2.7　数据需求时间

在时钟锁存沿(Latch Edge)的建立时间和保持时间之间，数据必须处于确定的、稳定的状态，数据需求时间(Data Required Time)就是从源时钟起点达到这种状态所需要的时间。

数据需求时间逻辑图和时序图分别如图 6-7、图 6-8 所示。

Data Required Time＝latch edge+T_{clk2}－T_{su}。T_{su} 为 REG2 的建立时间。

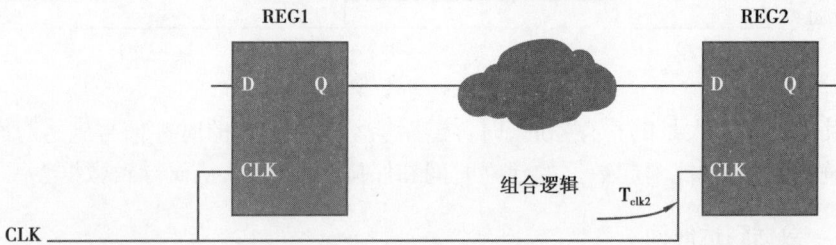

图 6-7　数据需求时间逻辑图

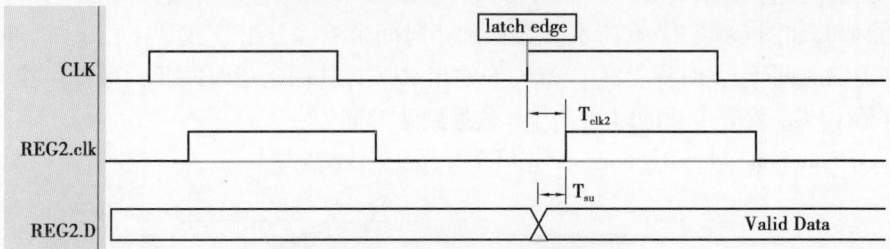

图 6-8　数据需求时间(setup)时序图

数据需求时间(Hold)如图 6-7、图 6-9 所示。

Data Required Time＝latch edge+T_{clk2}+T_h。T_h 为 REG2 的保持时间。

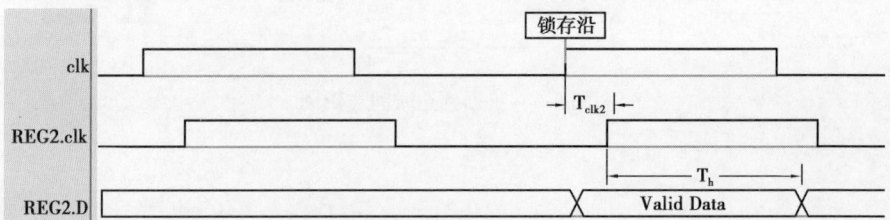

图 6-9　数据需求时间(hold)时序图

6.2.8   时间裕量

建立时间裕量(Setup Slack),是指满足寄存器的建立时间要求后剩余的时间。

建立时间裕量如图 6-10、图 6-11 所示。

Setup slack = Data Required Time($T_c + T_{clk2} - T_{su}$) − Data Arrival Time($T_{clk1} + T_{co} + T_{data}$)。

T_c 为一个时钟周期的时间。

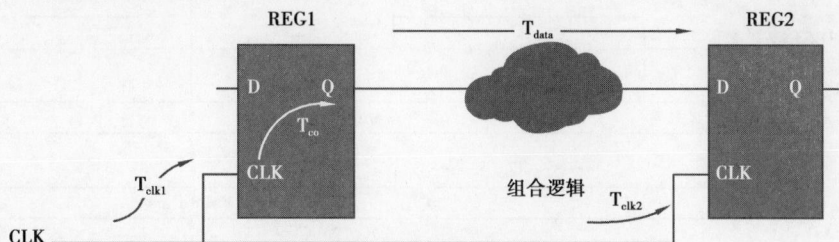

图 6-10   建立时间裕量 1

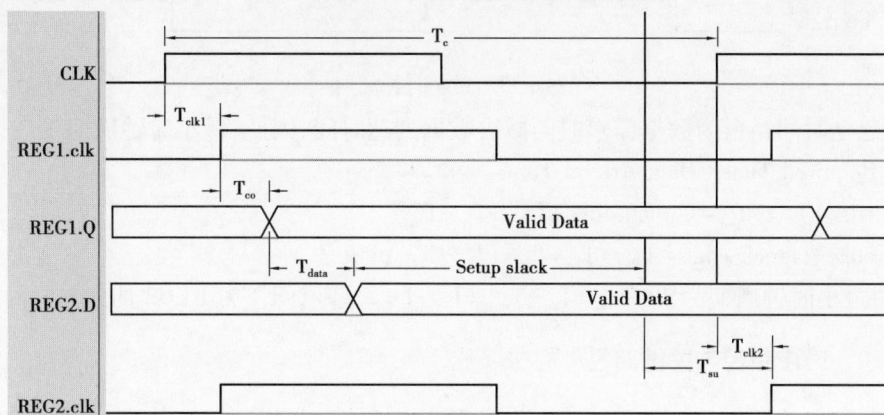

图 6-11   建立时间裕量 2

保持时间裕量(Hold Slack):是指满足寄存器的保持时间要求后剩余的时间。

保持时间裕量如图 6-12 所示。

Hold slack = Data Arrival Time(下一周期)($T_{clk1} + T_{co} + T_{data} + T_c$) − Data Required Time($T_c + T_{clk2} + T_h$)。

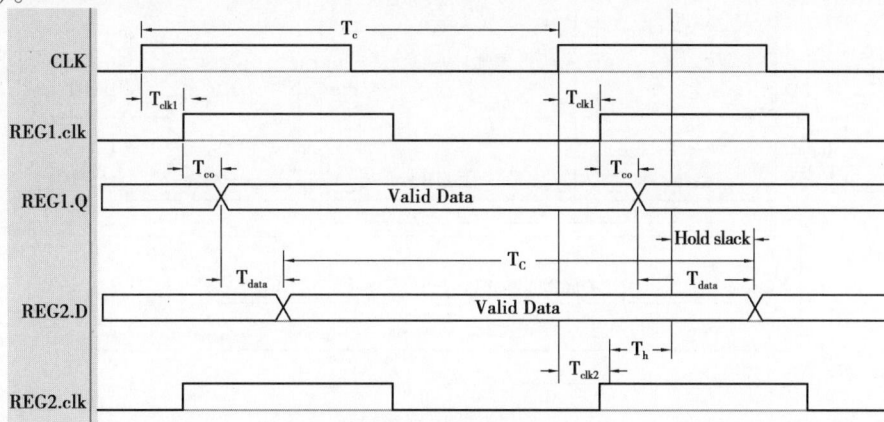

图 6-12   保持时间裕量

6.2.9　最小时钟周期

当建立时间裕量为 0 时，即为 FPGA 软件运行的最小时钟周期，如图 6-13 所示。

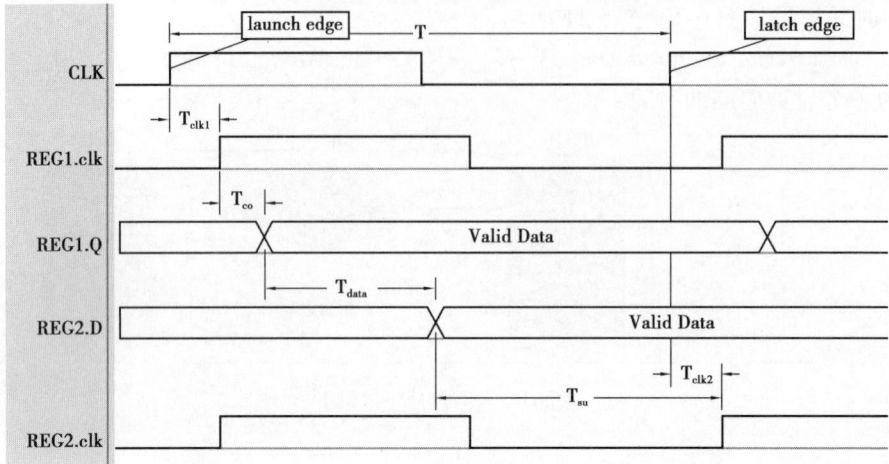

图 6-13　最小时钟周期

由于建立时间裕量为数据需求时间减去数据到达时间，因此，最小时钟周期 T 应为：

Data Required Time＝Data Arrival Time。

latch edge$+T_{clk2}-T_{su}=$launch edge$+T_{clk1}+T_{co}+T_{data}$。

latch edge$-$launch edge$=T_{clk1}+T_{co}+T_{data}+T_{su}-T_{clk2}$。

因此，最小时钟周期为 $T=T_{clk1}+T_{co}+T_{data}+T_{su}-T_{clk2}$。其中 T_{su} 为 REG2 的建立时间。

6.2.10　时序路径与关键路径

时序路径是信号沿着时序分析起点到时序分析终点的数据通路，所有信号都是沿着时序路径进行传递的。

FPGA 的设计存在多条时序路径，每条时序路径的延迟均有不同，其中延时最长的一条称为关键路径。

时序路径的分析可以分为以下 4 种，如图 6-14 所示。

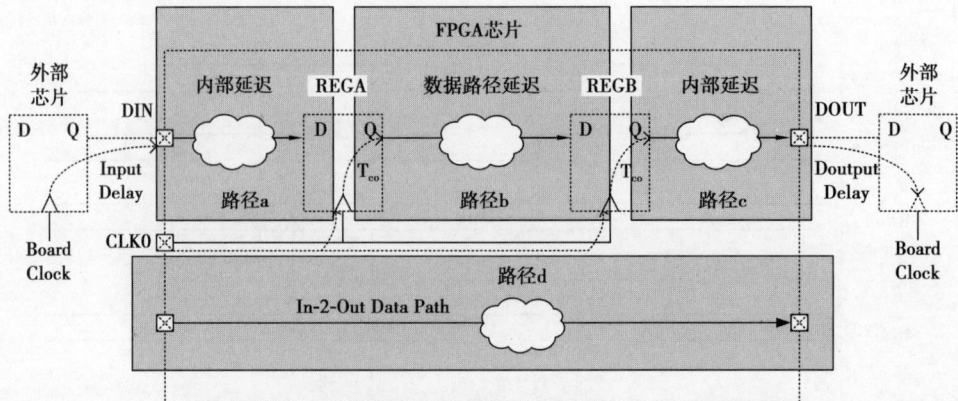

图 6-14　时序路径分析

1）输入端口到 FPGA 内部第一级触发器的路径

数据由外部芯片产生，通过 FPGA 芯片外部的 Input Delay 延迟后到达 FPGA 的输入端口，然后数据经过 FPGA 内部的组合逻辑延迟后到达由目的时钟驱动的目的寄存器。

片外芯片的时钟和 FPGA 的时钟不是同一个时钟，因此需要约束 Input Delay 和时钟，静态时序分析工具才能正确地分析这种路径。

2）FPGA 内部触发器之间的路径

数据由源时钟发起并由 FPGA 内部寄存器产生，数据经过数据路径延迟后到达由目的时钟驱动的目的寄存器。

这种时序路径是最常见的，用户需要约束源时钟和目的时钟，静态时序分析工具就能正确地分析这种时序路径。

3）FPGA 内部末级触发器到输出端口的路径

数据由源时钟发起并在 FPGA 内部寄存器产生，经过内部组合逻辑延迟后到达输出端口。端口输出数据经过 FPGA 芯片外部的 Output Delay 延迟后被外部芯片的 Board Clock 捕获到。

片外芯片的时钟和 FPGA 的时钟不是同一个时钟，因此需要约束 Output Delay 和时钟，静态时序分析工具才能正确地分析这种路径。

4）FPGA 输入端口到输出端口的路径

数据横穿 FPGA，没有经过任何寄存器，这种路径也叫 in-to-out path。

这种路径中只有数据路径，用户只需要约束 FPGA 内部的最大延迟和最小延迟，或创建一个虚拟时钟，并基于这个虚拟时钟约束 Input Delay 和 Output Delay。

静态时序分析工具通常都是按单周期进行分析。但在实际工程中，当处理逻辑比较复杂时，数据延迟会很大，使得数据无法在一个时钟周期内稳定下来，需要在至少两个时钟周期之后才使用。数据的传输时间从启动沿开始直至数个时钟周期之后的锁存沿，导致无法被静态时序分析工具正确分析，因此必须由开发工程师在时序约束中指明，否则静态时序分析工具会按照单周期路径检查的方式执行，往往会误报出时序违例。这种时序约束被称为多时钟周期时序约束。

除多时钟周期时序约束外，还存在某些时序路径无须进行时序分析，例如跨时钟域路径、异步复位电路、测试逻辑等。对于这些路径，需要约束为伪路径，避免静态时序分析工具得出错误的静态时序分析结果。

时序约束是 FPGA 软件设计的重要一环，时序约束应当根据项目的实际需求制定。因此过紧的时序约束和过松的时序约束都是不可取的。时序约束过松，是指约束要求比实际要求低，例如实际运行的时钟频率是 100 MHz，但我们在给这个时钟添加约束的时候，要求它能运行在 50 MHz。如此约束，相当于不进行时序约束，可能会导致电路时序不正确。时序约束过紧，是指约束要求比实际要求高，例如实际运行的时钟频率是 100 MHz，我们在给这个时钟添加约束的时候，要求它能运行在 200 MHz。时序约束过紧，可能会导致综合工具不能给出最优的结果，使电路性能更加恶化。

6.3　静态时序分析的方法

在静态时序分析中，如图 6-15、图 6-16 所示，建立时间、保持时间的时间裕量计算过程如下。

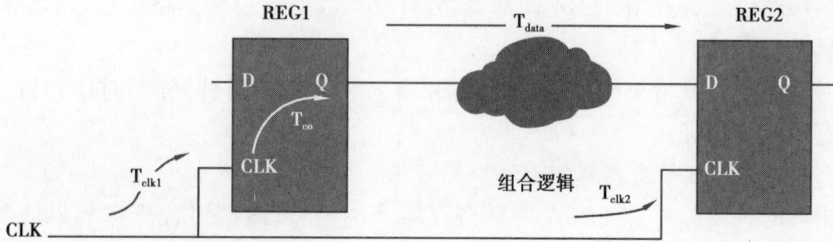

图 6-15　建立时间的时间裕量

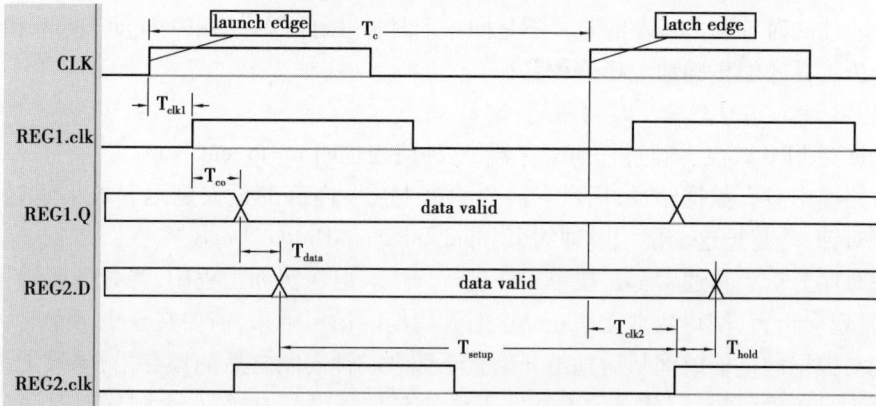

图 6-16　保持时间的时间裕量

①计算 T_{setup}，也就是在采样沿到达之前，数据需要提前建立的时间。

静态时序分析的起点就是启动沿，也就是第一级寄存器数据变化的时钟边沿。

采样沿到达时间：$T_{latch} = T_c + T_{clk2}$；

第一次数据到达时间：$T_{arrive} = T_{clk1} + T_{co} + T_{data}$；

建立时间大小：$T_{setup} = T_{latch} - T_{arrive} = T_c + T_{clk2} - T_{clk1} - T_{co} - T_{data}$。

②计算 T_{hold}，也就是在采样沿到达之后，即第二级寄存器时钟沿到达后，第二次数据到来之前，本次数据需要保持的时间。

静态时序分析的起点同样是启动沿。

第一次采样沿到达时间：$T_{latch} = T_c + T_{clk2}$；

第二次数据到来时间：$T_{data}2 = T_{clk1} + T_{co} + T_{data} + T_c(\,data\_valid\,)$；

保持时间大小：$T_{hold} = T_{data}2 - T_{latch} = T_{clk1} + T_{co} + T_{data} - T_{clk2}$。

③时序裕量如下所示。

建立时间的时序裕量：$Setup\ slack = T_{setup} - T_{su} = T_c + T_{clk2} - T_{clk1} - T_{co} - T_{data} - T_{su}$。

其中 T_{su} 为第二级寄存器 REG2 要求的建立时间。

保持时间的时序裕量：Hold slack $= T_{hold} - T_h = T_{clk1} + T_{co} + T_{data} - T_{clk2} - T_h$。

其中 T_h 为第二级寄存器 REG2 要求的保持时间。

从以上分析过程可以看出，进行静态时序分析主要是检查时序路径上，各寄存器的建立时间和保持时间是否满足芯片的要求，即计算建立时间裕量和保持时间裕量是否为正。无论是建立时间裕量还是保持时间裕量，当其为正时，说明建立时间、保持时间则满足时序要求，静态时序分析结果为通过，否则说明静态时序分析存在时序违例。

由于时序裕量计算中的 T_{co}、T_{clk1}、T_{clk2}、T_{su}、T_h 与器件物理特性有关，因此通常只能对组合逻辑的处理时间进行调整。

从建立时间、保持时间的时序裕量的计算中可以看出，建立时间不满足要求通常是因为组合逻辑处理时间太长，导致这个问题原因有以下几点：

a. 信号扇出过高：信号扇出过高会造成组合逻辑处理时间过长，导致建立时间违例。

b. 逻辑级数过多：逻辑级数过多会造成资源消耗过多，导致建立时间违例。

c. 布局布线太差：该原因与代码无关，主要依赖布局布线工具软件。保持时间不满足要求通常是因为组合逻辑处理时间太短。

解决这个问题主要有以下几种方式：

a. 拆分组合逻辑：在组合逻辑中插入寄存器，或采用流水线技术，减少组合逻辑处理时间；

b. 加强时序约束：如果是多周期路径，则添加多周期约束，从而优化违例路径；

c. 加强布局布线约束或调整布局布线工具软件的算法：例如调整布局布线努力程度，以减少组合逻辑处理时间。

保持时间不满足要求是因为逻辑处理时间太短，常用的解决方法是增加组合逻辑的处理时间，例如插入 buffer。

6.4　静态时序分析实战

6.4.1　ISE 静态时序分析

本小节通过一个案例对静态时序分析中的建立时间违例问题进行讲解。该案例采用的工具为 ISE 14.7 自带的静态时序分析工具 Timing Analyzer，综合工具为 Precision，静态时序分析结果如图 6-17 所示。

静态时序分析报告中的时序违例为建立时间违例，关键路径的源触发器为 I1_I1/modgen_counter_coeff_index_reg，目的触发器为 I1_I1/reg_pipe_DSP48E_0，对应的时序约束语句如下所示。

```
NET "clk" LOC = K17;
NET "clk" TNM_NET = clk;
TIMESPEC TS_clk = PERIOD "clk" 12.5 ns HIGH 50%;
```

时钟信号 clk 约束为 80 MHz，占空比 50%，即需求时间为 12.500 ns。查看详细分析报告,如图 6-18 所示,理论计算得到路径延时为 12.841 ns,时钟路径偏斜为-0.033 ns,时钟的不确定值为 0.035 ns。通过公式 requirement-(data path-clock path skew+uncertainty)计算得到 Slack 值为-0.409 ns。

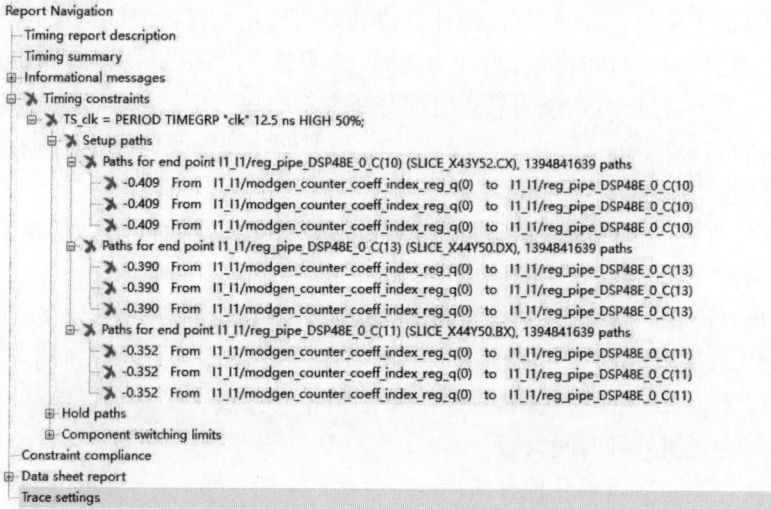

```
Report Navigation
    Timing report description
    Timing summary
 ⊞  Informational messages
 ⊟ ✖ Timing constraints
    ⊟ ✖ TS_clk = PERIOD TIMEGRP "clk" 12.5 ns HIGH 50%;
        ⊟ ✖ Setup paths
            ⊟ ✖ Paths for end point I1_I1/reg_pipe_DSP48E_0_C(10) (SLICE_X43Y52.CX), 1394841639 paths
                    ✖ -0.409  From  I1_I1/modgen_counter_coeff_index_reg_q(0)  to  I1_I1/reg_pipe_DSP48E_0_C(10)
                    ✖ -0.409  From  I1_I1/modgen_counter_coeff_index_reg_q(0)  to  I1_I1/reg_pipe_DSP48E_0_C(10)
                    ✖ -0.409  From  I1_I1/modgen_counter_coeff_index_reg_q(0)  to  I1_I1/reg_pipe_DSP48E_0_C(10)
            ⊟ ✖ Paths for end point I1_I1/reg_pipe_DSP48E_0_C(13) (SLICE_X44Y50.DX), 1394841639 paths
                    ✖ -0.390  From  I1_I1/modgen_counter_coeff_index_reg_q(0)  to  I1_I1/reg_pipe_DSP48E_0_C(13)
                    ✖ -0.390  From  I1_I1/modgen_counter_coeff_index_reg_q(0)  to  I1_I1/reg_pipe_DSP48E_0_C(13)
                    ✖ -0.390  From  I1_I1/modgen_counter_coeff_index_reg_q(0)  to  I1_I1/reg_pipe_DSP48E_0_C(13)
            ⊟ ✖ Paths for end point I1_I1/reg_pipe_DSP48E_0_C(11) (SLICE_X44Y50.BX), 1394841639 paths
                    ✖ -0.352  From  I1_I1/modgen_counter_coeff_index_reg_q(0)  to  I1_I1/reg_pipe_DSP48E_0_C(11)
                    ✖ -0.352  From  I1_I1/modgen_counter_coeff_index_reg_q(0)  to  I1_I1/reg_pipe_DSP48E_0_C(11)
                    ✖ -0.352  From  I1_I1/modgen_counter_coeff_index_reg_q(0)  to  I1_I1/reg_pipe_DSP48E_0_C(11)
        ⊞  Hold paths
        ⊞  Component switching limits
    Constraint compliance
 ⊞  Data sheet report
    Trace settings
```

图 6-17　静态时序分析结果

```
Slack (setup path):     -0.409ns (requirement - (data path - clock path skew + uncertainty))
Source:                 I1_I1/modgen_counter_coeff_index_reg_q(0) (FF)
Destination:            I1_I1/reg_pipe_DSP48E_0_C(10) (FF)
Requirement:            12.500ns
Data Path Delay:        12.841ns (Levels of Logic = 7)
Clock Path Skew:        -0.033ns (0.114 - 0.147)
Source Clock:           clk_int rising at 0.000ns
Destination Clock:      clk_int rising at 12.500ns
Clock Uncertainty:      0.035ns

Clock Uncertainty:      0.035ns  ((TSJ^2 + TIJ^2)^1/2 + DJ) / 2 + PE
  Total System Jitter (TSJ):    0.070ns
  Total Input Jitter (TIJ):     0.000ns
  Discrete Jitter (DJ):         0.000ns
  Phase Error (PE):             0.000ns

Maximum Data Path: I1_I1/modgen_counter_coeff_index_reg_q(0) to I1_I1/reg_pipe_DSP48E_0_C(10)
  Location              Delay type        Delay(ns)   Physical Resource
                                                      Logical Resource(s)
  -------------------------------------------------   --------------------
  SLICE_X43Y42.CQ       Tcko                0.375     I1_coeff_index(0)
                                                      I1_I1/modgen_counter_coeff_index_reg_q(0)
  SLICE_X44Y44.C1       net (fanout=75)     1.149     I1_coeff_index(0)
  SLICE_X44Y44.CMUX     Tilo                0.215     I1_I0/nx46900z7
                                                      I1_I0/ram_two/ram_two_8/DP
  DSP48_X1Y17.A7        net (fanout=1)      0.420     I1_coeff_two(7)
  DSP48_X1Y17.MULTSIGNOUT  Tdspdo_AMULTSIGNOUT_M  3.220  I1_I1/DSP48E_0
                                                      I1_I1/DSP48E_0
  DSP48_X1Y18.MULTSIGNIN   net (fanout=1)   0.000     I1_I1/nx45988z1
  DSP48_X1Y18.PCOUT9    Tdspdo_MULTSIGNINPCOUT  1.598  I1_I1/DSP48E_1
                                                      I1_I1/DSP48E_1
  DSP48_X1Y19.PCIN9     net (fanout=1)      0.000     I1_I1/accumulator_3n2s14(9)
  DSP48_X1Y19.PCOUT9    Tdspdo_PCINPCOUT    1.598     I1_I1/DSP48E_2
                                                      I1_I1/DSP48E_2
  DSP48_X1Y20.PCIN9     net (fanout=1)      0.000     I1_I1/accumulator_3n2s13(9)
  DSP48_X1Y20.PCOUT9    Tdspdo_PCINPCOUT    1.598     I1_I1/DSP48E_3
                                                      I1_I1/DSP48E_3
  DSP48_X1Y21.PCIN9     net (fanout=1)      0.000     I1_I1/accumulator_3n2s12(9)
  DSP48_X1Y21.P10       Tdspdo_PCINP        1.445     I1_I1/DSP48E_4
                                                      I1_I1/DSP48E_4
  SLICE_X43Y52.A4       net (fanout=1)      0.743     I1_I1/accumulator_3n2s11(10)
  SLICE_X43Y52.A        Tilo                0.086     I1_I1/accumulator(10)
                                                      I1_I1/ix26701z1322
  SLICE_X43Y52.CX       net (fanout=1)      0.394     I1_I1/nx26701z1
  SLICE_X43Y52.CLK      Tdick               0.000     I1_I1/accumulator(10)
                                                      I1_I1/reg_pipe_DSP48E_0_C(10)
  -------------------------------------------------   --------------------
  Total                                    12.841ns  (10.135ns logic, 2.706ns route)
                                                     (78.9% logic, 21.1% route)
```

图 6-18　关键路径的静态时序分析结果

对关键路径进行分析,信号从寄存器 I1_I1/modgen_counter_coeff_index_reg 的 Q 端口发出后,经过了 I1_I0/ram_two/ram_two_8,5 级 DSP48E(DSP48E_0 ~ DSP48E_4),查找表 I1_I1/ix26701z1322 这一系列组合逻辑后,到达寄存器 I1_I1/reg_pipe_DSP48E_0 的 C 端口。导致时序违例的原因就在于两个寄存器之间的组合逻辑延迟较长,建立时间不满足时序要求。

对于该关键路径还可以通过查看综合后的内部电路连接图进行更细致的分析,如图 6-19 所示。

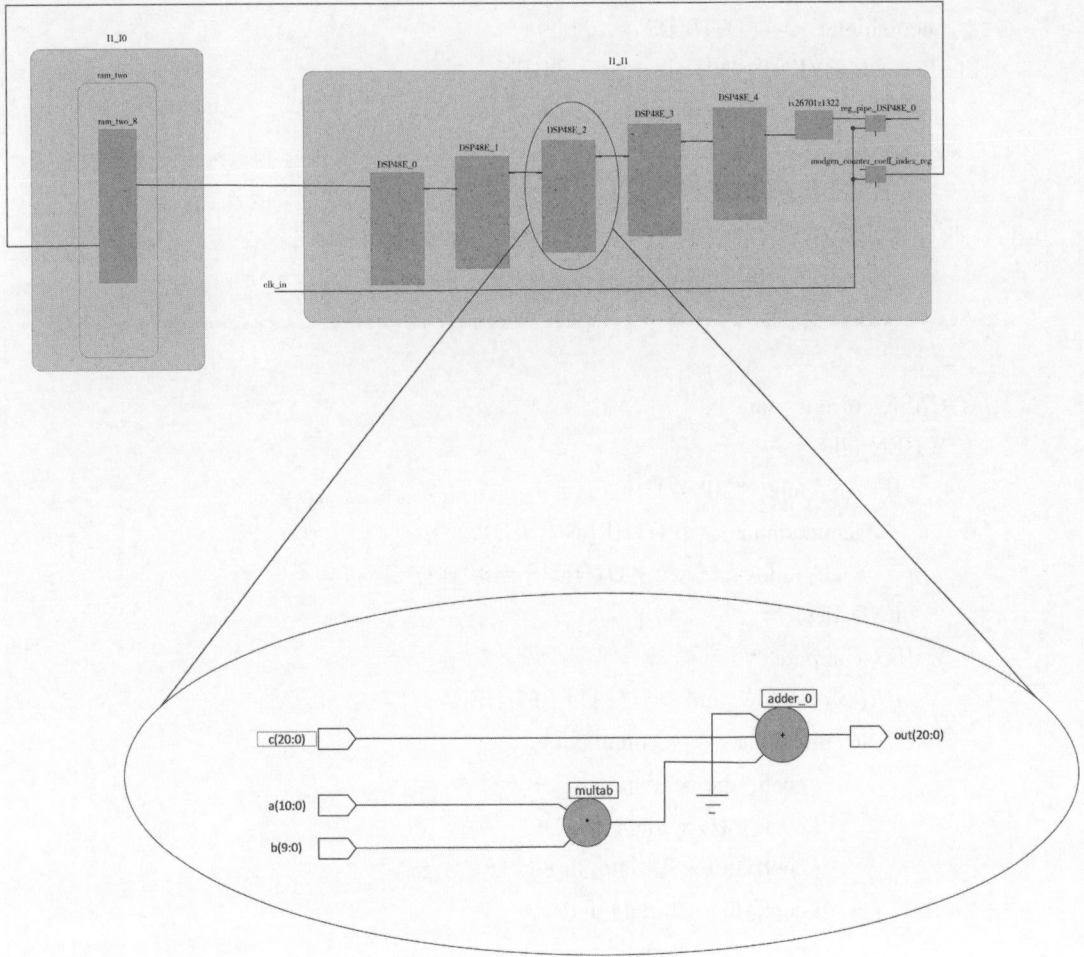

图 6-19 内部电路连接图

进一步对问题定位,关键路径对应的代码如下所示。

```
clocked : PROCESS(
    clk ,
    gsr_n
)
_____
BEGIN
```

```
      IF ( gsr_n = '0' ) THEN
/ *****************************************************************/

……(此处省略代码)

/ *****************************************************************/
      accumulator <= ( OTHERS => '0' ) ;
   ELSIF ( clk' EVENT AND clk = '1' ) THEN
      current_state <= next_state ;
/ *****************************************************************/

……(此处省略代码)

/ *****************************************************************/

      CASE current_state IS
      WHEN idle =>
        IF ( in_empty = '0' ) THEN
          accumulator <= ( OTHERS => '0' ) ;
          coeff_index_cld <= ( OTHERS => '0' ) ;
        END IF ;
      WHEN compute =>
        IF ( coeff_index_cld /= "1111" ) THEN
          accumulator <= accumulator+(
            ( coeff_one * data_one ) +
            ( coeff_two * data_two ) +
            ( coeff_three * data_three ) +
            ( coeff_four * data_four ) +
            ( coeff_five * data_five ) );
          coeff_index_cld <= coeff_index_cld+' 1' ;
        ELSE
          accumulator <= accumulator+(
            ( coeff_one * data_one ) +
            ( coeff_two * data_two ) +
            ( coeff_three * data_three ) +
            ( coeff_four * data_four ) +
            ( coeff_five * data_five ) );
          coeff_index_cld <= coeff_index_cld+' 1' ;
```

```
        END IF ;
/ *************************************************************/

……(此处省略代码)

/ *************************************************************/
        WHEN OTHERS  = >
            NULL ;
        END CASE ;
          END IF ;


END PROCESS clocked ;
```

程序中 5 级乘法累加器的代码如下所示。

```
        WHEN compute  = >
            IF（coeff_index_cld／ = "1111"）THEN
                accumulator  < = accumulator+（
                  （coeff_one  *  data_one）+
                  （coeff_two  *  data_two）+
                  （coeff_three  *  data_three）+
                  （coeff_four  *  data_four）+
                  （coeff_five  *  data_five） ）;
                coeff_index_cld  < = coeff_index_cld+' 1' ;
            ELSE
                accumulator  < = accumulator+（
                  （coeff_one  *  data_one）+
                  （coeff_two  *  data_two）+
                  （coeff_three  *  data_three）+
                  （coeff_four  *  data_four）+
                  （coeff_five  *  data_five） ）;
                coeff_index_cld  < = coeff_index_cld+' 1' ;
            END IF ;
```

　　为了解决该时序违例,采用在长组合逻辑中插入寄存器方法,缩短组合逻辑的延迟。修改后的代码如下。

```
        WHEN compute  = >
            IF（coeff_index_cld／ = "1111"）THEN
                accumulator_1  < = accumulator   +coeff_one  *  data_one;
```

```
                accumulator_2 <= accumulator_1+coeff_two  ∗ data_two;
                accumulator_3 <= accumulator_2+coeff_three ∗ data_three;
                accumulator_4 <= accumulator_3+coeff_four  ∗ data_four;
                accumulator   <= accumulator_4+coeff_five  ∗ data_five;
             coeff_index_cld <= coeff_index_cld+'1';
        ELSE
                accumulator_1 <= accumulator   +coeff_one  ∗ data_one;
                accumulator_2 <= accumulator_1+coeff_two   ∗ data_two;
                accumulator_3 <= accumulator_2+coeff_three ∗ data_three;
                accumulator_4 <= accumulator_3+coeff_four  ∗ data_four;
                accumulator   <= accumulator_4+coeff_five  ∗ data_five;
             coeff_index_cld <= coeff_index_cld+'1';
        END IF;
```

重新在 ISE 14.7 环境中执行综合、实现、静态时序分析。内部电路连接图如图 6-20 所示,获得的静态时序分析结果如图 6-21 所示,无时序违例,关键路径的 Slack 值为 4.237 ns。

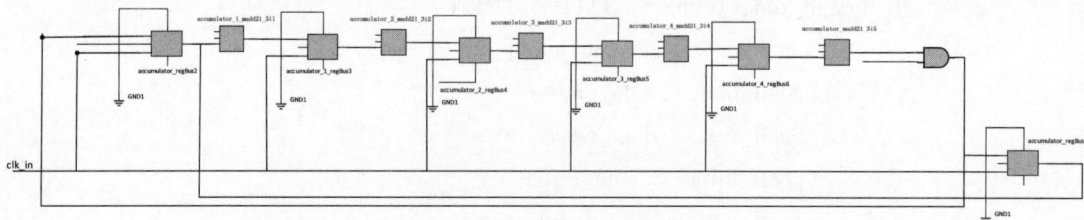

图 6-20　内部电路连接图

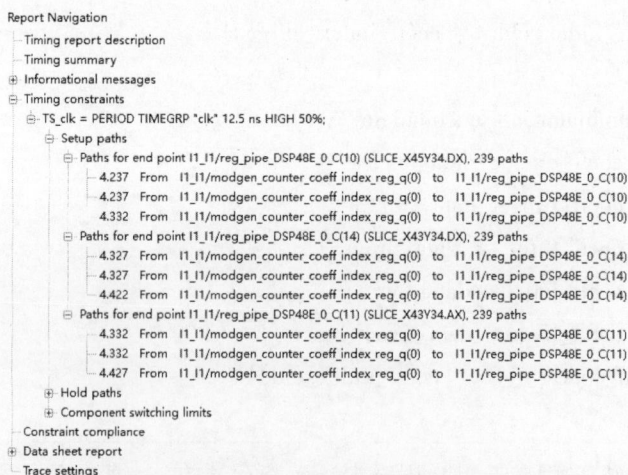

图 6-21　ISE 静态时序分析结果

6.4.2　Vivado 静态时序分析

在工程项目中,时序约束要与硬件设计相匹配,过紧或过松的时序约束都可能导致静态时序分析结果异常。本小节通过一个案例说明过紧的约束在设计无误的情况下会导致静态时序分析结果报错。该案例采用的工具为 Vivado 2022.2 自带的静态时序分析工具,静态时序分析结果如图 6-22 所示。

Name	⇃ Path 77
Slack	-2.723ns
Source	▷ por_reset_inst0/int_reset_n_r_reg_replica_2/C (rising edge-triggered cell FDRE clocked by sysclk_i
Destination	▷ main_ctrl_int_inst0/uart_tx_int_inst0/uart_16750_tx_inst0/U0/UART_TXFF/iFIFOMem_reg[44][4]/CLR
Path Group	**async_default**
Path Type	Recovery (Max at Slow Process Corner)
Requirement	5.651ns (clk_out1_clk_manage rise@33.908ns - sysclk_i rise@28.257ns)
Data Path Delay	1.629ns (logic 0.484ns (29.710%) route 1.145ns (70.290%))
Logic Levels	1 (LUT2=1)
Clock Path Skew	-6.073ns
Clock Uncertainty	0.341ns

图 6-22　Vivado 静态时序分析结果

静态时序分析报告中的时序违例为建立时间违例。

关键路径的源触发器为 por_reset_inst0/int_reset_n_r_reg_replica_2/C,目的触发器为 main_ctrl_int_inst0/uart_tx_int_inst0/uart_16750_tx_inst0/U0/UART_TXFF/iFIFOMem_reg[44][4]/CLR 。

Vivado 自动计算数据到达时间和数据需求时间,其中数据到达时间计算路径如图 6-23 所示。

Delay Type	Incr (ns)	Path (ns)	Location	Netlist Resource(s)
FDRE (Prop_fdre_C_Q)	(r) 0.379	32.328	Site: SLICE_X71Y72	◁ por_reset_inst0/int_reset_n_r_reg_replica_2/Q
net (fo=4, routed)	0.263	32.591		↗ main_ctrl_int_inst0/uart_tx_int_inst0/rst_n_o_repN_2_alias
LUT2 (Prop_lut2_I1_O)	(f) 0.105	32.696	Site: SLICE_X69Y71	◁ main_ctrl_int_inst0/uart_tx_int_inst0/uart_16750_tx_inst0_i_1/O
net (fo=348, routed)	0.882	33.578		↗ main_ctrl_int_inst0/uart_tx_int_inst0/uart_16750_tx_inst0/U0/UART_TXFF/RST
FDCE			Site: SLICE_X63Y66	▷ main_ctrl_int_inst0/uart_tx_int_inst0/uart_16750_tx_inst0/U0/UART_TXFF/iFIFOMem_reg[44][4]/CLR
Arrival Time		33.578		

图 6-23　数据到达时间计算路径

数据需求时间计算路径如图 6-24 所示。

Delay Type	Incr (ns)	Path (ns)	Location	Netlist Resource(s)
(clock clk_out1_clk_manage rise edge)	(r) 33.908	33.908		
IBUF	(r) 0.000	33.908	Site: W19	◁ sysclk_i_IBUF_inst/O
net (fo=27, routed)	1.004	34.912		↗ clk_manage_inst0/inst/clk_in1
MMCME2_ADV (Pro...LKIN1_CLKOUT0)	(r) -6.093	28.818	Site: MMC...ADV_X0Y1	◁ clk_manage_inst0/inst/mmcm_adv_inst/CLKOUT0
net (fo=1, routed)	1.374	30.192		↗ clk_manage_inst0/inst/clk_out1_clk_manage
BUFG (Prop_bufg_I_O)	(r) 0.077	30.269	Site: BUFGCTRL_X0Y0	◁ clk_manage_inst0/inst/clkout1_buf/O
net (fo=1586, routed)	1.258	31.527		↗ main_ctrl_int_inst0/uart_tx_int_inst0/uart_16750_tx_inst0/U0/UART_TXFF/CLK
FDCE			Site: SLICE_X63Y66	▷ main_ctrl_int_inst0/uart_tx_int_inst0/uart_16750_tx_inst0/U0/UART_TXFF/iFIFOMem_reg[44][4]/C
clock pessimism	0.000	31.527		
clock uncertainty	-0.341	31.186		
FDCE (Recov_fdce_C_CLR)	-0.331	30.855	Site: SLICE_X63Y66	▥ main_ctrl_int_inst0/uart_tx_int_inst0/uart_16750_tx_inst0/U0/UART_TXFF/iFIFOMem_reg[44][4]
Required Time		30.855		

图 6-24　数据需求时间计算路径

Slack =数据需求时间(Required Time)-数据到达时间(Arrival Time)= -2.723 ns。

设计的外部输入时钟为 29.4912 MHz,对应周期为 33.9084 ns。但时序约束文件中对外部输入时钟的约束如下所示。

```
create_clock-period 28.2570-name sysclk_i-waveform {0.00014.1285} [get_ports sysclk_i]
```

此时时序约束过紧,因此修改时序约束如下所示。

```
create_clock-period 33.908-name sysclk_i-waveform {0.00016.954} [get_ports sysclk_i]
```

再次运行静态时序分析综合、实现、静态时序分析。获得的静态时序分析结果如图 6-25 所示，无时序违例，关键路径的 Slack 值为 4. 170 ns。

Slack	4.170ns
Source	por_reset_inst0/int_reset_n_r_reg/C (rising edge-triggered cell FDRE clocked by sysclk_i {rise@0.00
Destination	main_ctrl_int_inst0/uart_tx_int_inst0/uart_16750_tx_inst0/U0/UART_TXFF/IFIFOMem_reg[27][4]/CLR
Path Group	**async_default**
Path Type	Recovery (Max at Slow Process Corner)
Requirement	16.954ns (clk_out1_clk_manage rise@16.954ns - sysclk_i rise@0.000ns)
Data Path Delay	6.101ns (logic 0.484ns (7.933%) route 5.617ns (92.067%))
Logic Levels	1 (LUT2=1)
Clock Path Skew	-6.011ns
Clock Uncertainty	0.341ns

图 6-25   静态时序分析结果

6.5   习题

①请简述静态时序分析有哪些 data path。

②分析下图电路，请计算 FFT2 的建立时间裕量和保持时间裕量。

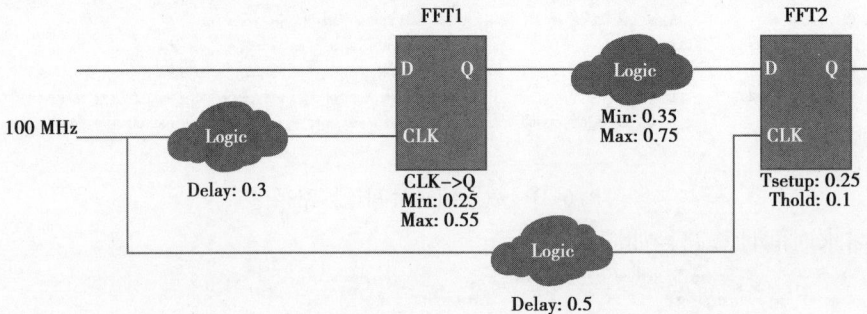

③根据以下静态时序分析结果，请分析时序违例的原因并给出解决方案。

```
Data Path: source to dest
    Delay type          Delay(ns)    Logical Resource(s)
    ------------------------------   -------------------
    Tcko                0.290        source
    net (fanout=7)      0.125        net_1
    Tilo                0.060        lut_1
    net (fanout=187)    2.500        net_2
    Tilo                0.060        lut_2
    net (fanout=1)      0.174        net_3
    Tilo                0.060        lut_3
    net (fanout=1)      0.204        net_4
    Tdick               0.300        dest
    ------------------------------   -------------------
    Total               3.773ns (0.770ns logic, 3.003ns route)
                                (20.0% logic, 80.0% route)
```

7 功能仿真

功能仿真是针对 HDL 代码进行数字仿真,可以在不改变软件结构的情况下,在仿真工具的波形观测窗口添加大量的观察信号,观测端口和内部寄存器从 0 s 开始到仿真结束期间任意时刻的值。由于功能仿真不依赖被测设计真实工作环境,所以可以很方便地构造各种异常情况和边界情况,更全面地考查被测设计的逻辑实现正确性。

7.1 功能仿真的目标

功能仿真可以应用于《可编程逻辑器件软件测试指南》(GB/T 33783—2017)和《军用可编程逻辑器件软件测试要求》(GJB 9433—2018)中规定的功能测试、性能测试、接口测试、时序测试、强度测试、余量测试、安全性测试、边界测试等测试类型中,其主要目标是测试被测设计的逻辑是否正确以及相关需求是否被满足。

7.2 功能仿真的方法

采用功能仿真的方法开展测试项目时,通常需要包含以下步骤,首先需要准备待仿真设计和仿真库,搭建仿真平台,其次执行仿真,最后分析仿真结果并进行仿真调试与迭代,直到发现问题或测试通过。功能仿真的步骤主要如下:
①准备被测设计文件;
②准备功能仿真库;
③搭建仿真平台;
④编写测试激励;
⑤执行仿真与调试;
⑥分析覆盖率信息。

7.2.1 准备被测设计文件

功能仿真的被测设计文件来源于完整的被测设计工程文件，由于 FPGA 软件一般采用模块化设计思想，其工程文件目录下包含非常多的文件类型和文件夹，因此如何从众多文件中提取出完整的待仿真文件是做好功能仿真的前提。

提取的整体思路是根据被测设计顶层文件里的调用关系，自顶向下逐层寻找被调用的关联模块文件，可能存在的关联模块文件有以下情况。

①调用模块为人工 HDL 编写设计，对应的设计为.v/.vhd 文件，可直接提取；

②调用模块为原理图方式设计，对应的设计为图形化描述文件，应将原理图转化为 HDL 代码；

③调用模块使用了原语，则提取对象为该原语对应的 HDL 文件；

④调用模块为集成开发环境自带的 IP 核，则提取对象为该 IP 所对应的封装 HDL 代码（wrapper 文件）；

⑤调用模块为开源第三方 IP 核，则提取的被测设计文件可类比前文①，直接提取相关的.v/.vhd 文件，无需库文件；

⑥调用模块为商用第三方 IP 核，则提取对象为调用 IP 对应的网表文件，封装 HDL 代码（wrapper 文件），以及所需的库文件。

7.2.2 准备功能仿真库

仿真工具作为第三方工具软件，是在脱离了原来的开发环境下使用的，当被测设计使用了开发环境自带的 IP 资源时，即使提取出了全部的被测设计源程序，也可能出现仿真器不能完全识别待仿真设计而报错的情况——这是功能仿真需要准备仿真库的根本原因所在。

实际项目实施过程中，并不是所有的仿真都需要准备仿真库，当被测设计完全由人工 HDL 编写，且没有调用任何标准库以外的库文件时，在功能仿真中可直接配置使用，无须构建额外的仿真库。而当被测设计中用到了原语或者商用 IP 核，此时就需要编译原语或 IP 核的源程序来构建仿真库，为后续执行仿真作准备。

以 Xilinx 公司的库文件为例，主要有 simprims、unisims、XilinxCoreLib。其中，simprims 为时序仿真所需，unisims 为原语的功能仿真所需，XilinxCoreLib 为使用了 Xilinx IP 核的功能仿真所需。Xilinx 都提供了.v/.vhd 格式的库源程序文件，使用不合理的仿真库可能导致 IP 配置中参数使用不合法，因此在实际工程仿真中，应根据需要编译构建仿真库，并注意以下要点。

①因为仿真库中的模块和待仿真设计之间会调用大量的参数，可能存在某些参数的类型在 verilog 中合法，但是在 VHDL 中不合法（反之亦有可能）的情况。例如，在 VHDL 代码中例化 Verilog 编写的代码时，VHDL 的 integer、real、time、physical、enumeration 类型都会被自动映射为 Verilog 的 integer 或 real 类型，从而导致参数类型不合法。

②当 IP 调用文件采用的是 Verilog 语言时，应编译.v 格式的库源程序文件，并构建仿真库；若采用的是 VHDL 语言，则应相应的构建.vhd 格式的仿真库。

③当项目中 IP 调用文件采用了 Verilog/VHDL 混合编程语言时，比较推荐的方法是同时编译、构建两种语言的仿真库，例如 unisims 可以分别构建 unisim_ver 和 unisim_vhdl 仿真库，在具体仿真执行和调试中根据情况调用。

1)集成开发环境构建仿真库

可以使用集成开发环境提供的仿真库编译工具构建功能仿真库,Xilinx 公司的集成开发环境 ISE14.7 自带的仿真库编译工具为 compxlibgui. exe,可以一次完成该版本 ISE 下所有仿真库的编译构建工作,后期根据需要使用。具体步骤如下。

单击开始菜单中的 Compile Simulation Libraries,如图 7-1 所示,执行 compxlibgui. exe 程序,启动仿真库编译工具。

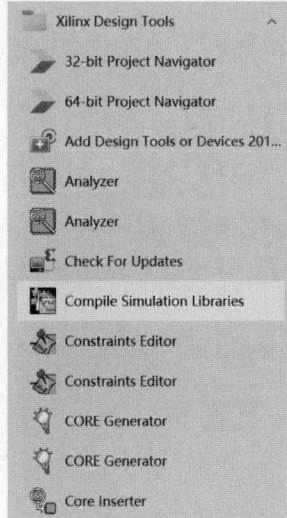

图 7-1　启动仿真库编译工具

选择仿真器为 Questa Simulator,并设置了仿真器的可执行文件所在文件夹后,执行下一步,如图 7-2 所示。

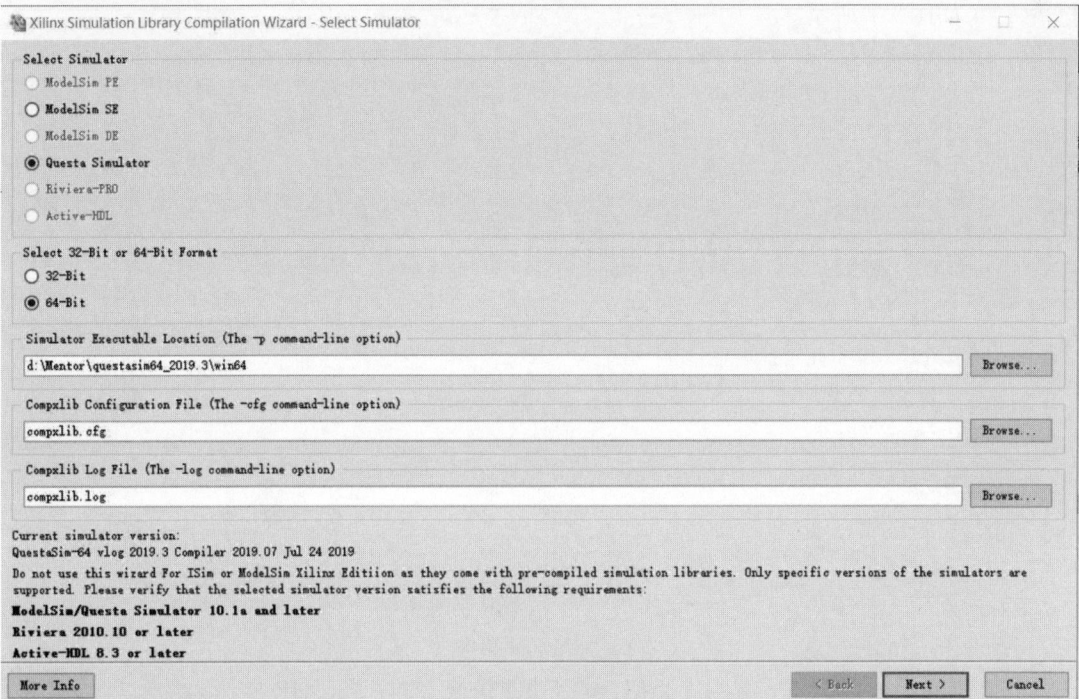

图 7-2　选择仿真器

93

建议选择 Both VHDL and Verilog，即可同时生成针对 VHDL 和 Verilog 两种语言的仿真库，执行下一步，如图 7-3 所示。

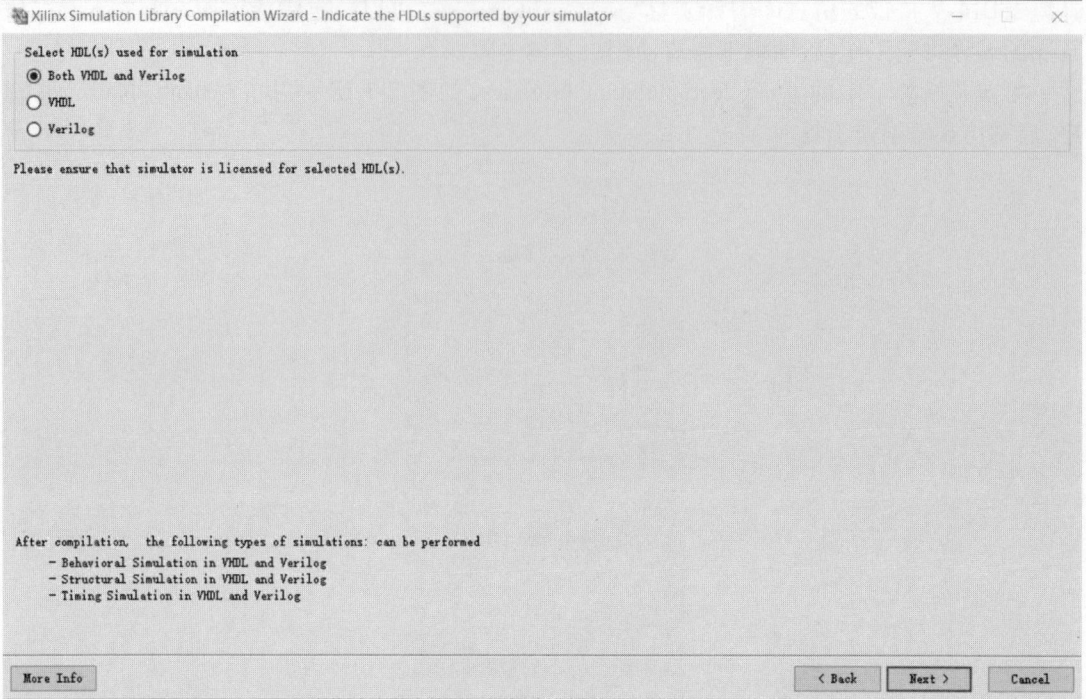

图 7-3　选择仿真库语言

在该页面中选择器件，建议选择全部器件，这样可以生成对所有 Xilinx 器件的仿真库，执行下一步，如图 7-4 所示。

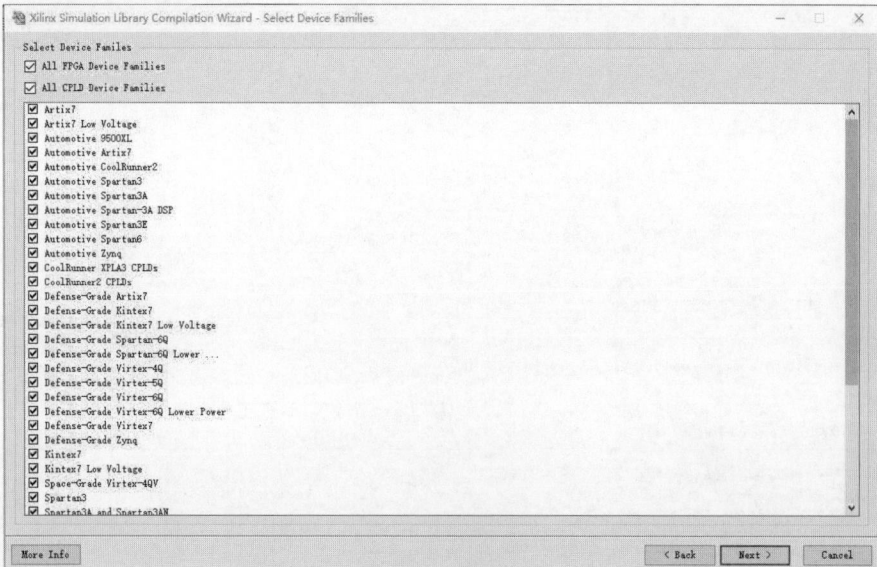

图 7-4　选择器件

在该页面中存在选择所有的库类型，包括功能仿真、时序仿真、IP 核在内的所有仿真库，执行下一步,如图7-5所示。

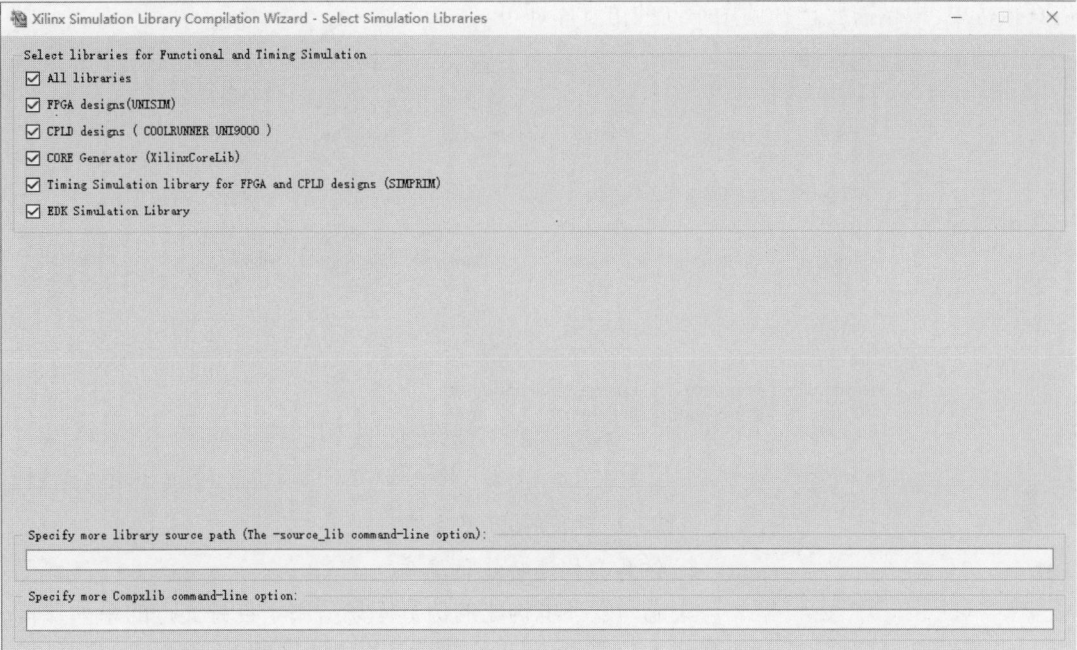

图7-5 选择库类型

在 Output directory for compiled libraries 中,设置仿真库的存放路径,随后单击 Launch Compile Process 生成仿真库文件,如图7-6所示。

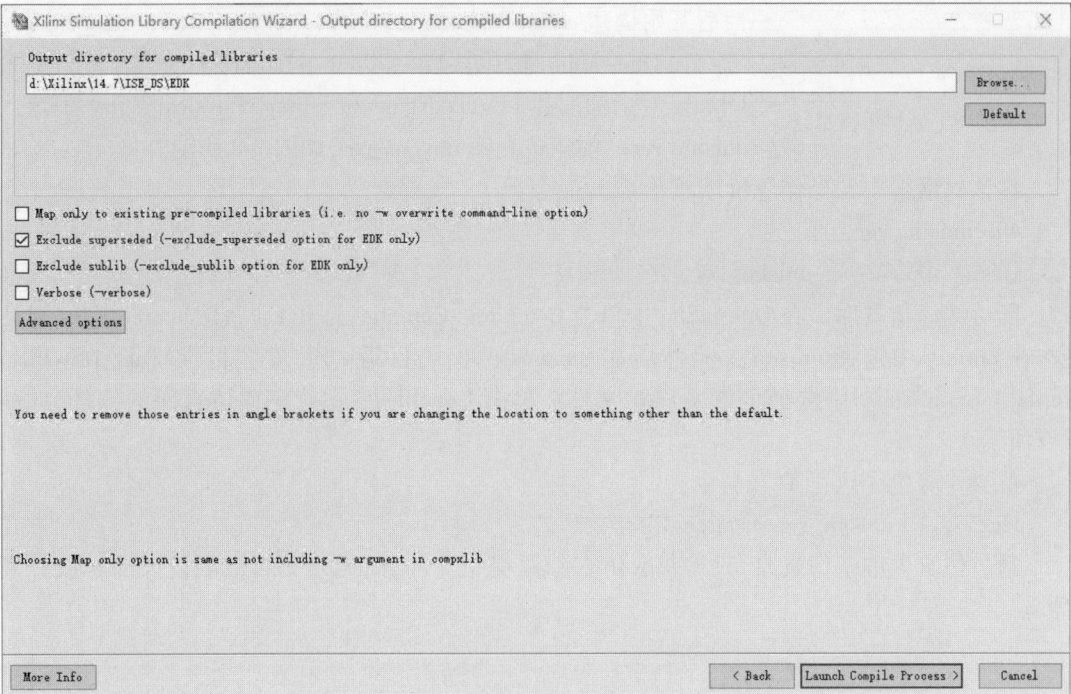

图7-6 设置仿真库存放路径

构建了 ISE14.7 下使用 QuestaSim 仿真器所需的所有仿真库,如图 7-7 所示,实际项目的仿真执行中,根据需要选择调用不同的仿真库即可。

图 7-7　生成的仿真库文件

2)仿真器构建功能仿真库

集成开发环境构建的仿真库只适用于自身支持的系列器件,而第三方仿真器支持不同厂商各种器件的 IP 库构建,且可以采用图形界面操作和命令行操作两种方式实现。

以创建 ISE14.7 下 verilog 格式的 unisims 仿真库为例,首先在 ISE14.7 安装路径下找到 verilog 格式的 unisims 源程序文件,然后开始构建 unisims 仿真库的流程。

在 QuestaSim 中单击 File→New→Library 打开 Create a New Library 对话框。在 Library Name 和 Library Physical Name 中填入 unisim_ver。创建仿真库 unisim_ver,如图 7-8 所示。

图 7-8　创建仿真库

在该对话框中的操作等价于执行 TCL 命令:

vlib unisim_ver

vmap　unisim_ver unisim_ver

随后编译仿真库。在 QuestaSim 中单击 Compile→Compile,打开 Compile Source Files 对话框,在 Library 中选择 unisim_ver,然后在 unisims 源代码目录<ISE 安装目录\ISE_DS\ISE\verilog\src\unisims>中选择全部 verilog 文件。单击 Compile 按钮。完成仿真库的编译,如图 7-9 所示。

此操作等价于执行 TCL 命令:

vlog −work unisim_ver <source_files>

通过仿真器准备仿真库,只需获取仿真库源程序文件,而无须安装被测设计的集成开发环境。

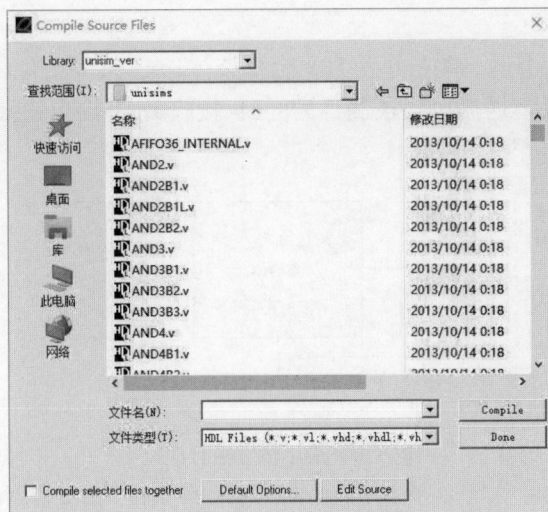

图 7-9 仿真库编译

7.2.3 搭建仿真平台

功能仿真平台的作用就是将仿真激励文件,被测设计文件等关联起来,使得被测设计能按照期望运行起来,然后通过观察仿真平台中的关键信号检测被测设计的逻辑是否正确。通常我们会把仿真平台划分为测试激励驱动、被测设计和结果监测 3 部分,在顶层文件中分别例化各个模块并连接被测设计与测试激励驱动模块、结果监测模块的端口,从而实现集成。测试激励驱动部分负责产生激励,结果监测部分负责检查仿真输出,也就是对测试结果进行判断。检查的方式除可以通过观察波形得到外,也可以将有用的输出信息打印到终端或文件进行分析,例如将串口输出结果打印供后期分析,也可以通过 SVA 之类的断言语句实现仿真结果的自动判读。例如,通过以下 SVA 语句实现对状态机的状态转移正确性的判读。

```
sequence State_read_seq;
    (state = = 8' ha) ##1 (state = = 8' hb) ##1
    ((state = = 8' hc)
    ##1 (state = = 8' hd))[*32]
    ##1 (state = = 8' h12)
    ##1 ((state = = 8' h0e)
    ##1 (state = = 8' h0f)
    ##1 (state = = 8' h10))[*8]
    ##[0:10] (state = = 8' h11);
endsequence

property State_read_prop;
    @ (posedge clkin) disable iff(!rst_n)
        (!$stable(state)) && (state = = 8' h09)|-> ##[0:15]State_read_seq;
endproperty
```

1）传统仿真平台架构

如图 7-10 所示为一个经典的最小仿真平台框架。TestBench 文件将测试激励驱动和结果监测设计在一个文件中，发送激励给被测件的同时，接收 DUT 输出的结果信息。

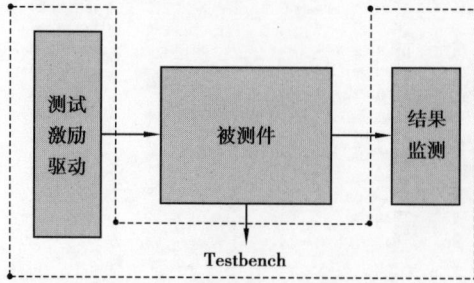

图 7-10　最小仿真平台框架

对于简单的被测设计，由于仿真激励程序的代码量不大，通常还可以将各个功能接口的仿真激励代码、测试代码（若有）、顶层例化语句都写在一个 testcase 的 TestBench 文件里，如下代码所示。

```
module top_sm;

logic   clk;
logic   rst_n;
logic   m_data_valid;
logic   we_n;


//例化被测件
top dut(
. clk( clk) ,
. rst_n( rst_n) ,
. m_data_valid( m_data_valid) ,
. we_n( we_n)
) ;

//初始化时钟和复位信号
initial
begin
    clk = 0 ;
    rst_n = 1 ;
end

//产生激励时钟
```

```
always
begin
    #0.5 clk = ~ clk;
End


//产生复位信号
initial
begin
 #100 rst_n = 0;              //启动 100 ns 后,复位信号置为低电平
 #2000 rst_n = 1;            //2000 ns 后,复位信号置为高电平
end


//使用 SVA 检测 m_data_valid 信号与 we_n 信号的时序关系
property data_start_prop_right;
    @(posedge clk)
        $rose(m_data_valid) |-> (!we_n[ * 50]) ##[1:$] we_n;
endproperty


data_start_assert : assert property(data_start_prop_right)
    $display("@%0dns PASSED", $time);
    else
    $display("@%0dns FAILED", $time);



endmodule
```

　　实际项目中,测试激励驱动模块会模拟输入信号的不同场景,因此传统仿真平台中可以包含多个测试用例,如图 7-11 所示。存放仿真测试激励文件的文件夹 testcase 中包含多个仿真测试激励文件 TestBench_1 ~ TestBench_n。

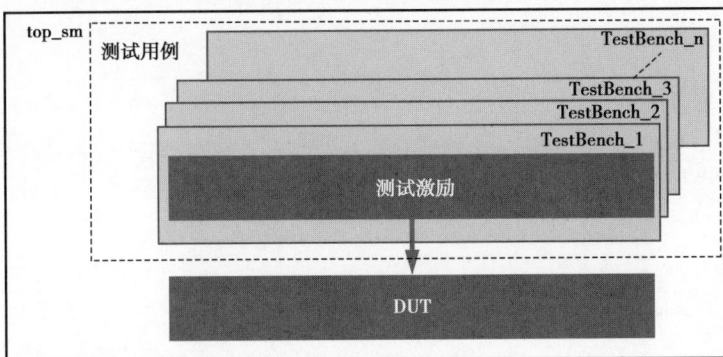

图 7-11　多激励的仿真平台

在顶层文件中采用信号直连的方式,实现仿真激励模块与被测设计的连接。在激励文件中对所有端口的信号进行处理。

```
module top_sm;
    logic   clk;                    //被测件工作时钟信号

    logic   EMIF_AOE;
    logic   EMIF_ARE;               //EMIF 接口读使能信号
    logic   EMIF_AWE;               //EMIF 接口写使能信号
    logic [9:0] EMIF_Addr;          //EMIF 接口地址总线
    logic   EMIF_CE0;               //EMIF 接口片选信号
    wire   [31:0] EMIF_Data;        //EMIF 接口数据总线

    logic   rx;                     //串口信号

    logic   cs;                     //SPI 接口片选信号
    logic   mosi;                   //SPI 接口主机输出从机输入
    logic   spi_clk;                //SPI 时钟信号
    logic   miso;                   //SPI 接口主机输入从机输出
    top dut(                        //例化被测件
    .clk(clk),

    .EMIF_AOE(EMIF_AOE),
    .EMIF_ARE(EMIF_ARE),
    .EMIF_AWE(EMIF_AWE),
    .EMIF_Addr(EMIF_Addr),
    .EMIF_CE0(EMIF_CE0),
    .EMIF_Data(EMIF_Data),

    .rx(rx),

    .cs(cs),
    .mosi(mosi),
    .spi_clk(spi_clk),
    .miso(miso)
    );


    generator   gen(                //例化激励模块
```

```
    . clk( clk ) ,

    . EMIF_AOE( EMIF_AOE ) ,
    . EMIF_ARE( EMIF_ARE ) ,
    . EMIF_AWE( EMIF_AWE ) ,
    . EMIF_Addr( EMIF_Addr ) ,
    . EMIF_CEO( EMIF_CEO ) ,
    . EMIF_Data( EMIF_Data ) ,

    . rx( rx ) ,

    . cs( cs ) ,
    . mosi( mosi ) ,
    . spi_clk( spi_clk ) ,
    . miso( miso )
    ) ;
endmodule
```

当被测设计比较复杂时,为了使仿真平台结构清晰,更加通用,需要对仿真平台进行低耦合结构化设计,比较推荐的设计方法是将被测设计的端口分为多个功能模块接口,针对不同的接口设计独立的不同技术状态的仿真激励程序,在不同的测试用例中通过调用各个接口的不同激励程序,完成各个工作模式的仿真,优化后的传统仿真平台如图 7-12 所示。

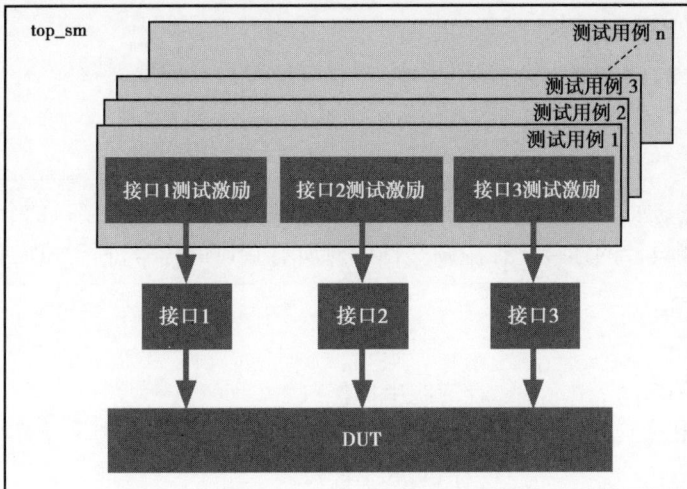

图 7-12　优化后的传统仿真平台

通过 interface 文件划分接口,例如 SPI 接口包含 spi_clk、cs、mosi、miso 4 个端口,那么 SPI 接口的 interface 文件代码如下所示。

```
interface SPI_if;

    logic       mosi;              //SPI 接口主机输入从机输出
    logic       cs;               //SPI 接口片选信号
    logic       spi_clk;          //SPI 时钟信号
    logic       miso;             //SPI 接口主机输入从机输出

endinterface   :   SPI_if
```

针对 SPI 接口设计独立的仿真激励模块。

```
module tb_Spi( mosi,cs,spi_clk,miso);
//仿真激励模块端口定义
  output       mosi;
  output       cs;
  output       spi_clk;
  input        miso;
//仿真激励模块内部信号定义
  logic        mosi;
  logic        cs;
  logic        spi_clk;
  logic        miso;
/ ***********************************************************/
    ……(此处省略代码)
/ ***********************************************************/

endmodule
```

在仿真平台中,通过增加端口声明,并在顶层文件中例化,实现接口的分类,以及实现仿真激励模块与被测设计的连接。在激励文件中对所有端口的信号进行处理,代码如下所示。

```
module top_tb;

UART_if UART( );          //声明串口接口
EMIF_if EMIF( );          //声明 EMIF 接口
SPI_if SPI( );            //声明 SPI 接口
Clk_if CLK( );            //声明时钟接口

//例化被测件
top top(
. clk(CLK. clk),
```

```
            . EMIF_AOE( EMIF. EMIF_AOE),
            . EMIF_ARE( EMIF. EMIF_ARE),
            . EMIF_AWE( EMIF. EMIF_AWE),
            . EMIF_Addr( EMIF. EMIF_Addr),
            . EMIF_CEO( EMIF. EMIF_CEO),
            . EMIF_Data( EMIF. EMIF_Data)

            . rx( UART. rx),

            . cs( SPI. cs),
            . mosi( SPI. mosi),
            . spi_clk( SPI. spi_clk),
            . miso( SPI. miso)

        );
        //例化串口激励模块
        tb_Uart tb_Uart(
        . rx( rx)) ;
        //例化 EMIF 端口激励模块
        tb_Dsp tb_Dsp(
        . EMIF_CEO( EMIF_CEO),
        . EMIF_AOE( EMIF_AOE),
        . EMIF_ARE( EMIF_ARE),
        . EMIF_AWE( EMIF_AWE),
        . EMIF_Addr( EMIF_Addr),
        . EMIF_Data( EMIF_Data)) ;
        //例化 SPI 端口激励模块
        tb_Spi tb_Spi(
        . mosi( mosi),
        . cs( cs),
        . spi_clk( spi_clk),
        . miso( miso)) ;

        endmodule : top_tb
```

2)基于 UVM 的仿真平台架构

传统仿真测试平台针对小规模设计或迭代测试次数有限的项目时具备灵活快捷的优点,但随着 FPGA 软件被测设计规模、复杂度的不断提高,导致测试激励的复杂度快速增长,大量的迭代测试成为常态,测试结果的人工统计分析难度也在剧增,这些都导致传统仿真平台越来越难以满足测试进度和测试质量的要求。而基于 UVM 的仿真平台可以缓解这一困境——UVM 架构在仿真的前期需要花费较大的精力进行仿真平台的开发,但对于待仿真设计迭代比较频繁的项目,可以在仿真的后期节约更多的时间和精力,并快速得出仿真结果是否通过测试的结论。

UVM(Universal Verification Methodology),即通用验证方法学,是一个以 SystemVerilog 类库为主体的验证平台开发框架,采用 OOP 编程,可为测试提供丰富的类库和高级验证技术,当前在国内外 IC 验证领域得到了广泛应用。采用 UVM 设计思想,测试工程师可以构建功能独立的测试模型和去耦合的测试接口,进而构建结构相对独立的集成测试环境。这样设计出来的 UVM 仿真测试平台将测试的各个流程都拆分开来,形成通用的验证组件(Universal Verification Component,UVC),主要包括 sequencer、sequence、driver、reference model、monitor、agent 和 evn 等。每个 UVC 独立可复用,功能可配置。

某被测设计有 3 个外部功能接口,包含两个 UART 串口接口和一个 SPI 协议接口。如图 7-13 所示,在 UVM 仿真平台中,top_tb 作为顶层例化模块,将被测设计 DUT 和测试环境 evn 链接。evn 实现了 UART 和 SPI 测试环境的集成,UART 和 SPI 分别由各自的 agent 组件、sequence 数据序列和参考模型 reference model 构成。每个 agent 中分别包含各自的 driver、sequencer 组件和结果监测组件 monitor,结合 sequence 和 reference model,实现对各自的测试激励数据控制和结果监测。

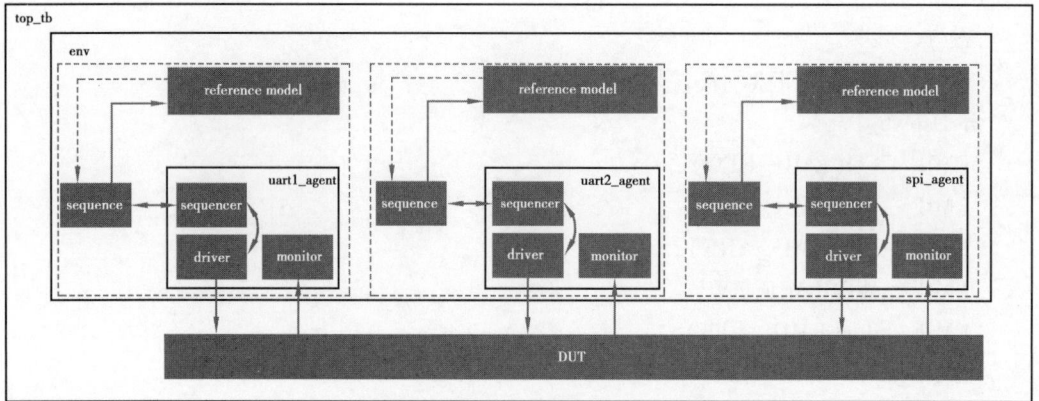

图 7-13　某被测设计 UVM 仿真平台

与传统仿真平台架构不同,UVM 仿真平台不仅结构清晰有层次,还可在测试环境 env 组件中构建各功能接口的参考模型(reference model)和监测组件,实现了结果自动检测。具体实现思路是在参考模型中根据发送的激励数据序列计算期望结果,同时接收 monitor 采集的 DUT 输出的实际结果,然后进行自动对比判断,实现仿真结果的自动判读。

有关 UVM 的详细使用请参考其他专业书籍,本书不对 UVM 仿真使用进行更多阐述。

7.2.4　编写测试激励

仿真平台的架构确定之后,就可以开始仿真平台的具体设计工作了。仿真平台具体设计工作主要可能涉及以下内容。

①设计顶层文件;

②编写时钟与复位向量模型；

③编写被测设计的输入激励、输出接收模型；

④处理双向信号；

⑤结构模块；

⑥循环语句；

⑦任务与函数。

1）顶层文件的一般结构

FPGA 软件是采用模块化的设计思想，将不同功能模块以单独的设计源文件呈现，然后自底向上逐层按照调用关系，编写例化代码，最终将所有模块关联起来，形成一个完整的功能项目源程序。测试工程师根据最顶层的例化代码即可知悉被测设计源程序所有需要激励的输入信号，也可以从顶层模块开始，自顶向下逐层分析各子模块之间的信号是如何连接的。

与 FPGA 软件的设计思想类似，在功能仿真中，同样使用一个顶层模块通过例化被测设计最顶层模块和仿真激励模块，将被测设计、仿真激励等集成起来。仿真激励驱动被测设计，被测设计输出结果，通过分析以上过程中的信号变化，即可完成被测设计逻辑是否正确的检测。

由于仿真激励表示了被测设计的输入部分，仿真结果即被测设计的输出部分不需要输出到仿真平台外，因此，仿真平台的顶层模块不会再有输入和输出接口，其设计组织方式主要包含信号声明、测试激励模块例化、被测设计顶层模块例化、信号监测模块例化（若有）等。通常顶层模块包含以下内容：

```
' timescale<时间单位>/<时间精度>
module top_sm( );          //通常无输入、无输出
    信号或变量声明定义
    逻辑设计中输入对应 reg 型变量
    逻辑设计中输出对应 wire 型变量
    使用 initial 或 always 语句产生的激励
    例化激励模块
    例化待测试模块
    监控和比较输出响应（若有）
endmodule
```

时间尺度预编译指令' timescale <时间单位>/<时间精度>确定了生成信号的时间单位和时间精度。<时间单位>参量是用来定义模块中仿真时间和延迟时间的基准单位；<时间精度>参量是用来定义模块仿真时间的精密程度。其中时间单位不能比时间精度小，而且时间单位和时间精度由值 1、10、和 100 以及单位 s、ms、μs、ns、ps 和 fs 组成。' timescale 1 ns/10 ps 表示整个模块的时间单位是 1 ns,时间精度是 10 ps,也就是说在这个模块下，所有的时间值都是 1 ns 的整数倍，并且以 10 ps 为时间精度。

2）时钟与复位激励模型

由于时钟与复位的激励模型结构比较简单，通常在顶层采用 initial 或 always 语句即可实现。

initial 块在仿真开始时就开始执行，在仿真过程中只执行一次。always 由事件触发，当被

事件触发时则执行一次，在仿真过程中可重复执行。几种常用的时钟激励模型、复位激励模型设计代码如下所示。

```
//时钟激励模型 1

parameter clk_period = 10;
reg clk;
initial begin
    clk = 0;
    forever
    #(clk_period/2) clk = ~clk;
end
//时钟激励模型 2
parameter clk_period = 10;
reg clk;
initial
    clk = 0;
always #(clk_period/2) clk = ~clk;
//时钟激励模型 3
parameter High_time = 5 , Low_time = 20;
//占空比为 High_time/(High_time+Low_time)
reg clk;
always begin
    clk = 1;
    #High_time;
    clk = 0;
    #Low_time;
end
```

```
//异步复位信号激励模型

parameter rst_width = 100;
reg rst_n
initial begin
    rst_n = 0;
    #rst_width;
    rst_n = 1;
end


//同步复位信号激励模型
parameter rst_width = 100;
reg rst_n
initial begin
    rst_n = 1;
    @(posedge clk);
    rst_n = 0;
    #rst_width;
    rst_n = 1;
end
```

3）输入输出激励模型

被测设计的功能输入输出端口是数字仿真关注的重点，输入端口用于施加激励连接激励程序。输出端口则是用于辅助激励程序设计或进行结果监测分析。

在进行激励程序设计时，往往需要从以下几个方面进行考虑：

（1）整体规划：端口分类、端口间关联

整体规划通常可以按接口协议对输入输出信号进行模块化处理。例如将被测设计划分为 2 组 UART 功能接口和 1 组 SPI 功能接口，创建各自的接口文件，在接口文件中采用 interface 定义不同的接口，再通过接口连接到待仿真设计的顶层。同时在各自的激励模块中实现对各自端口的控制。整体规划架构如图 7-14 所示。

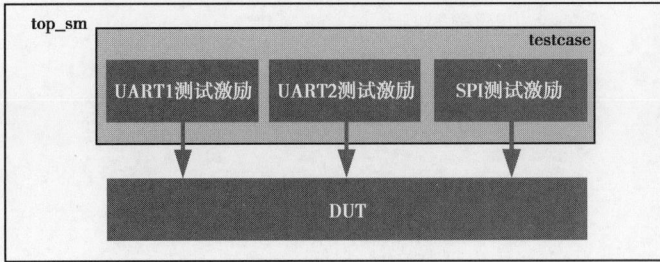

图 7-14   模块化处理

上述三个接口分别对应 SPI_if. sv、UART1_if. sv、UART2_if. sv 三个接口文件,以 SPI_if. sv 为例,代码如下所示。

```
interface SPI_if;

logic cs;
logic spi_clk;
logic mosi;
logic miso;

endinterface : SPI_if
```

在顶层模块 top_sm 中分别声明这三个接口模块,并且通过接口模块与待仿真设计的顶层端口连接,代码如下所示。

```
module top_sm;

//接口例化
UART1_if        UART1( );
UART2_if        UART2( );
SPI_if          SPI( );


//顶层模块例化

top top(

……

. rx( UART1. rx),
. rx_a( UART2. rx),
. cs( SPI. cs),
. spi_clk( SPI. spi_clk);,
```

```
. mosi( SPI. mosi) ,
. miso( SPI. miso) ,

……

);

//激励模块例化

generator gen(
……

. rx( UART1. rx) ,
. rx_a( UART2. rx) ,
. cs( SPI. cs) ,
. spi_clk( SPI. spi_clk) ; ,
. mosi( SPI. mosi) ,
. miso( SPI. miso) ,
……
);

endmodule
```

（2）故障注入模式：数据格式、任务异常

在进行仿真测试时要更多地考虑各种异常工作场景和输入情况。例如，数据帧头异常，数据长度异常，数据校验异常、丢包，以及读写冲突，数据越界等。应设计各种故障模式下的输入激励模型。

（3）定向激励

定向激励指的是在激励程序中数值确定的一组激励。定向激励适用于比较简单的设计，因为其测试空间较小，通过一组或有限的几组测试数据即可覆盖被测设计的全部工作状态。定向激励也可以用来测试复杂设计的简单功能点，特别是对一些边界情况的仿真测试。

```
reg [7:0] Data;

assign Data = 8' hA5;
```

（4）随机激励模型

随机激励指的是激励程序中数值为随机数的测试激励。在时间有限的仿真过程中，由于产生的激励数据有限，定向测试只能测试典型行为。想要尽可能多地覆盖测试空间需要编写大量的定向激励数据。而随机化激励可以通过有限的代码规模产生大量的激励数据，丰富测试空间。此外，随机激励还有以下优势。

①可以使得测试代码长度明显地缩短,不仅减少了时间和人力的花费,还减少了测试平台代码出错的概率;

②可以更全面地检测整个设计的功能,找到边角条件下的隐患(有很多是定向测试难以产生和检查到的边角情况),实现最大化的功能测试覆盖率;

③随机化的激励一定程度上提高了设计者对设计可靠性的信心。

```
//寄存器定义为 8bit,取值范围为 0 ~ 255
reg [7:0] Data;
assign Data = $random;        //Data 的值为 0 ~ 255 的随机值
```

(5)带约束的随机激励

当被测设计规模很大且非常复杂时,如果只是简单地使用随机激励,将会导致仿真测试中使用了大量无效的激励数据,使仿真时间被大量浪费。例如,某寄存器位宽为 8 bit,那么该寄存器随机产生的值范围为 0 ~ 255,但是在实际工况中,该寄存器的值不会大于 127,即最高位只能为 0。那么随机产生的大于等于 128 的值,即寄存器最高位为 1 的激励数据,其实没有意义。为了解决这个问题,引入随机约束的概念,它可以给随机化过程施加一定的约束,使其按照约束生成更有效的随机激励,即让它生成的随机化的激励更多地落在我们感兴趣的区域内,以便更快地达到功能覆盖率的要求。

随机约束通常使用 systemverilog 语言编写,其步骤如下所述。

①在一个类中封装一些变量,例如 data, addr 等;

②将其声明为 rand 或者 randc 变量;

③编写随机约束块;

④例化类后调用 randomize( )。

下面是在 systemverilog 中,常用的几种随机约束块。

范围约束 1:

```
class a;
rand bit [31:0] m_low,m_mid,m_high;            //定义类的对象

//约束随机数变量满足 m_low 小于 m_mid,m_mid 小于 m_high
constraintc_data{
    m_low < m_mid;
    m_mid < m_high;
}

endclass
```

范围约束 2:

```
class c;
rand bit [31:0] m_data;
```

```
//约束随机数变量 m_data 的值限定在 1—100 的范围内
constraint c_data {
    m_data inside {[1:100]};
}

endclass
```

概率约束：

```
class b;
rand bit [3:0] m_data;
//约束随机数变量 m_data 为 0 的概率为 40/(40+60×3)
constraint c_data {
    m_data dist {0 := 40, [1:3] := 60};
}

endclass
```

4）处理双向信号

当被测设计顶层端口中存在 inout 双向信号时，需要将激励程序中连接的端口定义为 wire 类型的变量，在仿真时可以采用以下两种方式。

一种方法是定义一个中间变量作为该双向信号的输出寄存器，通过另一个变量控制传输的方向。当 bir_port_oe 为高电平时，将 bir_port_reg 输出到双向端口 birport，当 bir_port_oe 为低电平时，双向端口 birport 被设置为高阻态，此时双向端口 birport 的值为输入信号的值，代码如下所示。

```
wire  birport         ;    //将双向接口变量定义为 wire 型
reg   bir_port_reg ;    //定义一个 reg 型的中间变量，作为双向口的输出寄存器
reg   bi_port_oe    ;    //定义输出使能，用于控制传输的方向

assign birport = (bir_port_oe)? bir_port_reg:1' bz;
```

还有一种方法是在能明确被测设计在某个时间段输出数据时，激励程序将与 inout 连接的端口设置为高阻态，允许该 inout 端口将数据输出并被仿真平台捕获；当被测设计在某个确定的时间段从 inout 端口读入数据时，激励程序在这段时间发送数据给被测设计。

```
wire  birport         ;    //将双向接口变量定义为 wire 型
reg   bir_port_reg ;    //定义一个 reg 型的中间变量，作为双向口的输出寄存器
reg   bi_port_oe    ;    //定义输出使能，用于控制传输的方向

……
```

```
if( bir_port_oe ) begin
    birport = bir_port_reg;        //bir_port_oe 为高电平时,中间变量输出给双向接口
end
else begin
    birport = 1' bz;               //bir_port_oe 为低电平时,双向接口置为高阻态
```

5)结构模块

always 和 initial 是两种对激励文件变量或端口进行操作的串行控制块。每个 initial 和 always 块都会在仿真 0 时刻同时开始运行。initial 内部的语句按指定的序列顺序执行。always 块内部的语句按指定的序列顺序执行。区别在于 initial 块只在仿真开始时执行一次,always 块在敏感列表中的事件条件发生时,该块才会被触发执行,代码如下所示。

```
module Count;
    reg [3:0] count1 = 4' b0000; // 初始化一个 4 位寄存器变量 count1
    reg [3:0] count2 = 4' b0000; / 初始化一个 4 位寄存器变量 count2
    initial begin
        count1 = count1 + 1;           // 对 count 进行初始化操作
    end

    always @ ( posedge clk ) begin
        count2 <= count2 + 1;          // 在时钟的上升沿触发时对 count 进行加一操作
    end
endmodule
```

在上述代码中定义了两个计数器 count1 和 count2,并初始化为 0。在 initial 块中,由于该结构块只在仿真开始时执行一次,count1 在仿真 0 时刻执行加 1 操作,并一直保持为 1;在 always 块中,当 clk 信号的上升沿出现一次,该结构块就会执行一次,实现计数器 count2 加 1 操作。在 clk 信号不断翻转的情况下,count2 会随着仿真时间的增加而不断递增。

在仿真测试激励编制中,如果 initial 结构块语句过于复杂,可以考虑将其分为各自独立的几个部分,用数个 initial 结构块来描述。在仿真时,这些 initial 结构块会并发运行。一个 module 块可以包含多个 initial 结构块和 always 结构块,这些结构块从仿真 0 时刻开始并行执行。

在通常情况下,initial 块中的语句会按顺序执行。当使用了 fork-join 时,结构块可以在 initial 内部实现并发执行,代码如下所示。

```
fork
    begin
    语句块 1
    end
    begin
    语句块 2
```

```
        end
…………
        begin
        语句块 n
        end
    join
```

在 fork-join 中,语句块 1 到语句块 n 中的语句将成为 n 个并行的子进程,这 n 个子进程是相互独立并行执行的,但子进程中的语句是串行执行的,代码如下所示。

```
initial begin
fork
    begin
        #10ns;      x＝5;
        #5ns;       x＝10;
    end
    begin
        #15ns;      y＝10;
        #15ns;      y＝15;
    end
    begin
        #5;         z＝30;
        #45;        z＝50;
    end
join
end
```

上述代码中,变量 x 在仿真时间 10 ns 时刻,被赋值为 5;仿真时间 15 ns 时刻,被赋值为 10。变量 y 在仿真时间 15 ns 时刻,被赋值为 10;仿真时间 30 ns 时刻,被赋值为 15。变量 z 在仿真时间 5 ns 时刻,被赋值为 30,仿真时间 50 ns 时刻,被赋值为 50。

6)循环语句

在仿真激励程序设计中常用的循环语句有 for、repeat、while、forever。

for 循环是一种常用的循环结构,代码如下所示。

```
for(初始化赋值；结束表达式；步长计算)
    语句或语句组
```

循环开始时,执行一次初始化赋值;在循环第一次通过之前进行结束表达式计算。如果表达式为真,则执行语句或语句组。如果表达式为假,则循环退出。每次循环结束时进行步长计算,再次计算结束表达式。如果为真,则循环重复,否则退出循环,代码如下所示。

例如

```
always @ (posedge adc1_fco_p)
begin
   for(i=5;i > 0;i=i-1)
      begin
      adc1_a_d0_p=dinA_data[i];
      #100ns;
      end
end
```

该 always 结构块在 adc1_fco_p 信号的上升沿时触发执行,每次执行过程中循环 5 次,每次循环中分别将 dinA_data[5] ~ dinA_data[1]的值存入 adc1_a_d0_p,存入过程间隔 100 ns。

repeat 循环对循环体中的语句或语句组执行固定的次数,代码如下所示。

```
repeat(循环次数)
     语句或语句组
```

例如

```
always @ (negedge TlAdCsn)
  begin
     repeat(12) begin
       @ (negedge TlAdClk);
     end
     #100ns;
     TlAdEoc=0;
     #10μs;
     TlAdEoc=1;
  end
```

该 always 结构块在 TlAdCsn 信号的下降沿时触发执行。开始执行后,先通过 repeat 循环等待 12 个 TlAdClk 信号的下降沿,在随后的 100 ns 时将 TlAdEoc 信号置为低电平,再在 10 μs 后将 TlAdEoc 信号置为高电平。

当循环次数不能确定时,可采用 while 循环或 do-while 循环,代码如下所示。

```
while(条件表达式)
     语句或语句组
```

当条件表达式为真时,执行 while 循环体中的语句或语句组,直至条件表达式为假。

例如

```
logic   [7:0]          reg_string;
initial
begin
     reg_string=8' b1010_1100;
```

```
while( reg_string != 8' b0)
begin
    #100ns;
    reg_string >>> 1;
    $display( " reg_string value is %b" , reg_string) ;
end
end
```

在 initial 结构块中,首先将变量 reg_string 设置为 8' b1010_1100;while 的条件表达式判断为真,进入 while 循环;在 while 循环体中每 100 ns 将 reg_string 算术右移一次并打印结果 reg_string 的值;随后再次进行 while 判断,当判断结果为真时继续执行循环体,直到 reg_string 变为 8' b0,判断结果为假,跳出 while 循环。

do-while 循环与 while 循环类似,区别在于条件表达式在循环体最后执行,所以第一次必进入循环,当执行到循环体底部时进行条件表达式计算,若计算结果为真则返回顶部再次执行语句或语句组,若条件表达式计算结果为假,则退出循环,代码如下所示。

```
do
    语句或语句组
while( 条件表达式)
```

当需要在仿真过程中一直执行循环时,通常采用 forever 循环,代码如下所示。

```
forever
    语句或语句组
```

forever 循环语句常用在产生周期性的波形,通常嵌套在 initial 块内,在仿真过程中循环执行循环体中的语句或语句组,代码如下所示。

```
initial begin
sys_clk_i=0;
    forever
    begin
        #10ns;
        sys_clk_i = ~ sys_clk_i;
    end
end
```

在 initial 结构块中,首先将变量 sys_clk_i 设置为 0;在 forever 循环中每 10 ns 将 sys_clk_i 进行一次翻转。因此,该 initial 结构块始终处于 forever 循环的运行中,只有当仿真结束时才会停止。

需要注意的是,forever 的循环体中需要有时间耗费,否则会将仿真卡死在循环中,导致仿真时间一直无法推进。

7)任务与函数

task 和 function 说明语句分别用来定义测试中的任务和函数,利用任务和函数可以把一个规模较大、逻辑较复杂的激励程序分解成很多较小的任务和函数,简化激励程序的结构,便于激励程序的编写、调试和维护。

在仿真激励中使用 function 的主要目的是通过一个返回值来响应输入信号,实现常用的数值计算、数据转换等。function 的结构如下所示。

```
function 函数返回类型 函数名称(输入参数列表);
    函数体
endfunction
```

例如

```
function int Mul(int a, int b);
    return a * b;
endfunction
```

上述代码中,函数返回值的类型为整型,函数名为 Mul,接收两个整型参数 a 和 b,并返回它们的乘积。

function 的特点如下。

➤ function 可以接受输入参数并返回一个值或无返回值,输出结果通过函数的返回值传递;

➤ function 可以是递归的,即一个函数可以调用自身;

➤ function 可以在模块之外定义,以便在多个模块中重用。

在仿真激励中使用 task 的主要作用是对端口操作进行封装,便于模块化和重用。task 的结构如下所示。

```
task 任务名称(参数列表);
    任务体
endtask
```

例如

```
int tccnt_i;
task tc_byte(logic [7:0] m_data);
    for(tccnt_i=7; tccnt_i >= 0;tccnt_i=tccnt_i-1)
    begin
        @ (posedge tc_clk_i);
        tc_dat_i=m_data[tccnt_i];
    end
endtask
```

上述代码中,task 名称为 tc_byte,输入为一个 8 bit 的数据,在 task 中循环 8 次,每次循环中在 tc_clk_i 信号的上升沿将输入数据的第 7 位至第 0 位发送给端口 tc_dat_i。

task 有以下特点：

➤ task 可以内置耗时语句，也就是当调用 task 时，可以使用延时语句；

➤ task 只能通过 output，inout 或者 ref 类型的参数来返回，可以返回一个或多个值。

由此可见，function 与 task 的区别有以下两点：

➤ task 可以置入耗时语句，而 function 不能。function 里不能带有诸如 #50 的时延语句或诸如 @（posedge clk）、wait（valid）的阻塞语句；

➤ task 中可以调用 task 或 function，function 中只能调用 function。

7.2.5 仿真执行与调试

完成测试激励的编写，前期搭建的仿真平台才有了实际意义，这些也是仿真执行的前提条件。仿真执行方法有 GUI 操作和命令行操作两种方式。主要包含以下步骤。

1）编译

编译仿真平台所需的全部 RTL 代码，包括被测设计代码，仿真平台代码，激励程序代码等。编译 verilog 文件采用 vlog 指令如下所示。

```
vlog –work work ../DUT/ *.v
```

编译 VHDL 文件采用 vcom 指令，如下所示。

```
vcom –work work ../DUT/ *.vhdl
或
vcom –work work ../DUT/ *.vhd
```

编译 SystemVerilog 文件采用 vlog –sv 指令，如下所示。

```
vlog –sv –work work ../testcase/ *.sv
```

2）加载仿真平台

编译完成后，可以把编译结果的仿真平台顶层通过 vsim 命令加载到 QuestaSIM 仿真中，如下所示。

```
vsim top_sm –t ns –L unisim_ver –voptargs = +acc –coverage –wlf debug/test.wlf –l debug/test.log
```

vsim 命令在使用时可选用不同的参数，常用的参数如下所示。

–t：设置仿真时间精度，例如–t ns 表示设置仿真时间精度为 ns；

–L：设置仿真时需加载的仿真库，例如–L unisim_ver 可以通过多次使用–L 来加载多个仿真库；

–voptargs：仿真器的设计优化选项，例如–voptargs = +acc 表示不进行优化，等同于 QuestaSim 早期版本的–novopt；

–coverage：设置仿真时收集覆盖率信息；

–wlf：设置保存波形文件的文件名称和路径；

–l：设置保存仿真记录文件的文件名称和路径；

3）运行

加载仿真平台后，可以通过 addwave 命令或 log 命令来设置需要在仿真时记录的信号，例如 addwave ∕ * 表示将所有信号加入波形窗口并在仿真过程中同步显示；log ∕ * 表示仿真时需记录所有信号。通过 run 命令来设置仿真运行的时间，例如 run 100 ms 表示仿真运行100 ms；

4）分析仿真结果，调试仿真

运行结束后，可以通过查看打印信息，查看仿真波形，查看断言失败情况等多种方式对仿真结果进行分析，分析仿真结果与期望结果不一致的原因是仿真激励程序的问题，还是设计程序的问题。

7.2.6 分析覆盖率信息

功能仿真的执行与调试是一个不断迭代的过程。每次执行仿真后，测试工程师都需要对仿真实测结果和期望结果进行比对。当实测结果和期望结果不一致时，则需要分析是仿真激励的设计问题还是被测设计的问题，若是前者，则需要修改仿真激励程序；若是后者，则需要提供问题单。最终仿真执行与调试过程结束，需通过代码覆盖率（Code Coverage）或功能覆盖率（Functional Coverage）回答以下问题。

a. 测试计划中策划的所有直接需求和隐含需求是否都已测试？

b. 被测设计中是否有从未执行过的代码行或结构模块？

1）代码覆盖率

代码覆盖率可以识别在仿真过程中没有被激活的源代码结构，其统计工作由仿真工具自动完成，测试工程师可以根据需要配置后查看。

代码覆盖率度量的类型有以下几类：

（1）语句覆盖率（Statement Coverage）

语句覆盖率统计的是 HDL 代码中的语句是否被执行，以及被执行次数。测试工程师可以通过查看语句覆盖率未达到100%的设计文件，从而快速定位被测设计中未执行的语句。

（2）分支覆盖率（Branch Coverage）

分支覆盖率统计的是 if/else、case 等多分支语句是否被执行，以及各分支被执行次数。在分析一个分支不包含任何可执行语句时非常有用。

（3）条件覆盖率（Condition Coverage）

条件覆盖率是分支覆盖率的一个扩展。分支覆盖率着重于检查所有的分支是否执行，确定每个判断的值是否为 true 和 false 的一种代码覆盖率度量。

例如，如果 A 和 B 同时为真，则 if 语句为真，执行语句 sum＝sum+1，代码如下所示。

```
if( A && B ) begin
    sum = sum+1 ;
end
```

若语句覆盖率和分支覆盖率都提示 if 语句未被执行，但到底是因为 A 为 false 还是 B 为false 却不得而知，而条件覆盖率提供了这样的信息。

条件覆盖率是通过总的被执行条件数除以总的条件数而得到的。

（4）表达式覆盖率（Expression Coverage）

表达式覆盖率是另一种必要的覆盖率类型。表达式覆盖率和条件覆盖率类似,主要分析赋值语句右侧的包含逻辑运算符的表达式。

表达式覆盖率包括两种类型,UDP（User-Defined Primitives 用户定义的基本元素）和 FEC（Focused Expression Coverage 集中表达式覆盖率）。

假设有以下语句:

OUT = A OR B

UPD 指标主要关注真值表中每一行中唯一的输入,如表 7-1 所示,就只需要 3 种组合。

表 7-1 UDP 指标

A	B	OUT
false	false	false
true	X	true
X	true	true
true	true	true

在第二行中,当 A 为 true 时,无论 B 是为 true 还是 false 都不会影响输出结果;在第三行中,当 B 为 true 时,无论 A 是为 true 还是 false,输出结果都为 true。所以,最后一行在 UDP 覆盖率中是不被考虑的。

FEC 覆盖率与 UPD 覆盖率就有所不同。FEC 确保每个输入都能全面和专有地控制输出。通过 FEC 我们得到下面两个表格。

表 7-2 FEC 指标一

A	B	OUT
false	false	false
true	false	true

表 7-3 FEC 指标二

A	B	OUT
false	false	false
false	true	true

在 FEC 中,需要投入 4 种组合来充分验证这同一语句。当输入 B 为 false 时,输入 A 的变化会直接影响输出 OUT 的变化;当输入 A 为 false 时,输入 B 的变化会直接影响输出 OUT 的变化。只有这 4 种情况都在仿真中被执行时,FEC 的统计信息才会为 100%。

FEC 覆盖率被认为是可能检查功能错误最好的一种代码覆盖率,因为它能帮助确定一个逻辑错误的输入是否将影响表达式结果的输出。

在使用 QuestaSim 仿真中收集表达式覆盖率信息时采用的就是 FEC。

（5）有限状态机覆盖率（Finite-State Machine Coverage）

有限状态机有其特有的覆盖率格式。当设计包含有限状态机时,需要确保测试执行了所有状态和状态的转移,统计被执行次数。通过有限状态机覆盖率能直接反映测试是否完备。

由有限状态机覆盖率提供的信息其实是通过分析其他覆盖率（如条件覆盖率）的结果得到的,它既结合了状态机覆盖率又有其他覆盖率的结果。通常情况下,确保正确的有限状态机的行为对保证正确的设计行为是至关重要的。

（6）位翻转覆盖率（Toggle Coverage）

翻转覆盖率是一种用于度量寄存器或线网类型的每个位的值发生翻转次数的代码覆盖率度量,即寄存器或线网至少必须经历一次从 0 到 1 和从 1 到 0 的翻转。位翻转覆盖率通常用于 IP 模块之间的基本连接检查,例如独热选择总线（One-Hot Select Bus）。

2）功能覆盖率

代码覆盖率度量有一个局限性,就是即使所有相关覆盖率都达到了 100%,也只是表明相关语句、分支、表达式或状态机都有被执行,并不能说明被测设计的需求是否都被满足。功能覆盖率是用来衡量哪些需求项已经被仿真程序测试过的一个指标,从而确定需求项是否通过测试。

功能覆盖率需要人工创建覆盖率模型。覆盖率模型可以采用 SVA,PSL 等语言进行设计,负责明确哪些功能点需要在仿真过程中被采样、收集,从而获取功能覆盖率数据,覆盖率模型的质量直接影响功能覆盖率的统计结果。功能覆盖率通常包括以下步骤:

①根据需求,创建功能覆盖率模型;

②使用 SVA、PSL 等自动检测语言来收集覆盖率信息;

③运行仿真;

④报告和分析覆盖率结果。

功能覆盖率结果的分析也是一个识别仿真激励设计和被测设计漏洞,不断迭代的过程,可能存在以下几种典型情况:

①仿真激励或功能覆盖率模型不完备,导致部分需求没有被覆盖,则需要优化激励代码或覆盖率模型;

②被测设计的缺陷,导致某些需求未被覆盖,则可以直接产生问题单;

③被测设计出于安全等考虑,HDL 代码中存在某些并不期望被执行的逻辑,例如部分配置功能在正常工作时不会被启动,这种导致覆盖率未到 100% 的情况可以通过人工分析后排除。

7.3　功能仿真实战

在进行功能仿真时,测试工程师的首要工作在于编写测试激励程序。下节将针对单向端口和双向端口详述激励程序设计。

7.3.1　单向端口激励程序设计实战

本小节针对 AD 采样源程序,通过调用仿真工具 QuestaSim2019.3,详细讲解仿真激励程序的设计与调试。

　　FPGA 芯片外接一片 AD7656 芯片，通过 6 个采样通道循环采样，每个通道的采样数据为 16 bit，每次在输入信号 convsta_en_i 的上升沿启动采样周期，每个采样周期输出 6 个通道各 16 bit 的采样数据。FPGA 代码中，对该 AD7656 芯片的控制代码如下所示。

```verilog
module adc_get(
    // global signals
    input              clk_i,
    input              rst_n_i,
    // control signal
    input              adc_convert_start_i,
    // adc signals
    input [15:0]       adc_data_i,
    input              adc_busy_i,
    output             adc_convert_o,
    output             adc_cs_n_o,
    output             adc_rd_n_o,
    output             adc_range_o,
    output             adc_rst_o,
    output [15:0]      adc_ch1_data_out,
    output [15:0]      adc_ch2_data_out,
    output [15:0]      adc_ch3_data_out,
    output [15:0]      adc_ch4_data_out,
    output [15:0]      adc_ch5_data_out,
    output [15:0]      adc_ch6_data_out,
    output [3:0]       adc_chan_num_o,
    output             adc_data_valid_o,
    output [2:0]       adc_busy_valid_o
    );

/ ******************************************************************/

    ……（此处省略代码）

/ ******************************************************************/

    // process begin
    assign adc_range_o = 1' b0;
    assign adc_rst_o = ~ rst_n_i;
```

```
    assign adc_convert_o = sample_en_r;        // 10us convert cycle;
    assign adc_cs_n_o = adc_data_cs_r;         // cs signal
    assign adc_rd_n_o = adc_data_rd_r;         // rd signal
    assign adc_ch1_data_out = ch1_data_r;      // channel1 data
    assign adc_ch2_data_out = ch2_data_r;      // channel2 data
    assign adc_ch3_data_out = ch3_data_r;      // channel3 data
    assign adc_ch4_data_out = ch4_data_r;      // channel4 data
    assign adc_ch5_data_out = ch5_data_r;      // channel5 data
    assign adc_ch6_data_out = ch6_data_r;      // channel6 data
    assign adc_data_valid_o = data_valid_r;    // data validation signal
    assign adc_chan_num_o = rd_chan_cnt_r;// channel number
    assign adc_busy_valid_o = adc_busy_valid_r;


/ ************************************************************/

……(此处省略代码)

/ ************************************************************/


    // adc_cs_n_o signals generate
    always @ ( posedge clk_i , negedge rst_n_i )
    begin
        if( ~ rst_n_i) begin
          adc_data_cs_r <= 1' b1;
        end else begin
          if( ~ sample_en_r) begin
            if(( cycle_cnt_r == 32' h0) && ( adc_busy_r[ 3] )) begin
              adc_data_cs_r <= 1' b0;
            end else if( rd_chan_cnt_r <= 3' h5) begin
              adc_data_cs_r <= adc_data_cs_r;
            end else begin
              adc_data_cs_r <= 1' b1;
            end
          end else begin
            adc_data_cs_r <= 1' b1;
          end
        end
    end
```

```
    // adc_rd_n_o signal generate
    always @ ( posedge clk_i , negedge rst_n_i)
    begin
        if( ~ rst_n_i) begin
            adc_data_rd_r <= 1' b1;
        end else begin
            if( ~ adc_data_cs_r) begin
                if( rd_data_cycle_cnt_r <= 8' h01) begin
                    adc_data_rd_r <= 1' b1;
                end else if( rd_data_cycle_cnt_r <= 8' h07) begin
                    adc_data_rd_r <= 1' b0;                            // active low
                end else if( rd_data_cycle_cnt_r <= 8' h08) begin
                    adc_data_rd_r <= 1' b1;
                end else begin
                    adc_data_rd_r <= 1' b1;
                end
            end else begin
                adc_data_rd_r <= 1' b1;
            end
        end
    end


    // read data process
    always @ ( posedge clk_i , negedge rst_n_i)
    begin
        if( ~ rst_n_i) begin
            ch1_data_r <= 16' h0000;
            ch2_data_r <= 16' h0000;
            ch3_data_r <= 16' h0000;
            ch4_data_r <= 16' h0000;
            ch5_data_r <= 16' h0000;
            ch6_data_r <= 16' h0000;
            data_valid_r <= 1' b0;
            adc_busy_valid_r <= 3' b000;
        end else begin
            if( ~ adc_data_cs_r) begin

                if( rd_data_cycle_cnt_r == 8' h06) begin
                    case ( rd_chan_cnt_r)
```

```
3' h0 : begin
  if( adc_busy_r[3] ) begin
    ch1_data_r <= adc_data_rr;
    data_valid_r <= 1' b1;
    adc_busy_valid_r <= 3' h0;
  end else begin
    ch1_data_r <= ch1_data_r;
    data_valid_r <= 1' b0;
    adc_busy_valid_r <= 3' h1;
  end
end
3' h1 : begin
  if( adc_busy_r[3] ) begin
    ch2_data_r <= adc_data_rr;
    data_valid_r <= 1' b1;
    adc_busy_valid_r <= 3' h0;
  end else begin
    ch2_data_r <= ch2_data_r;
    data_valid_r <= 1' b0;
    adc_busy_valid_r <= 3' h2;
  end
end
3' h2 : begin
  if( adc_busy_r[3] ) begin
    ch3_data_r <= adc_data_rr;
    data_valid_r <= 1' b1;
    adc_busy_valid_r <= 3' h0;
  end else begin
    ch3_data_r <= ch3_data_r;
    data_valid_r <= 1' b0;
    adc_busy_valid_r <= 3' h3;
  end
end
3' h3 : begin
  if( adc_busy_r[3] ) begin
    ch4_data_r <= adc_data_rr;
    data_valid_r <= 1' b1;
    adc_busy_valid_r <= 3' h0;
```

```verilog
      end else begin
         ch4_data_r <= ch4_data_r;
         data_valid_r <= 1'b0;
         adc_busy_valid_r <= 3'h4;
      end
   end
   3'h4 : begin
      if(adc_busy_r[3]) begin
         ch5_data_r <= adc_data_rr;
         data_valid_r <= 1'b1;
         adc_busy_valid_r <= 3'h0;
      end else begin
         ch5_data_r <= ch5_data_r;
         data_valid_r <= 1'b0;
         adc_busy_valid_r <= 3'h5;
      end
   end
   3'h5 : begin
      if(adc_busy_r[3]) begin
         ch6_data_r <= adc_data_rr;
         data_valid_r <= 1'b1;
         adc_busy_valid_r <= 3'h0;
      end else begin
         ch6_data_r <= ch6_data_r;
         data_valid_r <= 1'b0;
         adc_busy_valid_r <= 3'h6;
      end
   end
   default : begin
      ch1_data_r <= ch1_data_r;
      ch2_data_r <= ch2_data_r;
      ch3_data_r <= ch3_data_r;
      ch4_data_r <= ch4_data_r;
      ch5_data_r <= ch5_data_r;
      ch6_data_r <= ch6_data_r;
      data_valid_r <= 1'b0;
      adc_busy_valid_r <= adc_busy_valid_r;
   end
```

```
              endcase
          end else begin
            ch1_data_r <= ch1_data_r;
            ch2_data_r <= ch2_data_r;
            ch3_data_r <= ch3_data_r;
            ch4_data_r <= ch4_data_r;
            ch5_data_r <= ch5_data_r;
            ch6_data_r <= ch6_data_r;
            data_valid_r <= 1' b0;
            adc_busy_valid_r <= adc_busy_valid_r;
          end
        end else begin
          ch1_data_r <= 16' h0000;
          ch2_data_r <= 16' h0000;
          ch3_data_r <= 16' h0000;
          ch4_data_r <= 16' h0000;
          ch5_data_r <= 16' h0000;
          ch6_data_r <= 16' h0000;
          data_valid_r <= 1' b0;
          adc_busy_valid_r <= adc_busy_valid_r;
        end
      end
    end

endmodule
```

编写测试激励程序时,首先应分析该模块与 AD7656 芯片之间的接口关系。

FPGA 的输出信号如下所示。

```
    output          adc_convert_o,
    output          adc_cs_n_o,
    output          adc_rd_n_o,
    output          adc_range_o,
    output          adc_rst_o,
```

FPGA 的输入信号如下所示。

```
    input [15:0]    adc_data_i,
    input           adc_busy_i,
```

测试工程师需要模拟 AD7656 芯片的端口时序,为输入信号 adc_busy_i 和 adc_data_i 施加激励数据。

查阅 ADAD7656 芯片的数据手册,如图 7-15 所示,BUSY 信号(adc_busy_i)初始状态为低电平。CONVSTA 的上升沿后经过 t_1 时间后,BUSY 信号由低电平跳变为高电平,并保持 t_{CONV} 时间。其中 t_1 为 60 ns,t_{CONV} 为 3 μs。

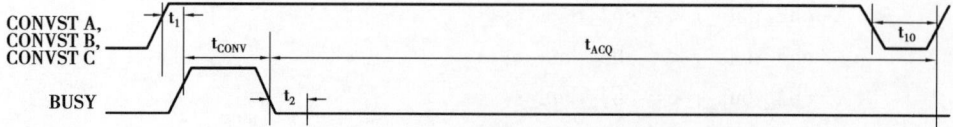

图 7-15　ADAD7656 芯片

针对 adc_busy_i 信号编写激励程序如下所示。

```
parameter t1 = 60;
parameter tconv = 3μs;


initial
begin
  adc_busy_i = 0;
  forever begin                       //无限循环体
    @ (posedge adc_convert_o);        //边沿等待:上升沿
    #t1;                              //有限等待
    adc_busy_i = 1;
    #tconv;
    adc_busy_i = 0;
  end
end
```

在激励程序中,使用参数定义的方式定义了 t_1 和 t_{CONV} 的值,使用参数定义方式的目的是方便后期调试。在 initial 模块中将 adc_busy_i 信号在仿真启动时初始化为低电平,随后进入无限循环体。在无限循环体中,使用了有限等待语句和边沿等待语句两种常用的延时等待语法。其中边沿等待语句的作用是按照时序图的要求等待 adc_convert_o 信号的上升沿。当 adc_convert_o 信号的上升沿出现时,启动 AD 转化流程,按照时序图要求等待 t_1 时间后将 adc_busy_i 信号置为高电平,持续 t_{CONV} 时间后再将 adc_busy_i 信号置为低电平。此处等待 t_1 时间和 t_{CONV} 时间使用的是有限等待语句。

执行完成后,再次进入 forever 循环体起始处等待下一次 AD 转换。

进一步查阅 AD7656 芯片数据手册,分析接口时序图,如图 7-16 所示,有效数据信号 DATA(adc_data_i)应该在 RD 信号的下降沿 t_6 时间内到达,且在 RD 信号的上升沿 t_7 时间后无效,在此期间,CS 信号应为低电平。

针对 adc_data_i 信号编写激励程序,代码如下所示。

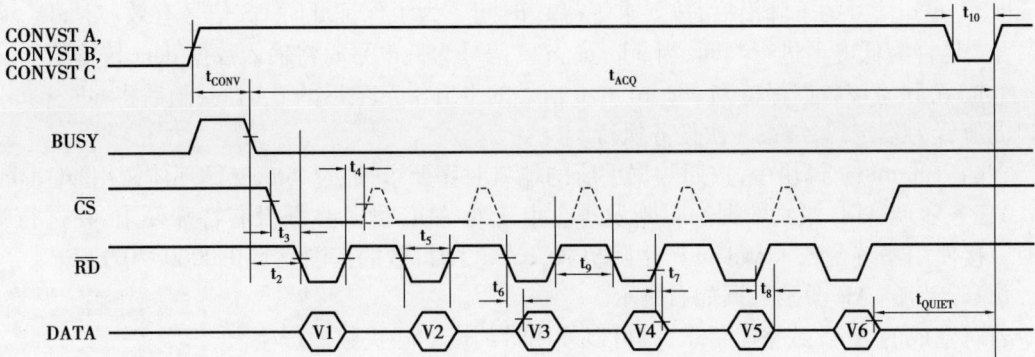

图 7-16 接口时序图

```
parameter t6 = 45;
parameter t7 = 10;

task ad_data_gen(logic [15:0] data);        //定义任务 ad_data_gen,
  @ (negedge adc_rd_n_o);                    //边沿等待:adc_rd_n_o 的下降沿
  #t6;                                        //有限等待
  if(! adc_cs_n_o) begin                      //判断 adc_cs_n_o 信号的有效性
    adc_data_i = data;
    @ (posedge adc_rd_n_o);
    #t7;
    adc_data_i = 'hx;
  end
endtask

logic [15:0] m_data;

initial
begin
  #1ms;
  forever begin                               //无限循环,每次发送一组 AD 数据
    m_data = $random;                         //产生一个随机数
    ad_data_gen(m_data);                      //发送一组 AD 数据的任务,发送两个字节
    $display("Data generate is %h", m_data);
  end
end
```

在数据收发相关的激励程序编写中,推荐使用 task 或 function 对共性操作进行封装,这里定义了一个 task 任务 ad_data_gen( )实现一次发送两个字节的数据。

该 task 任务首先通过边沿等待语句等到 adc_rd_n_o 信号的下降沿产生,当激励程序敏感到 adc_rd_n_o 信号的下降沿后,按要求等待 t_6 时间。为了保证此时 CS 信号有效,对 adc_cs_n_o 信号是否为低电平进行判断,当 adc_cs_n_o 信号为低电平时将输入数据 data 传输给 adc_data_i 端口,并将该数据保持到 adc_rd_n_o 信号的上升沿产生后的 t_7 时间,随后将 adc_data_i 端口的值置为不定态,结束一次任务执行。

在随后的 initial 模块中,按照数据手册的端口时序要求,通过 forever 循环体调用 ad_data_gen( )任务实现 ADC 激励数据的不断发送。由于对 ADC 激励数据没有特殊要求,在进行调用时直接使用系统函数 \$random 产生随机数,16 bit 随机数的范围就是 0x0000 ~ 0xFFFF。

仿真产生的 AD 激励数据如右所示。

```
# Data generate is 3524
# Data generate is 5e81
# Data generate is d609
# Data generate is 5663
# Data generate is 7b0d
# Data generate is 998d
# Data generate is 8465
# Data generate is 5212
# Data generate is e301
# Data generate is cd0d
# Data generate is f176
# Data generate is cd3d
```

若对生成的 ADC 数据有要求,则可以使用带约束的随机数的产生方式,首先声明一个类,在类里包含需要随机的变量,并对变量进行约束。使用时创建这个类的对象,并在需要时调用这个对象的 randomize( )函数产生随机值,即类中定义为随机值的变量赋值一个随机数。

例如 AD 数据数值的范围为 10 ~ 1000,initial 模块中,通过 forever 循环体调用 ad_data_gen( )任务,ADC 激励数据生成的代码则修改为如下所示。

```
class packet;
    rand logic [15:0] data;
    constraint data_range ｛ data > 16' h14; data < 16' h3E8;｝     // 10 < data < 1000
endclass

    initial
    begin
        packet pkt;
        pkt = new( );                    //创建一个数据包对象
        #1ms;
        forever begin
            pkt. randomize( );            //随机产生数据包中的随机数变量
            ad_data_gen( pkt. data);      //发送一组 AD 数据的任务,发送两个字节
            $display( "Data generate is % h" ,pkt. data) ;
        end
    end
```

仿真产生的 AD 激励数据如右所示。

```
# Data generate is 014d
# Data generate is 00ac
# Data generate is 0096
# Data generate is 0351
# Data generate is 0238
# Data generate is 019b
# Data generate is 0300
# Data generate is 00bc
# Data generate is 031b
# Data generate is 022f
# Data generate is 0038
# Data generate is 0365
# Data generate is 015a
# Data generate is 0265
```

7.3.2 双向端口激励程序设计实战

FPGA 芯片外接一片 MCU 芯片 MPC5554 实现桥接功能。MCU 通过 EBI 接口对 FPGA 的读写实现其他外设的访问。

EBI 的接口信号要求见表 7-4。

表 7-4　EBI 接口信号要求

序号	信号名称	方向	描述
1	mcu_data_io[31:0]	INOUT	数据信号
2	mcu_addr_i[15:0]	INPUT	地址信号
3	mcu_oe_n_i	INPUT	控制信号(逻辑低有效)
4	mcu_cs_n_i	INPUT	片选信号(逻辑低有效)
5	mcu_we_n_i	INPUT	EBI 写控制信号(逻辑低有效)
6	mcu_clk_i	INPUT	EBI 时钟(频率 16 MHz、占空比 50%)

其中数据信号 mcu_data_io[31:0]为双向端口,其他信号为单向端口。

EBI 总线操作的时序要求如图 7-17、图 7-18 所示。

Spec	Characteristic and Description	Symbol	External Bus Frequency [2,3]						Unit	Notes
			40 MHz		56 MHz		66 MHz			
			Min.	Max.	Min.	Max.	Min.	Max.		
1	CLKOUT period	T_C	24.4	—	17.5	—	15.2	—	ns	Signals are measured at 50% V_{DDE}.
2	CLKOUT duty cycle	t_{CDC}	45%	55%	45%	55%	45%	55%	T_C	
3	CLKOUT rise time	t_{CRT}	—	—[4]	—	—[4]	—	—[4]	ns	
4	CLKOUT fall time	t_{CFT}	—	—[4]	—	—[4]	—	—[4]	ns	
5	CLKOUT positive edge to output signal *invalid* or Hi-Z (hold time) External bus interface $\overline{BG}$ [5] $\overline{BR}$ [6] $\overline{BB}$ $\overline{CS}$[0:3] ADDR[8:31] DATA[0:31] [7] $\overline{BDIP}$ $\overline{OE}$ RD_$\overline{WR}$ $\overline{TA}$ $\overline{TEA}$ [8] $\overline{TS}$ TSIZ[0:1] $\overline{WE}$/$\overline{BE}$[0:3] [9]	t_{COH}	1.0[10] 1.5	—	1.0[10] 1.5	—	1.0[10] 1.5	—	ns	EBTS = 0 EBTS = 1 Hold time selectable via SIU_ECCR [EBTS] bit.
6	CLKOUT positive edge to output signal *valid* (output delay) External bus interface $\overline{BG}$ [5] $\overline{BR}$ [6] $\overline{BB}$ $\overline{CS}$[0:3] ADDR[8:31] DATA[0:31] [7] $\overline{BDIP}$ $\overline{OE}$ RD_$\overline{WR}$ $\overline{TA}$ $\overline{TEA}$ [8] $\overline{TS}$ TSIZ[0:1] $\overline{WE}$/$\overline{BE}$[0:3] [9]	t_{COV}	—	10.0[10] 11.0	—	7.5[10] 8.5	—	6.0[10] 7.0	ns	EBTS = 0 EBTS = 1 Output valid time selectable via SIU_ECCR [EBTS] bit.

图 7-17　EBI 总线操作时序要求 1

Spec	Characteristic and Description	Symbol	External Bus Frequency [2],[3]						Unit	Notes
			40 MHz		56 MHz		66 MHz			
			Min.	Max.	Min.	Max.	Min.	Max.		
7	Input signal *valid* to CLKOUT positive edge (setup time) External bus interface ADDR[8:31] DATA[0:31] [7] $\overline{\text{BG}}$ [6] $\overline{\text{BR}}$ [5] $\overline{\text{BB}}$ RD_$\overline{\text{WR}}$ $\overline{\text{TA}}$ $\overline{\text{TEA}}$ [8] $\overline{\text{TS}}$	t_{CIS}	10.0	—	7.0	—	5.0	—	ns	
8	CLKOUT positive edge to input signal *invalid* (hold time) External bus interface ADDR[8:31] DATA[0:31] [7] $\overline{\text{BG}}$ [6] $\overline{\text{BR}}$ [5] $\overline{\text{BB}}$ RD_$\overline{\text{WR}}$ $\overline{\text{TA}}$ $\overline{\text{TEA}}$ [8] $\overline{\text{TS}}$	t_{CIH}	1.0	—	1.0	—	1.0	—	ns	

[1] EBI timing specified at: V_{DDE} = 1.6–3.6 V (unless stated otherwise); T_A = T_L to T_H; and CL = 30 pF with DSC = 0b10.

[2] Speed is the nominal maximum frequency. Max. speed is the maximum speed allowed including frequency modulation (FM). 82 MHz parts allow for 80 MHz system clock + 2% FM; 114 MHz parts allow for 112 MHz system clock + 2% FM; and 132 MHz parts allow for 128 MHz system clock + 2% FM.

[3] The external bus is limited to half the speed of the internal bus.

[4] Refer to fast pad timing in Table 17 and Table 18 (different values for 1.8 V and 3.3 V).

[5] Internal arbitration.

[6] External arbitration.

[7] Due to pin limitations, the DATA[16:31] signals are not available on the 324 package.

[8] Due to pin limitations, the $\overline{\text{TEA}}$ signal is not available on the 324 package.

[9] Due to pin limitations, the $\overline{\text{WE/BE}}$[2:3] signals are not available on the 324 package.

[10] SIU_ECCR[EBTS] = 0 timings are tested and valid at V_{DDE} = 2.25–3.6 V only; SIU_ECCR[EBTS] = 1 timings are tested and valid at V_{DDE} = 1.6–3.6 V.

图 7-18　EBI 总线操作时序要求 2

EBI 总线的时钟信号时序如图 7-19 所示。

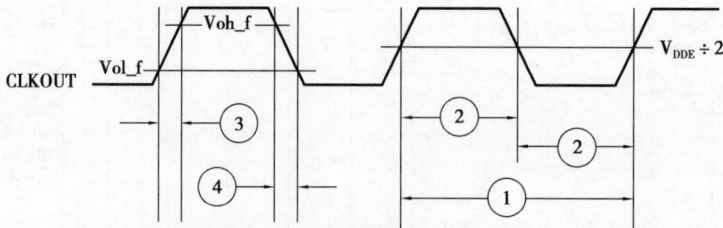

图 7-19　EBI 总线时钟信号时序

EBI 总线同步输入时序如图 7-20 所示。

EBI 总线同步输出时序如图 7-21 所示。

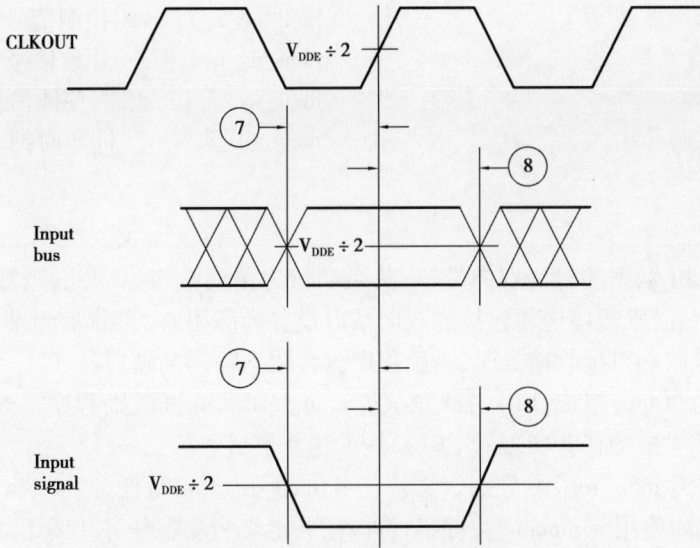

图 7-20　EBI 总线同步输入时序

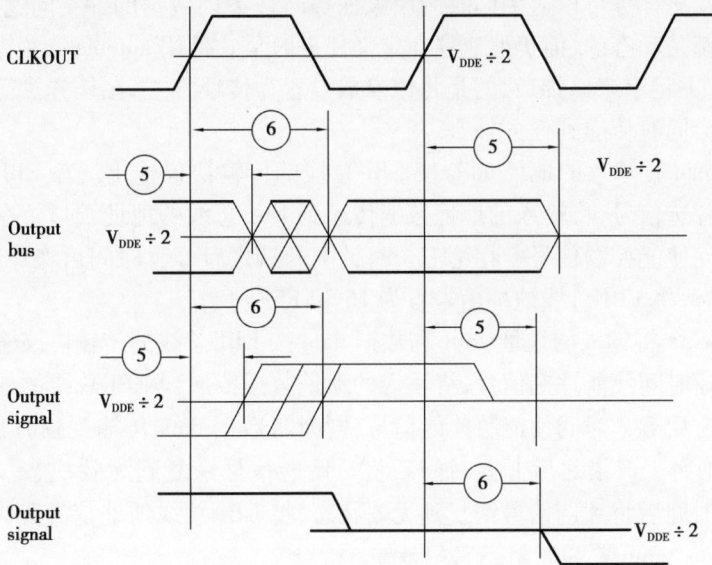

图 7-21　EBI 总线同步输出时序

被测设计顶层端口定义代码如下所示。

```
' define    MCU_ADDR_WIDTH              16
' define    MCU_DATA_WIDTH              32


module TOP
(
        inout ['MCU_DATA_WIDTH-1:0]        mcu_data_io,// 32 位数据信号
        input ['MCU_ADDR_WIDTH-1:0]        mcu_addr_i,// 16 位地址信号
```

```
    input                              mcu_oe_n_i,  // 控制信号
    input                              mcu_cs_n_i,  // 片选信号
    input                              mcu_we_n_i,  // 写使能信号
    input                              mcu_clk_i,   // 同步时钟
    …………
);
```

被测设计的 EBI 数据端口为双向端口,其余端口为单向端口。因此,当被测设计通过双向端口输出数据时,激励程序应将连接的双向端口设置为高阻态,接收被测设计的输出;当被测设计需要通过双向端口接收输入时,激励程序应将数据输出到端口。

激励程序分为两部分组成:EBI 总线测试类 mcu_test 和测试激励程序。测试激励程序中调用 EBI 测试总线类中的任务实现对 EBI 总线的仿真测试。

EBI 总线测试类 mcu_test 中分别定义读任务 mcu_read 和写任务 mcu_write。在关键字 task 和任务名称之间使用 automatic 关键字,将该任务定义为动态任务。调用动态任务时会新开辟一个内存空间进行读写。在该任务执行完后会释放该内存空间,重新调用就会重新开辟新的空间。使用动态任务可以避免同时调用该任务时任务内数据的冲突问题。虽然 class 中定义的任务默认都是动态的,但仍然建议在定义任务时显式使用 automatic 关键字。任务定义中的参数使用 ref 关键字来修饰,目的是将该参数设置为传址方式,在任务执行过程中改变任务内该参数的值会同时传递到任务外。

读任务 ebi_read 将输入的地址 addr 按 EBI 总线的传输协议输出。在 EBI 时钟的上升沿后 t_{cov} 时间使能片选信号,将输入的地址数据传递到 EBI 总线的地址端口。在第二个时钟上升沿之后 t_{cov} 时间使能控制信号。在第三个时钟上升沿之后 t_{COH} 时间后将片选信号、控制信号恢复到无效状态,将 EBI 总线地址信号置为 16' hFFFF。

写任务 ebi_write 将输入的地址 addr 和数据 data 按 EBI 总线的传输协议输出。在 EBI 时钟的上升沿后 t_{cov} 时间使能片选信号,将输入的地址数据传递到 EBI 总线的地址端口。在第二个时钟上升沿之后 t_{cov} 时间使能写使能信号,同时将数据 data 传输到临时寄存器 m_data_temp。在第三个时钟上升沿之后 t_{COH} 时间后将写使能信号恢复到无效状态。在第四个时钟上升沿之后 t_{COH} 时间后将片选信号恢复到无效状态,将 EBI 总线地址信号置为 16' hFFFF,将临时寄存器 m_data_temp 置为高阻态 32' hzzzzzzzz。

EBI 总线测试类代码位于 mcu_test. sv,如下所示

```
parameterebi_tcov=11;
parameterebi_tcoh=1.5;

classmcu_test;

logic           mcu_clk_i;
logic           mcu_we_n_i;
logic           mcu_cs_n_i;
logic           mcu_oe_n_i;
```

```verilog
logic [15:0]    mcu_addr_i;

logic [31:0]    m_data_temp;

task automatic mcu_read(logic [23:0] addr,  \          //激励应输出的地址
                        ref logic [23:0] mcu_addr_i,  \ //激励输出地址
                        ref logic mcu_clk_i,\          //激励输出 mcu 时钟
                        ref logic mcu_cs_n_i,          //激励输出片选信号
                        ref logic mcu_oe_n_i);         //激励输出控制信号
////完成 MCU 总线读操作的控制时序
  @ (posedge mcu_clk_i);
  #ebi_tcov;
  mcu_cs_n_i=0;
  mcu_addr_i=addr;
  @ (posedge mcu_clk_i);
  #ebi_tcov;
  mcu_oe_n_i=0;
  @ (posedge mcu_clk_i);
  #ebi_tcoh;
  mcu_cs_n_i=1;
  mcu_oe_n_i=1;
  mcu_addr_i=24' hFFFFFF;
endtask

task automatic mcu_write(logic [23:0] addr,  \         //激励应输出的地址
                         logic [31:0] data,  \         //激励应输出的数据
                         ref logic [23:0] mcu_addr_i,  \//激励输出地址
                         ref logic mcu_clk_i,  \        //激励输出 mcu 时钟
                         ref logic mcu_cs_n_i,  \       //激励输出片选信号
                         ref logic mcu_we_n_i,  \       //激励输出写使能
                         ref logic [31:0] m_data_temp); //激励输出数据

//完成 MCU 总线写操作的控制时序
  @ (posedge mcu_clk_i);
  #ebi_tcov;      //11ns
  mcu_cs_n_i=0;
  mcu_addr_i=addr;
  @ (posedge mcu_clk_i);
  #ebi_tcov;
```

```
    mcu_we_n_i=0;
    m_data_temp=data;
    @ (posedge mcu_clk_i);
    #ebi_tcoh;        //1.5ns
    mcu_we_n_i=1;
    @ (posedge mcu_clk_i);
    #ebi_tcoh;        //1.5ns
    m_data_temp=32' hzzzzzzzz;
    mcu_cs_n_i=1;
    mcu_addr_i   = 24' hFFFFFF;
  endtask

endclass
```

类 mcu_test 中定义的临时寄存器 m_data_temp 用于控制激励程序中 EBI 总线的数据端口。当临时寄存器 m_data_temp 的值为高阻态 32' hzzzzzzzz 时，激励程序接收被测设计 EBI 总线数据的数据端口；当临时寄存器 m_data_temp 的值为确定值时，激励程序将设置的值发送到 EBI 总线数据的数据端口由被测设计接收。

在 EBI 接口的测试激励程序首先包含 EBI 总线测试类文件 mcu_test.sv。再例化总线测试类 mcu_test 的对象为 MCU_TEST。仿真启动后调用读任务 MCU_TEST.ebi_read 和写任务 MCU_TEST.ebi_write 实现对 EBI 总线的控制。

```
' include "mcu_test.sv"
moduletb_mcu(mcu_clk_i,\
              mcu_we_n_i,\
              mcu_cs_n_i,\
              mcu_oe_n_i,\
              mcu_addr_i,\
              mcu_data_io);

output           mcu_clk_i;
output           mcu_we_n_i;
output           mcu_cs_n_i;
output           mcu_oe_n_i;
output [23:0]    mcu_addr_i;
inout  [31:0]    mcu_data_io;

logic            mcu_clk_i;
logic            mcu_we_n_i;
logic            mcu_cs_n_i;
```

```
logic            mcu_oe_n_i;
logic [23:0]     mcu_addr_i;
wire  [31:0]     mcu_data_io;

logic [31:0]     m_data;

parameter mcu_clk_period=62.5;      //EBI 总线同步时钟周期 62.5ns

assign mcu_data_io=m_data;

mcu_test MCU_TEST;      //例化 EBI 总线测试类 mcu_test,对象为 MCU_TEST

initial                //初始化 EBI 总线端口
begin
  mcu_clk_i=1'b1;
  mcu_we_n_i=1'b1;
  mcu_cs_n_i=1'b1;
  mcu_oe_n_i=1'b1;
  mcu_addr_i=16'hFFFF;
  m_data =32'hzzzzzzzz;  //初始化内部寄存器

forever    //实现 EBI 总线同步时钟激励。总线同步时钟为 16MHz,占空比 50%
  begin
    #(mcu_clk_period / 2) mcu_clk_i= ~ mcu_clk_i;
  end
end

//
taskrun_test;
  //实现 EBI 总线读操作,总线地址为 16'h3500
MCU_TEST. mcu_read(16'h3500,mcu_addr_i,mcu_clk_i,mcu_cs_n_i,mcu_oe_n_i);

  #5us;
  //实现 EBI 总线写操作,总线地址为 16'h2700,总线数据为 32'h000005FF
MCU_TEST. mcu_write(16'h2700,32'h000005FF,mcu_addr_i,mcu_clk_i,mcu_cs_n_i,mcu_
we_n_i,m_data);
endtask

initial
```

```
begin
    run_test( );
end


endmodule
```

在调用写任务时,激励程序中的寄存器 m_data 接收写任务中的临时寄存器 m_data_temp 的值,将寄存器 m_data 的值输出到 EBI 总线的数据端口。

在激励程序中定义了任务 run_test,向 EBI 地址输出 16' h3500 读取数据,此时激励程序中将 EBI 总线的数据端口设置为高阻态,接受被测设计输出到数据端口的数据 32' h000008E5。如图 7-22 所示。

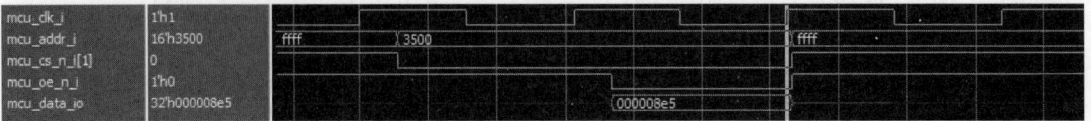

图 7-22　读任务时序图

5μs 后激励程序向地址 16' h2700 写数据 32' h000005FF。如图 7-23 所示。

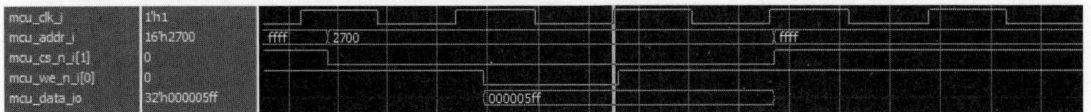

图 7-23　写任务时序图

7.4　习题

①请简述功能仿真测试方法在功能测试这一测试类型中的应用,并举例说明。

②根据表 7-5、表 7-6 的需求描述,设计测试用例并编写测试激励程序,测试 AD 接口的功能和时序满足情况。

表 7-5　ADC 信号采集

功能名称		ADC 信号采集
输入	触发事件	无
	信号	同步复位信号 内部工作时钟 AD1674 接口信号
	处理	通过 ADC 芯片采集 4 路 ADC 数据: 1. 采集频率不低于 1 kHz; 2. 流水处理后的数据存入 ADC 数据寄存器
	输出	ADC 控制信号 adc_cs_n_o、adc_ce_o、adc_rc_n_o、adc_sts_i ADC 数据 adc1_data_o、adc2_data_o、adc3_data_o、adc4_data_o

功能名称	ADC 信号采集					
说明	ADC 读时序见下图,STAND-ALONE mode,CE 为高置"1",CS#为低置"0",正脉冲方式,即 STS 为高时,R/C#赋值为低;STS 为低时,生成 R/C#为高的正脉冲。(12/8 管脚上拉,A0 下拉由电路保证)					

表 7-6　ADC 接口特性

序号	信号	名称	方向	来源/去向	描述	备注
1	片选	adc_cs_n_o	OUTPUT	ADC	ADC 控制信号 逻辑低有效	
2	使能	adc_ce_o	OUTPUT	ADC	ADC 控制信号 逻辑高有效	
3	读/转换	adc_rc_n_o	OUTPUT	ADC	ADC 控制信号 逻辑低有效	工作模式: stand_alone
4	转换完成	adc_sts_i	INPUT	ADC	ADC 控制信号 逻辑高有效	
5	数据总线	adda_data_io	IN/OUT	ADC	ADC 数据信号 数据总线位宽为 12 位	

ADC 的 stand_alone 模式接口信号时序参数要求见表 7-7。

表 7-7　模式接口信号时序参数

参数	信号	描述	说明
tHRL	R/C#	R/C#低脉冲宽度	R/C#低脉冲宽度(逻辑低)时间不小于 50 ns
tHRH		R/C#高脉冲宽度	R/C#高脉冲宽度(逻辑高)时间不小于 150 ns
tHDR	DB[0:11]	数据有效在 R/C#下降沿之后的时间	在 R/C#下降沿后数据有效时间不小于 25 ns
tDDR		数据有效在 R/C#上升沿之后的时间	在 R/C#上升沿后不大于 150 ns 后数据有效
tC		转化时间	最大值为 10 μs
tDS	STS	STS 相对于 R/C#下降沿之后的时间延迟	STS 相对于 R/C#下降沿之后变高的时间延迟不大于 200 ns
tHS		数据有效后的延时时间	最大值为 1.2 μs,最小值为 0.6 us
tHL		输出数据有效到高阻延时	最大值为 150 ns

ADC 的 stand_alone 模式时序参数参考如图 7-24 所示。

模式时序

Parameter	Symbol	I, K, A, B Grades			T Grade			Units
		Min	Typ	Max	Min	Typ	Max	
Data Access Time	t_{DDR}			150			150	ns
Low R/$\overline{C}$ Pulse Width	t_{HRL}	50			50			ns
STS Delay from R/$\overline{C}$	t_{DS}			200			225	ns
Data Valid After R/$\overline{C}$ Low	t_{HDR}	25			25			ns
STS Delay After Data Valid	t_{HS}	0.6	0.8	1.2	0.6	0.8	1.2	μs
High R/C Pulse Width	t_{HRH}	150			150			ns

NOTE
All min and max specifications are guaranteed.
Specifications subject to change without notice.

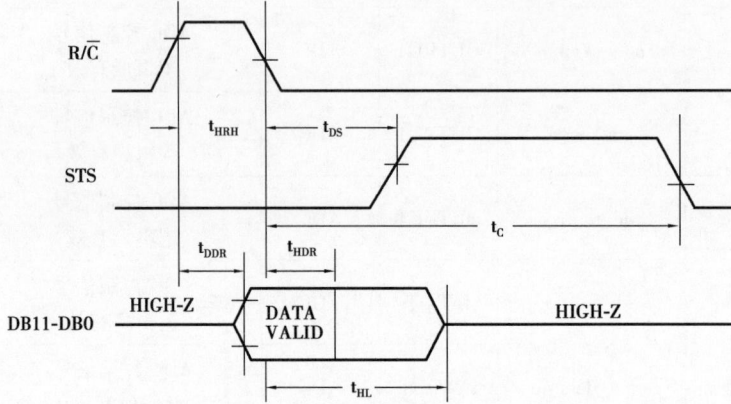

图 7-24　stand_alone 模式 R/C#高脉冲读访问时序图

8

时序仿真

时序仿真的对象是被测设计布局布线后的网表文件和包含延时信息的时延文件。作为时序测试方法之一,与静态时序分析不同的是,时序仿真不仅分析被测设计的时序性,还需搭建数字仿真平台,测试被测设计的逻辑性,其时序测试的完备性依赖于大量的仿真激励,覆盖尽可能多的时序路径,因此需耗费更久的时间;作为数字仿真方法之一,与功能仿真相同的是,时序仿真可以复用功能仿真的测试激励,但不同之处在于时序仿真需考虑内部延时,偏重测试被测设计的时序性。

8.1　时序仿真的目标

时序仿真的主要目标是测试被测设计的时序正确性和逻辑正确性。

8.2　时序仿真的方法

不同工况下,被测设计的建立时间、保持时间时延参数可能有所不同,因此时序仿真需在最大、典型和最小3种工况下测试被测设计的时序性,其仿真步骤与功能仿真类似,主要步骤如下所述。

①准备被测设计文件,包含布局布线后的网表文件和时延信息文件;

②准备时序仿真库文件,包含获取时序仿真库源文件后编译的时序仿真库文件;

③构建仿真平台,包括复用功能仿真的激励文件、顶层调用文件,以及与功能仿真类似的脚本文件等;

④仿真调试。

8.3　时序仿真实战要点

时序仿真可以复用功能仿真的仿真平台和测试激励，测试工程师在执行时序仿真时的区别主要是时序仿真需要加载时延参数信息。时延参数信息存放于时延文件中，如 SDF 文件或 SDO 文件，加载方式有 GUI 加载、脚本加载和直接网表文件加载，3 种方法通常不能同时使用。当采用 GUI 加载或脚本加载时一般需要将网表文件中的 $sdf_annotate 函数注释掉，否则时序仿真的结果会不准确。

1）GUI 加载

该方法主要通过 GUI 操作仿真工具执行仿真测试。以 QuestaSim2019 为例，在菜单栏找到 simulation→Start Simulation，打开 Start Simulation 框，首先在 Design 标签栏下的 Design Unit (s) 中选择仿真顶层模块，如图 8-1 所示。其次切换到 SDF 标签栏，如图 8-2 所示。单击"Add..."按键，启动弹出对话框"Add SDF Entry"，如图 8-3 所示。再次在"SDF File"中添加 sdf 文件或 sdo 文件，"Apply to Region"中设置延迟文件作用范围，通常例化的是被仿真的顶层模块，路径延迟可以选择 min、type、max 三种，可以进行最好情况、典型情况和最坏情况下的时序仿真。最后完成弹出对话框"Add SDF Entry"的设置后，将 SDF Options 全部勾选，单击"OK"即可。

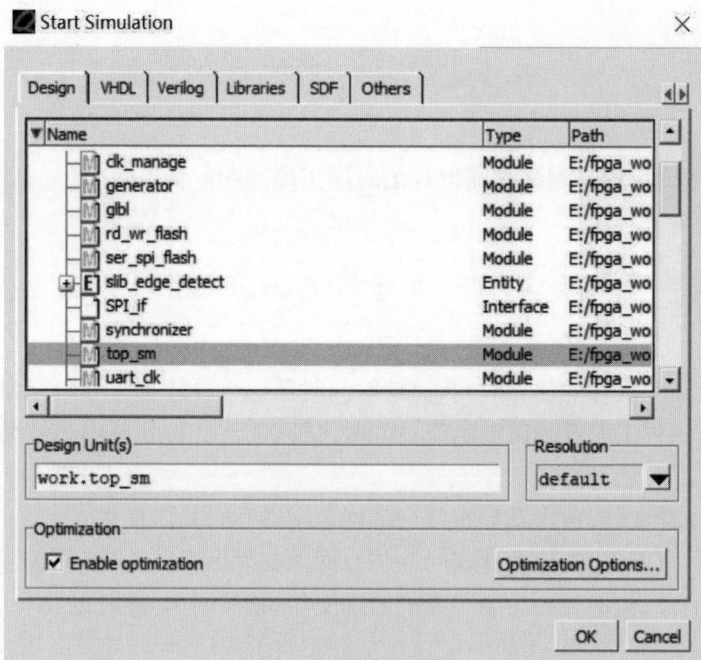

图 8-1　仿真顶层模块

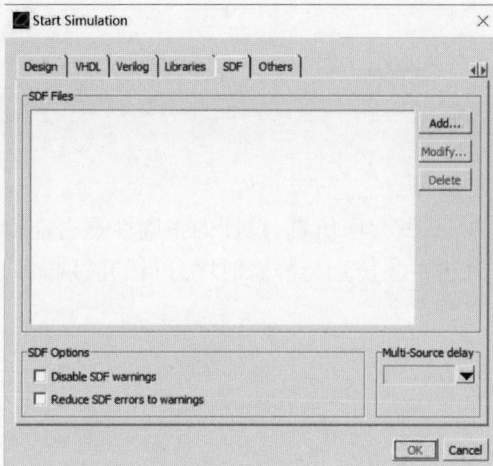

图 8-2 SDF 标签栏

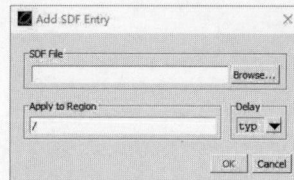

图 8-3 "Add SDF Entry"对话框

2）脚本加载

仿真工具中可以使用脚本语言执行仿真。在 QuestaSim 或 ModuleSim 中使用的脚本语言是 TCL 语言。因此在运行执行仿真命令 vsim 时，需使用该命令的参数-sdfmax、-sdftyp、-sdfmin 指定时延文件(如 sdf 文件或 sdo 文件)以及时序仿真时使用的工况是最大工况、典型工况还是最小工况，另外需要使用开关量-sdfnoerror 和-sdfnowarn，代码如下所示。

```
vsim top_sm glbl -sdfnoerror -sdfnowarn -L \
    simprims_ver -sdfmax /top_sm=./ser_spi_flash_timesim. sdf
```

3）网表文件直接加载

无论使用 GUI 加载还是脚本加载方式，仿真工具在执行仿真时，都会自动调用网表文件中的 \$sdf_annotate 函数来获取时延文件中的延时参数。

\$sdf_annotate 函数指示需要加载的 sdf 文件或 sdo 文件，其使用格式如下所示。

\$sdf_annotate（"sdf_file"［，"module_instance"］［，"sdf_configfile"］［，"sdf_logfile"］［，"mtm_spec"］［，"scale_factors"］［，"scale_type"］）；

其中：

"sdf_file"：指定 SDF 文件的路径。

"module_instance"：指定反标设计的范围(scope)。

"sdf_configfile"：指定 SDF 配置文件。

"sdf_logfile"：指定保存 error 和 warnings 消息的 SDF 日志文件。也可以使用+sdfverbose runtime option 来打印所有反标消息。

"mtm_spec"：指定延迟类型"MINIMUM（min）"，"TYPICAL（typ）"或者"MAXIMUM（max）"。

"scale_factors"：分别指定 min、typ、max 的缩放因子，默认是"1.0:1.0:1.0"。

"scale_type"：指定缩放之前延迟值得来源，"FROM_TYPICAL"，"FROM_MIMINUM"，"FROM_MAXIMUM"和"FROM_MTM"，默认为"FROM_MTM"。

可以修改 \$sdf_annotate 函数的 sdf_file 参数指定延时文件。

8.4 习题

①请简述时序仿真与功能仿真的差异与侧重点。

②请分析设计过程中如果只做功能仿真，不做时序仿真，设计的正确性是否能得到保证。

③请从测试内容和测试方法执行层面简述时序仿真与静态时序分析的区别。

9

实物测试

实物测试是在真实物理环境或被测设计硬件环境为真实物理环境、测试激励为模拟产生的半实物环境下开展的测试,其测试速度更快,测试结果更直观。

由于功能仿真为全数字仿真测试,所以可以模拟因测试环境的限制而使实物测试无法构造的极端情况,如跨边界测试场景、破坏性试验场景等;并且功能仿真的探查可以深入被测设计内部,可以弥补实物测试难以探测到的被测设计内部信号和寄存器导致的难以快速准确定位被测设计缺陷的不足;当设计比较复杂时,功能仿真在一些接口数据实时收发的测试上也有更多优势。

综上所述,实物测试与功能仿真互为补充,当被测设计的逻辑比较简单,端口变化可以直接反映内部寄存器和信号变化时,动态测试也可以只采用实物测试的方法。

9.1 实物测试的目标

与功能仿真相同,实物测试的目标是测试被测设计的逻辑正确性以及相关性能、接口、强度等需求是否被满足。

9.2 实物测试的要点

实物测试的方法是,搭建实物测试环境,对被测设计的功能、性能、接口等特性逐项开展测试,其测试要点如下所示。

①在可以连接仿真器的情况下,可以采用 ChipScope、SignalTap 等调试软件进行在线测试。

②对于可以引出的管脚信号,可以采用示波器、万用表等硬件工具进行实时测试。

③被测设计的输入激励可以是真实硬件装置产生的也可以是等效设备模拟的,当外部提供的模拟输入数据、时序与要求存在偏差时,应考虑其他适当的测试方法。

④考虑到被测设计硬件环境的安全性,一些极端情况,如超边界场景、破坏性试验场景可

能无法在实物测试环境中构造,此时可以考虑采用其他的测试方法,例如时序仿真、功能仿真、代码审查、人工代码审查,对这些极端场景进行测试。

⑤被测设计的某些功能需求可能是由内部模块实现,其相关输入输出端口没有直接连接到顶层端口,此时,无法通过实物测试直接测试该功能的满足情况,那么可以通过功能仿真、代码审查和人工代码审查覆盖对这类需求的测试。

⑥在实物测试中,测试工程师更多地关注业务层面的功能、性能、接口、安全性需求满足情况。因此,在设计实物测试的测试用例时,对于功能点的测试,除了正向测试用例外,需要更多地考虑逆向测试用例的设计,常用方法是通过信号发生器或专用测试仪器发送激励信号和数据,再通过示波器或专用测试仪器观察信号波形或输出数据;而对于性能指标的测试,在实物测试层面往往测试时间性能,常用方法是通过示波器等仪器测量时间间隔等时间数据;对于接口测试,同样也是通过信号发生器、示波器或专用测试仪器测试协议层的接口处理数据是否正确。

⑦在实物测试时,不推荐采用修改被测代码和约束文件的方式。因为修改了被测代码或约束文件后,必须经过重新综合、布局布线等处理流程才能生成可下载到目标芯片的二进制配置文件,这样的修改可能会掩盖掉设计中的错误和缺陷。

10

项目实战

本章以一个存储控制 FPGA 软件项目为例,按照 FPGA 软件测试的流程对该项目开展配置项的仿真测试和确认测试。测试过程均包括测试策划、测试设计与实现、测试执行和测试总结。涉及的测试类型包括代码审查、功能测试、性能测试、接口测试、时序测试、安全性测试。使用的测试方法包括人工代码审查、编码规则检查、跨时钟域信号分析、静态时序分析、功能仿真、时序仿真和实物测试。通常情况下,在项目实施过程中,先完成仿真测试的工作,待仿真测试过程中发现的问题关闭后,再开展确认测试。

10.1 测试输入

存储控制 FPGA 软件通过上位机的指令对 FLASH 芯片进行数据读写。

该配置项软件实现了接收串口数据、写 FLASH、读 FLASH、发送串口数据 4 个功能,并涉及串口接收、串口发送和 SPI 通信接口。软件的需求规格说明文档作为测试输入文档,按照《军用可编程逻辑器件软件文档编制规范》(GJB 9764—2020)的要求编制了项目的需求项,对软件各单元模块的连接关系和需要实现的功能进行了阐述,对各个接口的数据帧格式要求和通信时序要求进行了描述,并规定了该配置项软件的性能指标、安全性要求以及开发语言和开发环境,详见 11.1 节的《存储控制 FPGA 软件需求规格说明》。被测设计源代码见 11.9 节。

10.2 测试策划

作为测试工作的第一阶段,除安排测试的进度、策略、资源等计划外,测试策划阶段一项重要工作是对需求规格说明文档中的需求项进行分析,确定所需的测试类型,以及测试类型中的测试项,并在测试项中明确与需求规格说明中需求项的追踪关系,测试目的、测试方法等。在设计测试项时,需要充分考虑正常情况和可能出现的异常情况。

本项目需求规格说明 3.2.4 节中要求"接收串口数据,解析串口命令,提取地址和数据。

串口输入信号 rx_i 进入 FPGA 软件后先进行同步处理,解决异步输入信号的跨时钟域问题。串口每次接收 8 bit 数据,数据帧长度为 48 bit,前 16 bit 为帧头,后 32 bit 为帧数据。当读取到帧头 0xeb90 后,继续接收帧数据,帧数据接收完成后发送完成标志。当读取到的帧头不为 0xeb90 时,则认为是无效帧,重新开始帧头检测。"针对该需求的仿真测试的测试项见表 10-1。

表 10-1　仿真测试的测试项

测试项	串口接收功能测试	测试项标识	UART2SPI-FT-004
需求追踪	需求规格说明 3.2.4		
测试目的	测试串口接收数据功能是否实现正确		
测试级别	配置项测试	测试类型	功能测试
测试项说明	按照通信协议要求发送 FLASH 操作命令,操作命令能被正确解析 未按照通信协议要求发送 FLASH 操作命令,操作命令不能被正确解析		
测试方法	功能仿真		

针对该需求的确认测试的测试项见表 10-2。

表 10-2　确认测试的测试项

测试项	串口接收功能测试	测试项标识	UART2SPI-FT-001
需求追踪	需求规格说明 3.2		
测试目的	测试串口接收数据功能是否实现正确		
测试级别	配置项测试	测试类型	功能测试
测试项说明	按照通信协议要求发送 FLASH 操作命令,操作命令能被正确解析 未按照通信协议要求发送 FLASH 操作命令,操作命令不能被正确解析		
测试方法	实物测试		

对每个测试项的测试必须充分,因此需要从不同的测试角度,设计不同的任务模式。在测试项说明中需要按条目对不同的任务模式进行说明。在本项目中仿真测试和确认测试计划的测试类型包括:代码审查、功能测试、性能测试、接口测试、时序测试和安全性测试(其中仿真测试和确认测试的代码审查含人工代码审查和编码规则检查),安全性测试采用跨时钟域信号分析。仿真测试中的功能测试、性能测试、接口测试采用功能仿真的方法,时序测试采用静态时序分析和时序仿真。确认测试中的功能测试、性能测试、接口测试采用实物测试的方法,时序测试仅采用静态时序分析。仿真测试计划的示例见附录 2《存储控制 FPGA 软件仿真测试计划》,确认测试计划的示例见附录 6 的《存储控制 FPGA 软件确认测试计划》。

10.3　测试设计与实现

当测试策划过程结束后,则进入测试设计和实现过程。在测试设计和实现过程中,主要对测试计划中的测试项进行分解,形成多个可执行、可操作的测试用例。

在测试用例通常使用表格形式呈现,每个测试用例至少应包括测试用例名称、标识、与测试项的追踪关系,以及测试级别和测试方法,对测试目的进行说明,明确测试的终止条件。

在仿真测试用例的设计中,需要具体说明输入各信号的初始值,信号之间的输入时序,输入数据,仿真执行的时间,以及预期结果,评估预期结果的方法。

仿真测试计划中的"串口接收功能测试"测试项,在测试说明中被分解为"串口接收功能测试 1"和"串口接收功能测试 2",分别测试 FLASH 操作命令正常情况和 FLASH 操作命令异常情况的串口接收功能,测试用例见表 10-3、表 10-4。

表 10-3　串口接收功能测试—正常（仿真测试）

测试用例名称	串口接收功能测试—正常	测试用例标识	UART2SPI-FT-004-001
测试追踪	5.2.4 串口接收功能测试		
测试级别	配置项测试	测试类型	功能测试
测试方法	功能仿真		
测试说明	编写仿真激励程序,通过 FPGA 软件接收串口,模拟数据按 FPGA 软件接收串口时序要求发送激励		
终止条件	正常终止条件:按正常测试步骤完成测试过程 异常终止条件:被测可编程逻辑器件功能实现错误、测试用例设计错误、操作错误、测试环境出现异常情况		
测试输入及操作说明	系统时钟 clk_i:29.4912 MHz,占空比 50% 复位信号 rst_n_i:初始值置为 0;10 μs 后置为 1 FPGA 接收串口 rx_i:初始值置为 1;25 μs 后发送写 FLASH 操作命令,写命令帧头为 0XEB90,命令为 0X55,地址为 0X0001,数据为 0XA5;25 μs 后发送读 FLASH 操作命令,读命令帧头为 0XEB90,命令为 0XAA,地址为 0X0001 仿真时间:1 ms		
预期测试结果	通过波形窗口观察 FPGA 接收串口发送写 FLASH 操作命令时,连接 FLASH 的 SPI 接口按协议发送写使能命令和编程命令 FPGA 接收串口发送读 FLASH 操作命令时,连接 FLASH 的 SPI 接口按协议发送读数据命令		
评估准则	检查测试结果与设计要求是否一致。是:通过。否:不通过		
假定约束条件	被测件源代码完整		
测试人员		测试日期	

表 10-4　串口接收功能测试—异常（仿真测试）

测试用例名称	串口接收功能测试—异常	测试用例标识	UART2SPI-FT-004-002
测试追踪	5.2.4 串口接收功能测试		
测试级别	配置项测试	测试类型	功能测试
测试方法	功能仿真		

续表

测试说明	编写仿真激励程序,通过 FPGA 软件接收串口模拟数据,按 FPGA 软件接收串口时序要求发送激励。按 FPGA 软件连接 FLASH 的 SPI 接口时序发送回传数据
终止条件	正常终止条件:按正常测试步骤完成测试过程 异常终止条件:被测可编程逻辑器件功能实现错误、测试用例设计错误、操作错误、测试环境出现异常情况
测试输入及操作说明	系统时钟 clk_i:29.4912 MHz,占空比 50% 复位信号 rst_n_i:初始值置为 0;10 μs 后置为 1 FPGA 接收串口 rx_i:初始值置为 1;25 μs 后发送写 FLASH 操作命令,写命令帧头为 0XEB91,命令为 0X55,地址为 0X0001,数据为 0XA5 仿真时间:1 ms
预期测试结果	通过波形窗口观察 FPGA 接收串口发送写 FLASH 操作命令时,连接 FLASH 的 SPI 接口按协议不发送写使能命令和编程命令
评估准则	检查测试结果与设计要求是否一致。是:通过。否:不通过
假定约束条件	被测件源代码完整
测试人员		测试日期	

在确认测试用例的设计中,需要具体说明测试输入的步骤输入数据,以及预期结果,评估预期结果的方法。

确认测试计划中的"串口接收功能测试"测试项,在测试说明中被分解为"串口接收功能测试 1"和"串口接收功能测试 2",分别测试 FLASH 操作命令正常情况和 FLASH 操作命令异常情况的串口接收功能,测试用例见表 10-5、表 10-6。

表 10-5 串口接收功能测试 1(确认测试)

测试用例名称	串口接收功能测试 1	测试用例标识	UART2SPI-FT-001-001
测试追踪	5.2.1 串口接收功能测试		
测试级别	配置项测试	测试类型	功能测试
测试方法	实物测试		
测试说明	测试当上位机通过串口按照串口协议要求下发命令时,FPGA 软件是否能通过 RX 接口接收上位机下发的命令,并是否能够正确解析命令		
终止条件	正常终止条件:按正常测试步骤完成测试过程。 异常终止条件:被测可编程逻辑器件功能实现错误、测试用例设计错误、操作错误、测试环境出现异常情况		
测试输入及操作说明	上位机通过串口调试助手发送操作命令: 发送写 FLASH 操作命令,写命令帧头为 0XEB90,命令为 0X55,地址为 0X1000,数据为 0XAA; 发送读 FLASH 操作命令,读命令帧头为 0XEB90,命令为 0XAA,地址为 0X0001		

续表

测试用例名称	串口接收功能测试1	测试用例标识	UART2SPI-FT-001-001
预期测试结果	通过示波器观察,串口接收到的数据与串口调试助手发送的数据一致。上位机不能正常读取 FLASH 通过 FPGA 回传的数据 0XAA		
评估准则	检查测试结果与设计要求是否一致。是:通过。否:不通过		
假定约束条件	系统输入时钟 29.4912 MHz		
测试人员		测试日期	

表 10-6　串口接收功能测试 2(确认测试)

测试用例名称	串口接收功能测试2	测试用例标识	UART2SPI-FT-001-002
测试追踪	5.2.1 串口接收功能测试		
测试级别	配置项测试	测试类型	功能测试
测试方法	实物测试		
测试说明	测试当上位机通过串口按照串口协议要求下发命令时,FPGA 软件是否能通过 RX 接口接收上位机下发的命令,并是否能够正确解析命令		
终止条件	正常终止条件:按正常测试步骤完成测试过程 异常终止条件:被测可编程逻辑器件功能实现错误、测试用例设计错误、操作错误、测试环境出现异常情况		
测试输入及操作说明	上位机通过串口调试助手发送操作命令: 发送写 FLASH 操作命令,写命令帧头为 0XEB91,命令为 0X55,地址为 0X1000,数据为 0XAA; 发送读 FLASH 操作命令,读命令帧头为 0XEB90,命令为 0XAA,地址为 0X0001		
预期测试结果	通过示波器观察,串口接收到的数据与串口调试助手发送的数据一致。上位机不能正常读取 FLASH 通过 FPGA 回传的数据		
评估准则	检查测试结果与设计要求是否一致。是:通过。否:不通过		
假定约束条件	系统输入时钟 29.4912 MHz		
测试人员		测试日期	

　　测试输入及操作说明中除了通过文字描述输入信号外,也可以采用时方图,状态转换图等方式。

　　本项目仿真测试说明的示例见附录3《存储控制 FPGA 软件仿真测试说明》,确认测试说明的示例见附录 7 的《存储控制 FPGA 软件确认测试说明》。

10.4　测 试 执 行

　　当测试设计与实现过程结束后,则进入测试执行过程。在测试执行中以测试用例为输入使用不同的测试方法，按照测试用例中的测试输入及操作说明，逐条执行，并考查执行结果及实训结果是否与预期测试结果一致，从而判断是否发现问题。

在测试执行过程中发现的问题被记录在软件问题报告单中，见附录 5《存储控制 FPGA 软件问题报告单》。

在测试执行过程中的测试用例执行结果，可以记录在单独的《软件测试记录》文档中，也可以作为测试报告的附件，作为软件测试报告的一部分。

10.4.1　人工代码审查

以接收串口数据模块为例，人工审查串口输入信号处理的代码。

串口外部输入信号 rx_i 从顶层进入后，直接传入串口接收模块 Uart_Rx 进行处理。Uart_Rx 模块的例化见顶层代码 ser_spi_flash.v。

```
Uart_Rx Uart_Rx_ATP_inst0(
    .CLK(clk3m6864hz),
    .RSTn(sys_rst_n),
    .RX_Pin_In(rx_i),
    .RX_En_Sig(1'b1),
    .rec_done,
    .yk_data(ATP_rec)
    );
```

串口接收模块使用的时钟为时钟分频模块产生的串口接收时钟 clk3m6864hz，复位采用系统复位信号 sys_rst_n。rx_i 传入 Uart_Rx 后首先进行同步处理，Uart_Rx.v 文件中例化同步器代码如下所示。

```
synchronizer #(
    .SYNC_FF_WIDTH(1)
) synchronizer_rx (
    .clk_i(CLK),
    .rst_n_i(RSTn),
    .dff_i(RX_Pin_In),
    .sync_dff_o(RX_Pin_In_syn)
);
```

同步处理后的信号 RX_Pin_In_syn 传入信号沿检测模块 slib_edge_detect 检测信号下降沿，同时传入串口信号解析模块 rx_control_module。代码如下所示。

```
slib_edge_detect slib_edge_detect_inst0(
.CLK(CLK),       //: in std_logic;      -- Clock
.RST(!RSTn),     //: in std_logic;       -- Reset
.D(RX_Pin_In_syn),     //: in std_logic;       -- Signal input
```

```
.RE( ),//: out std_logic;      -- Rising edge detected
.FE( H2L_Sig)//: out std_logic      -- Falling edge detected
);


rx_control_module rx_control_module_inst0
(
.CLK( CLK ),      //顶层的 CLK
.RSTn( RSTn ),      //顶层的复位信号
.H2L_Sig( H2L_Sig ),      //来自 slib_edge_detect 模块中的开始的信号
.RX_En_Sig(RX_En_Sig),      //来自顶层的使能信号,固化为 1
.RX_Pin_In( RX_Pin_In_syn ),      //串口输入信号
.BPS_CLK(BPS_CLK),      //来自 rx_bps_module 模块中的采集脉冲
.Count_Sig(Count_Sig),      //发送给 rx_bps_module 模块表示是否正在传输的信
号线
.RX_Data(RX_Data),      //对数据位的数据进行串转并之后输出的 8 bit 并口数据
.RX_Done_Sig(RX_Done_Sig) //产生的传输完成的脉冲
);
```

串口输入信号进入串口解析模块 rx_control_module 后,按照串口协议,先检测起始位,随后接收 8 bit 数据位,将串行数据转化为 8 bit 的并行数据。接收顺序为先接收低位,再接收高位。当 8 bit 数据接收完成后,设置接收完成标志位,该标志位为一个高电平脉冲,脉冲宽度为一个时钟周期,代码如下所示。

```
case (i)
4'd0 :  //检测到下降沿  //通信开始的信号
    if( H2L_Sig) begin i <= i+1'b1; isCount <= 1'b1; end
4'd1 ://起始位
    if( BPS_CLK) begin i <= i+1'b1; end
4'd2,4'd3,4'd4,4'd5,4'd6,4'd7,4'd8,4'd9 ://数据位的存储 先低位后高位
    if( BPS_CLK) begin i <= i+1'b1; rData[i-2] <= RX_Pin_In; end
4'd10 :  //停止位
    if( BPS_CLK) begin i <= i+1'b1; end
4'd11 :
    begin i <= i+1'b1; isDone <= 1'b1; isCount <= 1'b0; end
4'd12 :
    begin i <= 1'b0; isDone <= 1'b0; end
endcase
```

串口解析模块 rx_control_module 输出的 8 bit 即 1 个字节并行数据和传输完成的脉冲标志传入组帧模块 rx_data_pack,代码如下所示。

```
case（i）
4'd0 :
    begin yk_data[47:40] <= RX_Data; i <= i + 4'd1; rec_done <= 1'd0; end
4'd1 :
    begin yk_data[39:32] <= RX_Data; i <= i + 4'd1; end
4'd2 :
    begin yk_data[31:24] <= RX_Data; i <= i + 4'd1; end
4'd3 :
    begin yk_data[23:16] <= RX_Data; i <= i + 4'd1; end
4'd4 :
    begin yk_data[15:8] <= RX_Data; i <= i + 4'd1; end
4'd5 :
    begin yk_data[7:0] <= RX_Data; rec_done <= 1'd1; end
endcase
```

在该模块中，将 6 个字节的数据组合为一帧 48 bit 数据，完成串口数据接收功能，传入后续模块处理。

但是由于在一帧数据组合结束时，寄存器 i 没有清零，导致在第一帧数据接收完成后，无法接收后续的数据。因此将分支结束时的代码修改如下所示。

```
4'd5 :
    begin yk_data[7:0]    <= RX_Data; i <= 4'd0; rec_done <= 1'd1; end
```

设计方在修改代码后重新提交进行回归测试，测试工程师可以认为修改后的这段代码实现的逻辑与需求文档中的要求一致，代码结构合理，可读性好。该测试用例的回归测试结果为通过。

10.4.2 编码规则检查

本项目采用编码规则检查工具 HDL Designer 对设计的源文件进行编码规则检查，使用的规则集为 HDL Designer 自带的符合 DO-254 编码规范的规则集。

运行 HDL Designer，根据提示创建 verification_test 工程，并设置好工程名、存储路径等相应的选项，如图 10-1、图 10-2 所示。

根据创建工程向导，按照默认选项进入"Project Content"，选择"Add existing design files"，如图 10-3 所示。

导入外部设计，这里我们漏选了文件 rd_wr_flash_wrapper. v 文件，如图 10-4 所示。

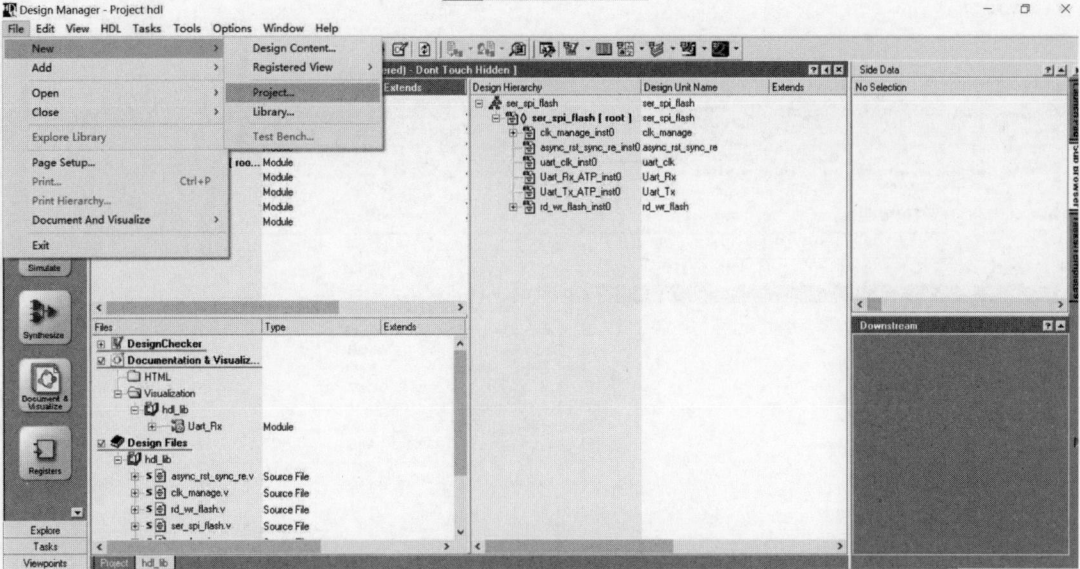

图 10-1 创建工程（1）

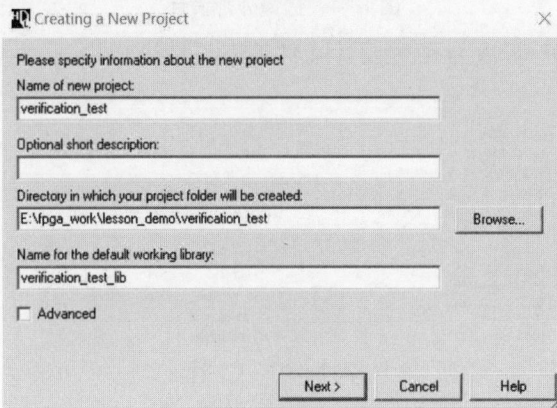

图 10-2 创建工程（2）

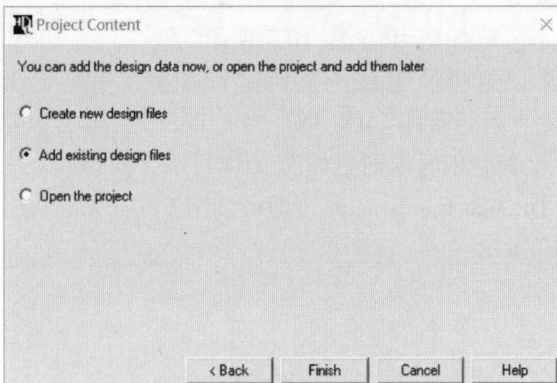

图 10-3 添加外部设计操作

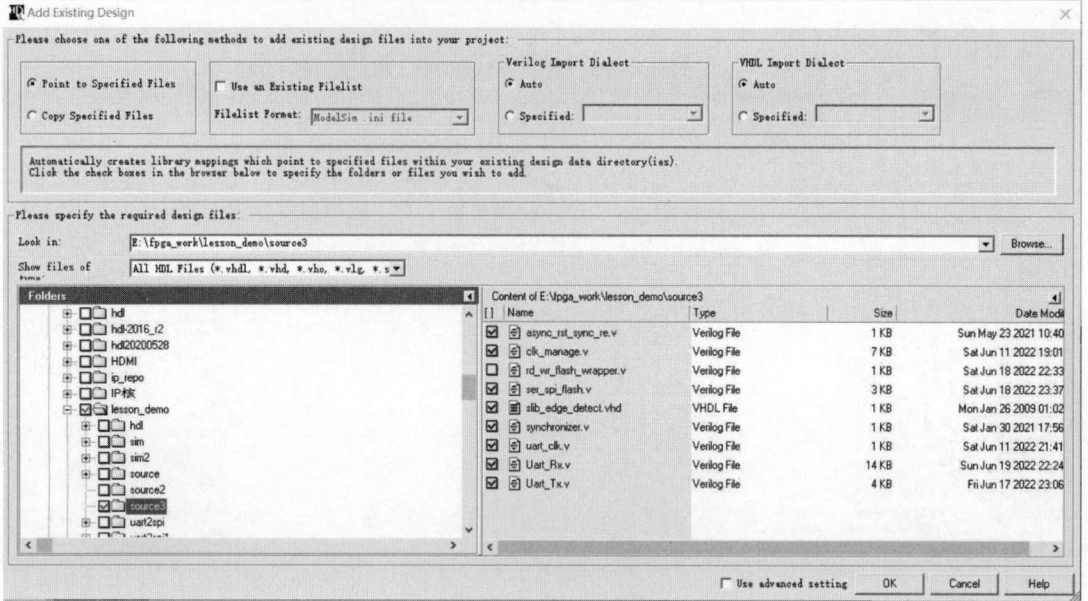

图 10-4　选择外部设计

导入设计后，HDLDesigner 自动对设计文件的完整性进行检查，发现文件缺失，如图 10-5 所示。

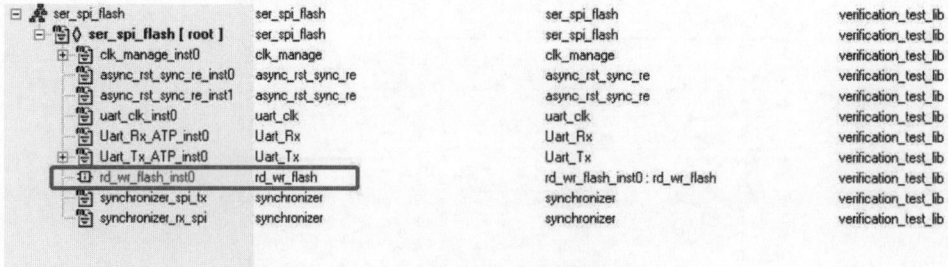

图 10-5　文件缺失

添加缺失文件，在 Design Unit 窗口中，按鼠标右键，选择"Add"→"Exiting files"，导入缺失文件 rd_wr_flash_wrapper.v，如图 10-6，图 10-7 所示。

在 Design Exploer 窗口，选择设计顶层，然后在 Files 窗口中选择 Design Checker，展开 Polices 选项，最后选中想要使用的策略"MY_DO-254_Policy"，单击鼠标右键选择"Set Default Policy"。设置编码规则检查使用的规则集如图 10-8 所示。在 Check 按钮上单击右键，弹出一个选择菜单，选择"Run Through Components"，即可调用 Design Checker 工具，对其做设计规则检查，如图 10-9、图 10-10 所示。

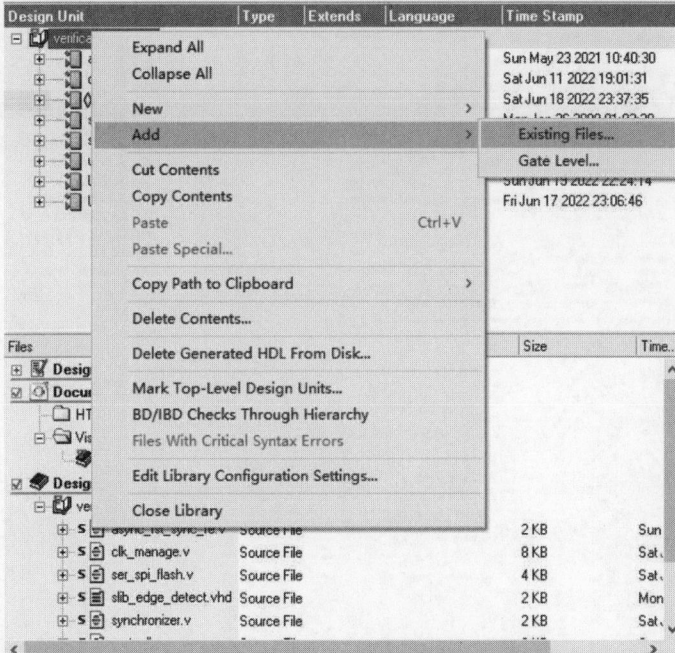

图 10-6　导入缺失文件(1)

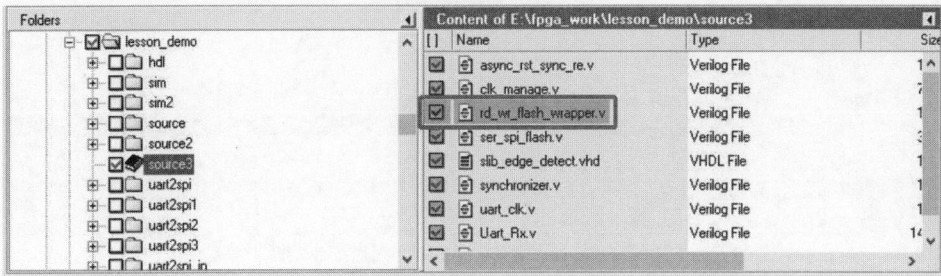

图 10-7　导入缺失文件(2)

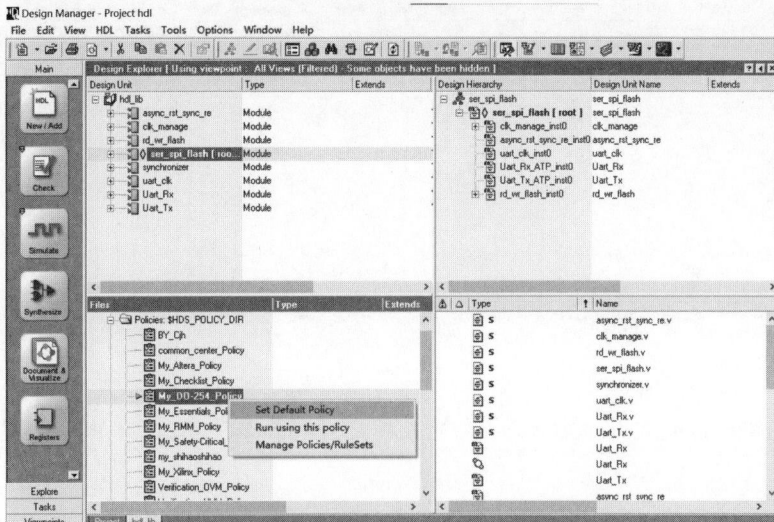

图 10-8　设置编码规则检查使用的规则集

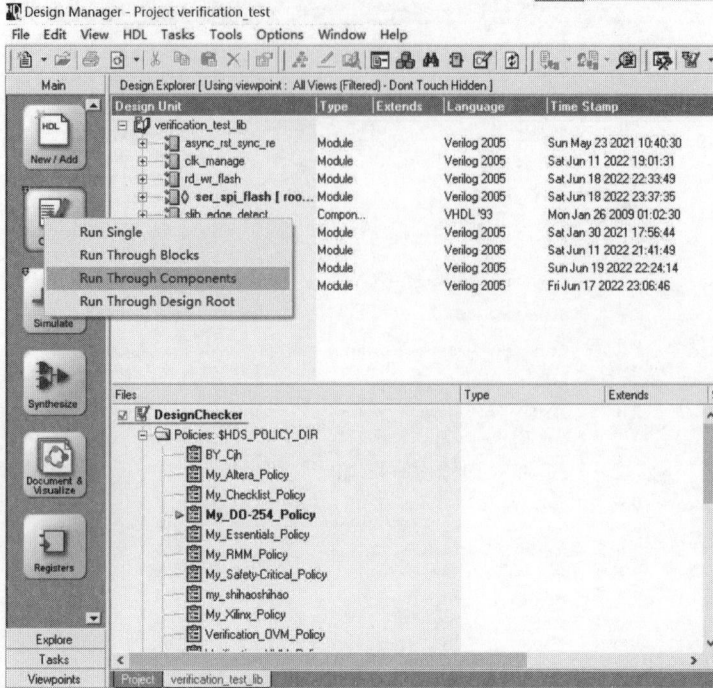

图 10-9　执行规则检查

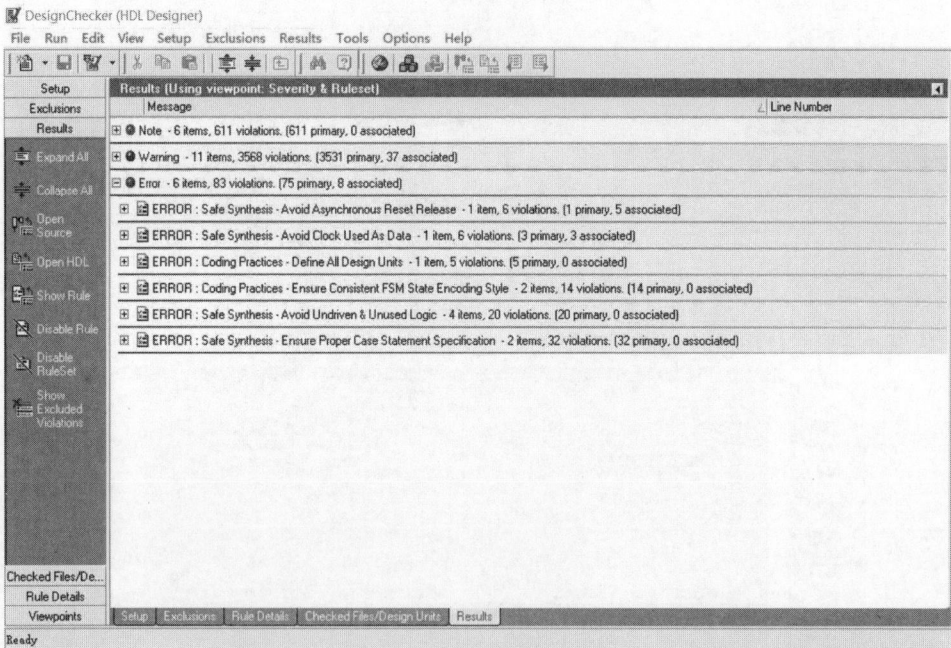

图 10-10　规则检查结果

根据 MY_DO-254_Policy 策略所检查结果，查看"Error"和"Warning"信息，如图 10-11
所示。

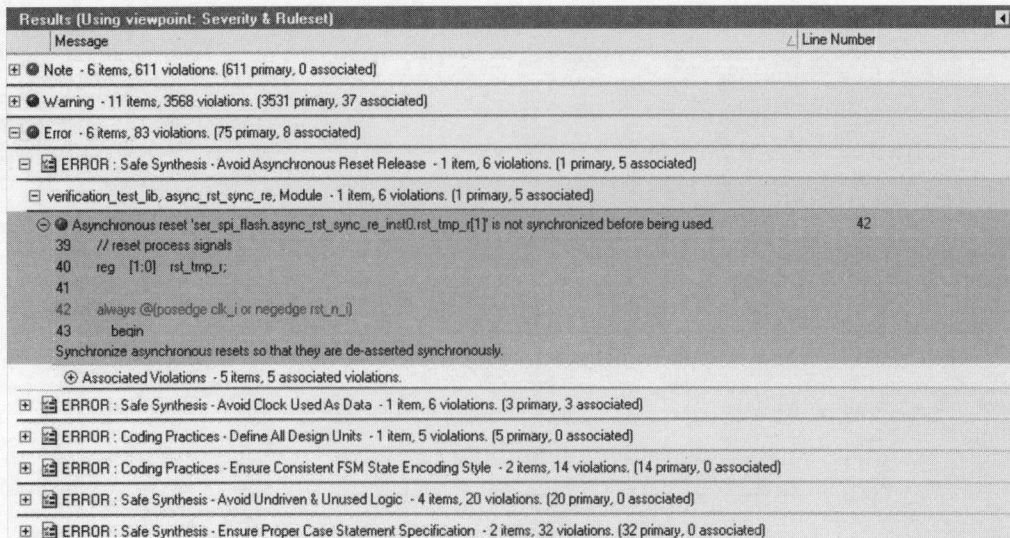

图 10-11　查看错误和警告信息

导出检查结果文件,作为评估依据,如图 10-12,图 10-13 所示。导出的结果文件可以根据需要选择为 CSV 文件、TSV 文件或 HTML 文件。

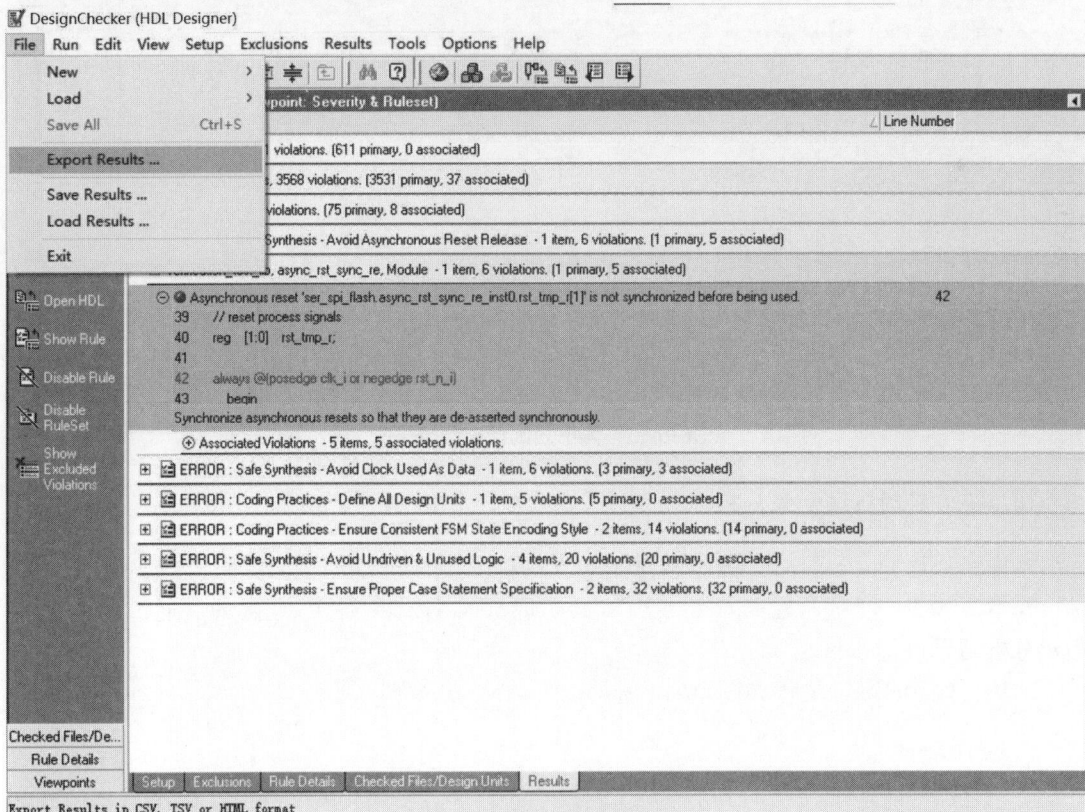

图 10-12　导出规则检查结果 1

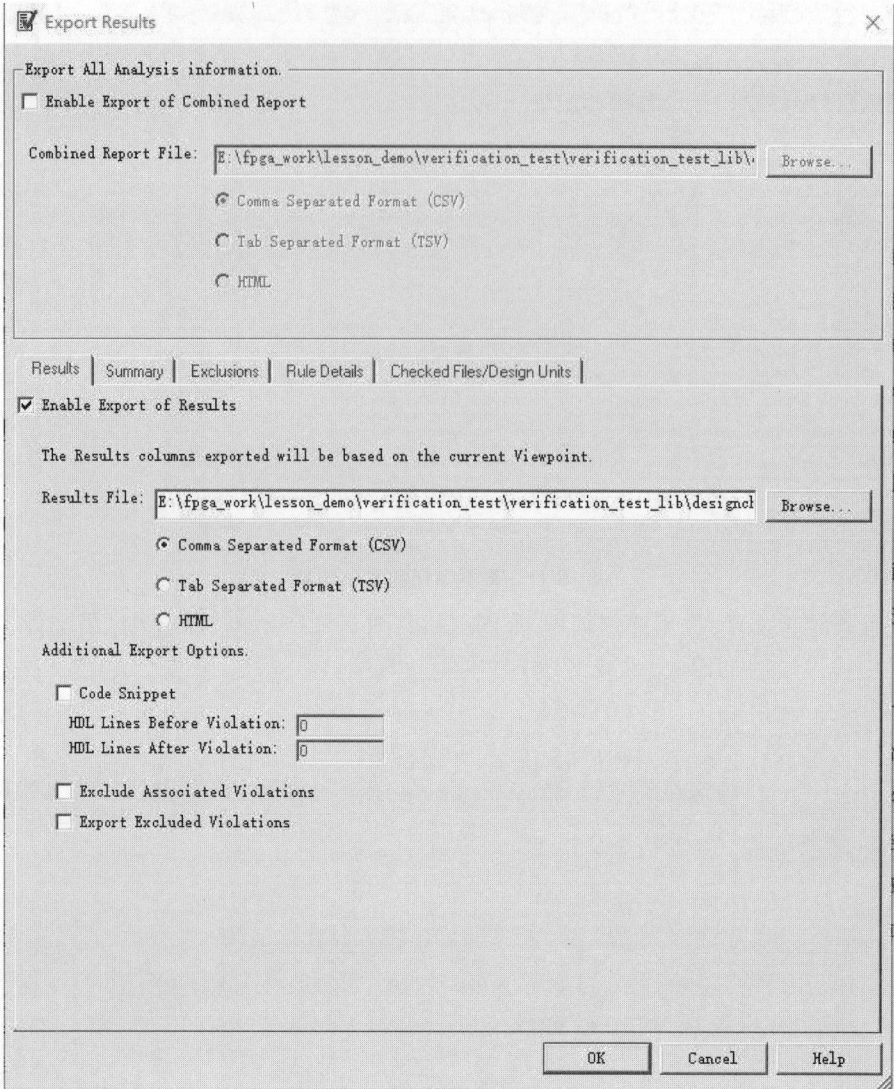

图 10-13　导出规则检查结果 2

10.4.3　跨时钟域信号分析

本项目采用 QuestaCDC 工具脚本操作的方式对设计的源文件进行跨时钟域信号分析。

脚本语句集中预编写在 Makefile 文件中,实现 CDC 操作的各个步骤,最后通过图形化界面对分析结果进行 debug。

本项目的 Makefile 文件如图 10-14 所示。

```
INSTALL := $(shell qverify -install_path)
VLIB = $(INSTALL)/share/modeltech/bin/vlib
VLOG = $(INSTALL)/share/modeltech/bin/vlog
VCOM = $(INSTALL)/share/modeltech/bin/vcom
VSIM = $(INSTALL)/share/modeltech/bin/vsim


run_vl: c_vl cdc

##############################################################################
# Compile design
##############################################################################
c_vl compile_vl:
    rm -rf work
    $(VLIB) work
    $(VLOG) +acc -f qft_files/flist.vl
    $(VCOM) +acc -f qft_files/flist.vh

##############################################################################
# Run CDC
##############################################################################
cdc:
    rm -rf log_cdc
    qverify -c -od log_cdc -do qft_files/run_cdc.do

##############################################################################
# Debug CDC
##############################################################################
debug:
    qverify log_cdc/cdc.db


##############################################################################
# Clean Directory
##############################################################################
clean:
    qverify_clean
    rm -rf log_* work *.log


##############################################################################
# Regressions
##############################################################################
REGRESS_FILE_LIST = \
    log_pc_proto/formal_verify.rpt

regression: clean c_vh cdc
    @rm -f regress_file_list
    @echo "# This file was generated by make" > regress_file_list
    @/bin/ls -1 $(REGRESS_FILE_LIST) >> regress_file_list
    @chmod -w regress_file_list
```

图 10-14　Makefile 文件

在 Makefile 中,主要完成编译 RTL 设计和运行 CDC 分析 RTL 设计两个主要步骤。

1)编译 RTL 设计

(1)进入工作目录(图 10-15)

```
>> cd /home/fpga/CDC_work/ser2spi_3/
```

图 10-15　进入工作目录

(2)建立库(vlib)

用户在开始编译源文件之前,必须要建立一个工作库,工作库用于存储源代码编译之后的结果。用户可以通过图形界面操作方式建立:File→New→Library,或者也可以通过在命令行中调用 vlib 命令(vlib work)建立,代码如图 10-16 所示。

```
INSTALL := $(shell qverify -install_path)
VLIB = $(INSTALL)/share/modeltech/bin/vlib
VLOG = $(INSTALL)/share/modeltech/bin/vlog
VCOM = $(INSTALL)/share/modeltech/bin/vcom
VSIM = $(INSTALL)/share/modeltech/bin/vsim

run_vl: c_vl cdc

########################################################
# Compile design
########################################################
c_vl compile_vl:
    rm -rf work
    $(VLIB) work
```

图 10-16　vlib 命令代码

（3）编译设计代码

用户编译不同的设计代码需要使用不同的编译命令。

用户使用 vlog 命令编译 Verilog/SystemVerilog 代码。编译的时候不需要对 Verilog/Sys-temVerilog 文件指定编译顺序。Verilog/SystemVerilog 文件的文件列表存放在 flist.vl 中，文件列表如图 10-17 所示。

```
./src/vlog/async_rst_sync_re.v
./src/vlog/rd_wr_flash.v
./src/vlog/ser_spi_flash.v
./src/vlog/synchronizer.v
./src/vlog/uart_clk.v
./src/vlog/Uart_Rx.v
./src/vlog/Uart_Tx.v
./src/vlog/clk_manage.v
```

图 10-17　Verilog/SystemVerilog 文件列表

使用 vcom 命令编译 VHDL 代码。编译的时候需要对 VHDL 文件指定编译顺序。Vhdl 文件的文件列表存放在 flist.vh 中，列表如图 10-18 所示。

```
./src/vhdl/slib_edge_detect.vhd
########################################################
INSTALL := $(shell qverify -install_path)
VLIB = $(INSTALL)/share/modeltech/bin/vlib
VLOG = $(INSTALL)/share/modeltech/bin/vlog
VCOM = $(INSTALL)/share/modeltech/bin/vcom
VSIM = $(INSTALL)/share/modeltech/bin/vsim

run_vl: c_vl cdc

########################################################
# Compile design
########################################################
c_vl compile_vl:
    rm -rf work
    $(VLIB) work
    $(VLOG) +acc -f qft_files/flist.vl
    $(VCOM) +acc -f qft_files/flist.vh
```

图 10-18　Vhdl 文件列表

2）运行 CDC 分析 RTL 设计

①添加约束指令。用户可以在 CDC 命令行中增加 TCL 约束命令，指定 CDC 分析中的时序信息和初始化配置信息，比较推荐的做法是把 TCL 约束命令写到 Do 脚本文件中，便于以后重用，推荐的一种添加约束指令代码如图 10-19 所示。

```
onerror {exit}
###### add directives
netlist clock clk_i                              -period 33.908              -group sys_grp
netlist clock clk_manage_inst0.CLK_OUT1          -period 16.954              -group uart_grp
netlist clock clk_manage_inst0.CLK_OUT2          -period 33.333              -group spi_grp
netlist reset rst_n_* -active_low -async

###### add CDC directives
netlist port domain rst_n_i       -clock sys_clk
netlist port domain rx_i          -clock sys_clk
netlist port domain sdo_i         -clock clk30m


###### Run CDC
cdc run -d ser_spi_flash

cdc generate tree -reset reset_tree.rpt
cdc generate tree -clock clock_tree.rpt
###### exit
exit
```

图 10-19　添加约束指令代码

②执行 CDC 分析 RTL 设计。执行 Makefile 文件代码如图 10-20 所示。

```
run_vl: c_vl cdc
```

```
##############################################################################
# Run CDC
##############################################################################
cdc:
        rm -rf log_cdc
        qverify -c -od log_cdc -do qft_files/run_cdc.do
```

图 10-20　执行 CDC 分析的 Makefile 文件代码

CDC 分析 RTL 设计代码如图 10-21 所示。

```
>> make run_vl
```

图 10-21　CDC 分析 RTL 设计代码

③检查错误和告警信息。用户在执行完"CDC 分析 RTL 设计"之后，可以通过生成结果里面的 cdc_run.log 文件查看错误和告警信息，如图 10-22 所示。

```
>> cat log_cdc/cdc_run.log
```

```
Message Summary
-------------------------------------------------------------------
Count  Type      Message ID      Summary
-------------------------------------------------------------------
    1  Warning   hdl-271         Reconvergence is not enabled.
    5  Warning   parser-285      Vopt warning.
    3  Warning   parser-47       Unresolved module.
    1  Info      cdc-44          Clock processing done.
    3  Info      elaboration-4   Considering module as a black box.
    1  Info      hdl-222         Possible dead end CDC paths not reported.
    1  Info      reset-4         Reset detection done.

Summary: 9 Warnings in processing "cdc run"
Final Process Statistics: Max memory 631MB, CPU time 2s, Total time 3s
End of log Tue Jun 21 04:24:52 2022
```

图 10-22　查看错误和告警信息

3)人工分析 CDC 结果

用户通过 CDC 图形界面分析 CDC 运行结果。

①启动 CDC 图形界面并加载 CDC 检查结果,Makefile 文件如图 10-23 所示。

```
#######################################################
# Debug CDC
#######################################################
debug:
    qverify log_cdc/cdc.db
```

图 10-23　Makefile 文件

②启动 CDC 图形界面如图 10-24 所示。

```
>> make debug
```

图 10-24　启动 CDC 图形界面

用户可以在 CDC checks 窗口中看到 CDC 分析的详细结果,如图 10-25 所示。

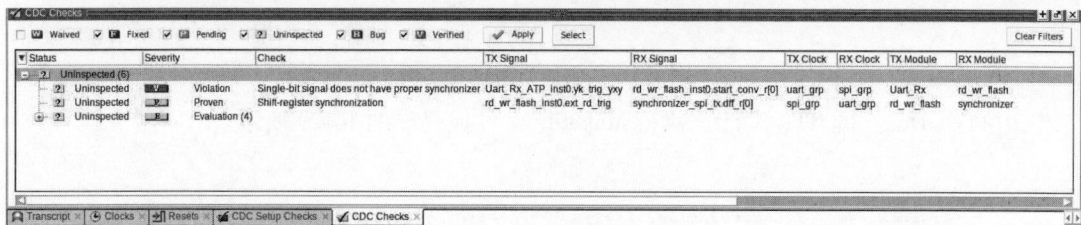

图 10-25　CDC checks 窗口

结果数据分以下 3 类。

a. Violation。设计中存在跨时钟域冲突,Violation 是严重的错误提示,用户应该仔细分析错误情况后修改设计代码。

b. Caution。设计中可能存在跨时钟域冲突,Caution 是报警提示,用户应该仔细分析报警情况,确认冲突是否真实存在。

c. Evaluation /Proven。设计中存在的跨时钟域正确电路,Evaluation 指设计内部的跨时钟域电路,Proven 指设计接口处的跨时钟域电路。

由 CDC Check 窗口可以看到,设计中存在一个单 bit 信号缺少同步器的跨时钟问题。该跨时钟域问题的发送信号是 Uart_Rx_ATP_inst0. rec_done,接收信号是 rd_wr_flash_inst0. start_conv_r[0]。发送域的时钟属于时钟组 uart_grp,接收域的时钟属于时钟组 spi_grp。发送域的模块是 Uart_Rx,接收域的模块是 rd_wr_flash,如图 10-26 所示。

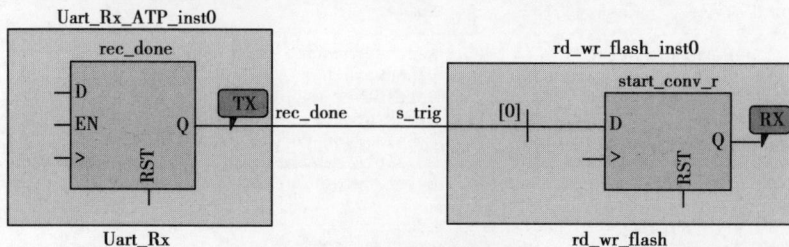

图 10-26　跨时钟问题

由此可见,信号 red_done 属于模块 Uart_Rx,其时钟信号为 clk3m6864hz。该信号直接发送给接收时钟域。接收时钟域中的寄存器 start_conv_r[0] 直接接收了该信号。而 start_conv_r[0] 位于模块 rd_wr_flash。模块 rd_wr_flash 的时钟为 clk30m。clk30m 与 clk3m6864hz 分属两个不同时钟域,因此需要一个单 bit 信号同步器对信号 red_done 进行同步后再发送给模块 rd_wr_flash。

添加同步器 synchronizer_rx_spi,代码如图 10-27 所示。

```
rd_wr_flash rd_wr_flash_inst0(
    .clk30m(clk30m),
    .rst_n(spi_rst_n),
    .watch_dog(watch_dog),
    .hold_n(hold_on_o),
    .wp_n(wp_n_o),
    .cs_n(cs_n_o),
    .so(sdo_i),
    .si(sdi_o),
    .sck(sck_o),
    .s_trig(rec_done_sync),
    .spi_cmd(ATP_rec[31:0]),
    .ext_rd_trig(ext_rd_trig),
    .rd_data(rd_data)
);

synchronizer #(
    .SYNC_FF_WIDTH(1)
) synchronizer_rx_spi (
    .clk_i(clk30m),
    .rst_n_i(spi_rst_n),
    .dff_i(rec_done),
    .sync_dff_o(rec_done_sync)
);
```

图 10-27　添加同步器 synchronizer_rx_spi 代码

重新执行步骤一、步骤二、步骤三,查看分析结果如图 10-28 所示。之前报告的单 bit 信号缺少同步器告警已被消除,未发现新的跨时钟域信号问题。

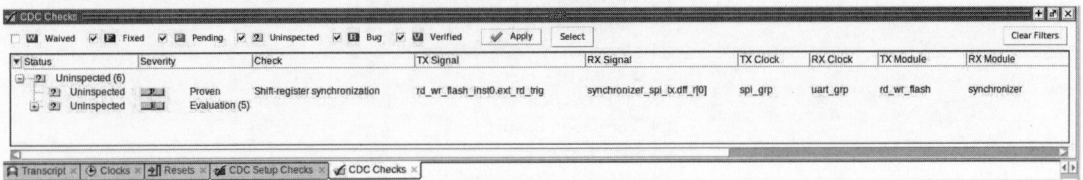

图 10-28　分析结果

10.4.4　静态时序分析

项目采用 ISE14.7 自带的 STA 分析工具对被测设计开展静态时序分析。

在 ISE14.7 中打开项目后,执行 Analyze Post-Place & Route Static Timing 或单击 Design Summary 中的 Static Timing,启动时序分析(Timing Analyzer),如图 10-29、图 10-30 所示。

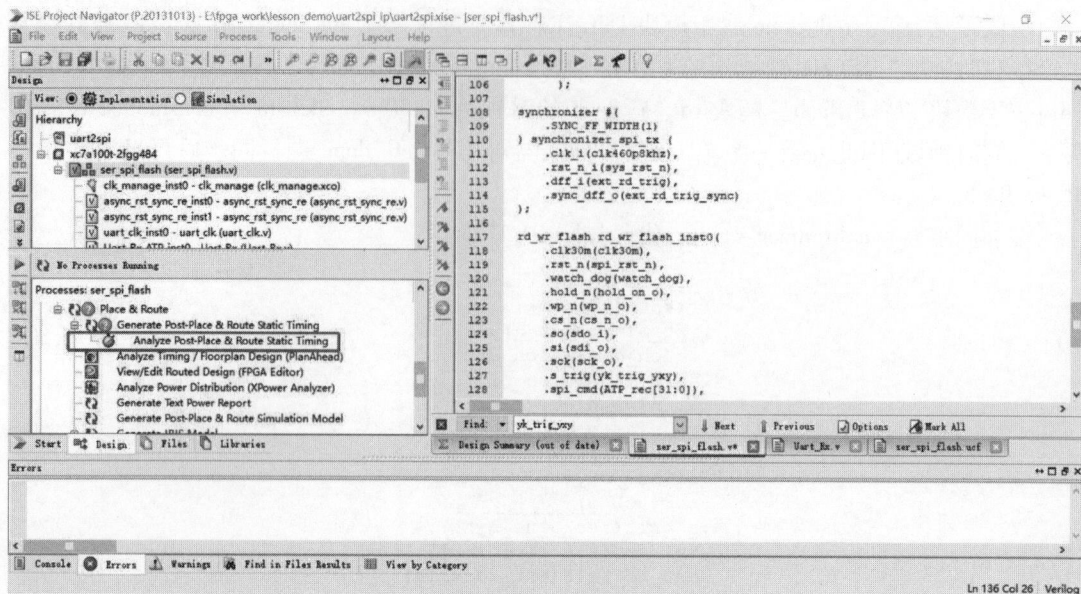

图 10-29　时序分析 1

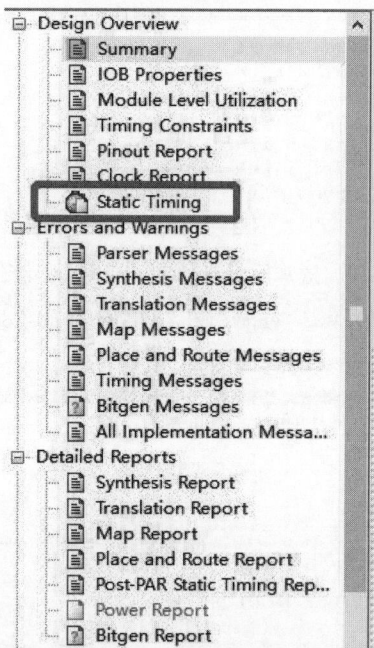

图 10-30　时序分析 2

在布局布线后进行静态时序分析，Static Timing 会打开时序分析结果窗口，给出准确的时延和时序报告。在时序报告中会列出关键路径以及关键路径的相关信息，如图 10-31 所示。

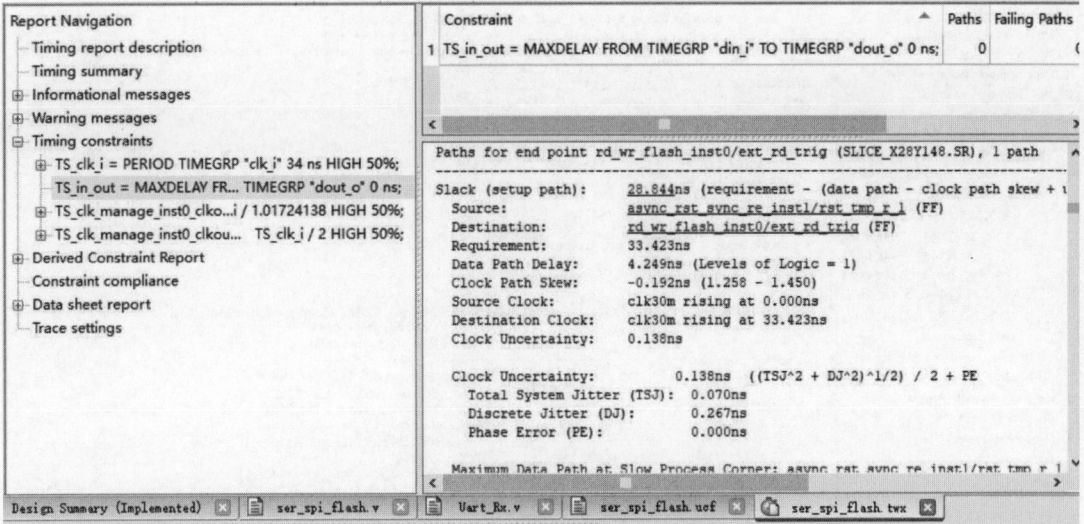

图 10-31　关键路径及相关信息

　　在对每条关键路径的分析中,会报告路径的时间裕量,起始寄存器(第一级寄存器),目的寄存器(第二级寄存器),数据需求时间,数据延迟时间,时钟偏斜等信息,以及该路径所经过的组合逻辑处理时间等时序信息,如图 10-32 所示。

```
--------------------------------------------------------------------------
Slack (setup path):     28.264ns (requirement - (data path - clock path skew + uncertainty))
  Source:               async_rst_sync_re_inst1/rst_tmp_r_1 (FF)
  Destination:          rd_wr_flash_inst0/yjb_tick_0 (FF)
  Requirement:          33.423ns
  Data Path Delay:      4.825ns (Levels of Logic = 1)
  Clock Path Skew:      -0.196ns (1.257 - 1.453)
  Source Clock:         clk30m rising at 0.000ns
  Destination Clock:    clk30m rising at 33.423ns
  Clock Uncertainty:    0.138ns

  Clock Uncertainty:          0.138ns  ((TSJ^2 + DJ^2)^1/2) / 2 + PE
   Total System Jitter (TSJ): 0.070ns
   Discrete Jitter (DJ):      0.267ns
   Phase Error (PE):          0.000ns

Maximum Data Path at Slow Process Corner: async_rst_sync_re_inst1/rst_tmp_r_1 to rd_wr_flash_inst0/yjb_tick_0
  Location            Delay type         Delay(ns)  Physical Resource
                                                    Logical Resource(s)
  -------------------------------------------       ------------------------------

  SLICE_X3Y87.BQ      Tcko                0.379     async_rst_sync_re_inst1/rst_tmp_r<1>
                                                    async_rst_sync_re_inst1/rst_tmp_r_1
  SLICE_X12Y125.A1    net (fanout=5)      2.230     async_rst_sync_re_inst1/rst_tmp_r<1>
  SLICE_X12Y125.A    Tilo                0.105     rd_wr_flash_inst0/rst_n_inv
                                                    rd_wr_flash_inst0/rst_n_inv1_INV_0
  SLICE_X33Y145.SR    net (fanout=27)     1.780     rd_wr_flash_inst0/rst_n_inv
  SLICE_X33Y145.CLK   Trck                0.331     rd_wr_flash_inst0/yjb_tick<3>
                                                    rd_wr_flash_inst0/yjb_tick_0
  -------------------------------------------
  Total                                   4.825ns (0.815ns logic, 4.010ns route)
                                                  (16.9% logic, 83.1% route)
```

图 10-32　逻辑处理时序信息

　　在本实例中未发生时序违例问题。

　　下面给出两个非本项目的时序违例示例。若存在时序违例,在左侧会出现时序违例的标识,单击后可以通过对关键路径的审查,分析各个节点和线路的延迟情况,如图 10-33 所示。

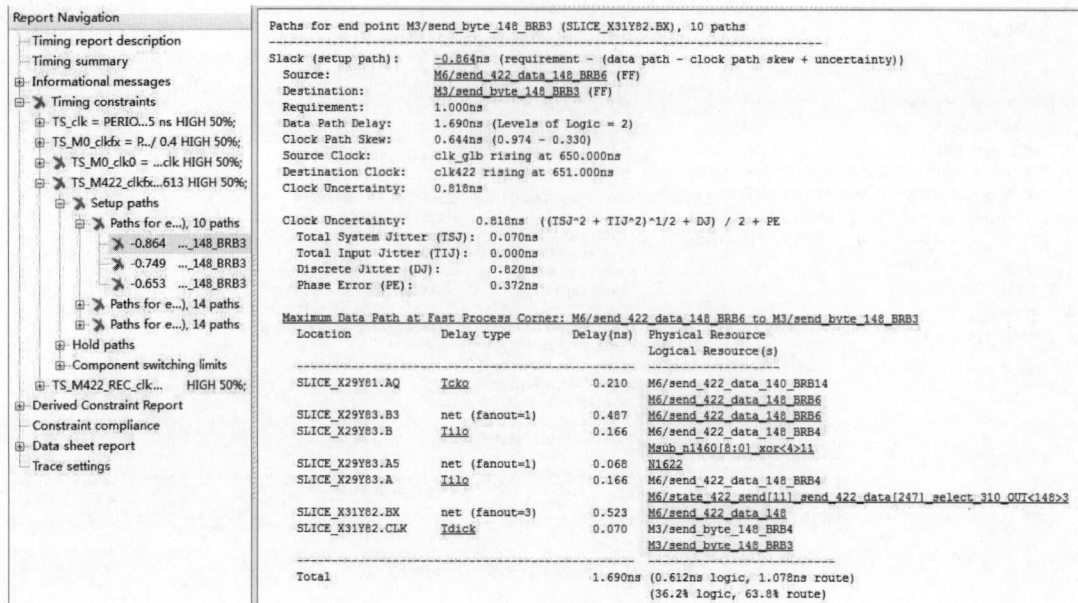

图 10-33　节点和线路延迟情况

分析时序路径可知，需求时间为 1 ns，到达时间为 $1.690-0.644+0.818=1.864$ ns。因此，slack 值为负数(-0.864)的原因应当是约束的时钟周期过紧。

10.4.5　功能仿真

本项目采用 QuestaSim2019.3 对被测设计进行功能仿真。

1)准备被测设计文件

从被测设计工程文件目录下提取出全部 HDL 设计源代码文件，如图 10-34 所示。

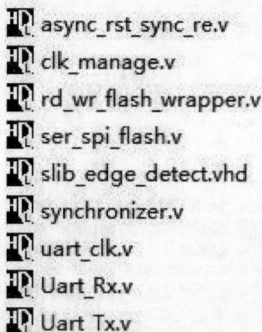

图 10-34　提取全部 HDL 设计源代码文件

本项目中使用了第三方 IP 核 rd_wr_flash，且使用.ngc 格式进行封装，生成的对应文件为 rd_wr_flash.ngc 和 rd_wr_flash_wrapper.v，如图 10-35 所示。由于前者文件可用于综合和布局布线，无法直接用于仿真，而后者文件中只进行了端口声明，因此还需要对设计进行转化，生成对应的网表文件，代码如下所示。

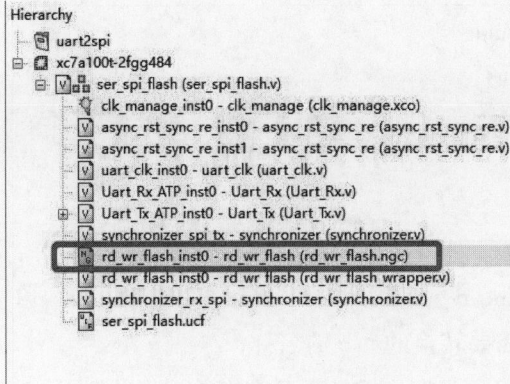

图 10-35 IP 核对应文件

```
    module rd_wr_flash (
        clk30m,
        rst_n,
        watch_dog,
        hold_n,
        wp_n,
        cs_n,
        so,
        si,
        sck,
        s_trig,
        spi_cmd,
        ext_rd_trig,
        rd_data
);

    input wire clk30m;
    input wire rst_n;
    output wire watch_dog;
    output wire hold_n;
    output wire wp_n;
    output reg cs_n;
    output reg si;     //write data to eeprom
    output reg sck;    //sck for eeprom

    input wire s_trig;
    input wire so;
```

```
    input wire [31:0] spi_cmd;
    output reg [7:0] rd_data;
    output reg ext_rd_trig;


endmodule
```

.ngc 格式文件生成网表文件可通过 netgen 命令实现，命令如下所示。

netgen −ofmt verilog −sim rd_wr_flash. ngc rd_wr_flash_synthesis. v

➢ rd_wr_flash. ngc 是需要转换的 ngc 的名称；

➢ rd_wr_flash_synthesis. v 是转换后的.v 文件的名称；

➢将 rd_wr_flash_synthesis. v 模块替代原有的.v 文件。仿真时，rd_wr_flash 模块的被仿真文件是 rd_wr_flash_synthesis. v。

至此，本项目实例功能仿真需要的所有设计源文件都已准备齐全，如图 10-36 所示。

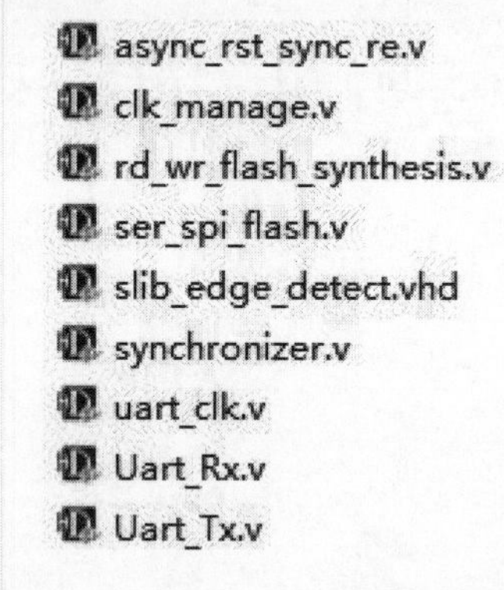

- async_rst_sync_re.v
- clk_manage.v
- rd_wr_flash_synthesis.v
- ser_spi_flash.v
- slib_edge_detect.vhd
- synchronizer.v
- uart_clk.v
- Uart_Rx.v
- Uart_Tx.v

图 10-36 所有设计源文件

2）准备功能仿真库

在本项目实例中，被测设计使用了 Verilog HDL 对 Xilinx 官方的 IP 核 DCM 进行例化，实现时钟管理。因此，需要构建 ISE14.7 下的 unisim 功能仿真库。

①首先将 unisim 源文件从 ISE14.7 的安装目录下拷贝到仿真平台所在目录下。

②新建 unisim_ver 库，并映射该库到本项目功能仿真目录下。本项目采用 tcl 脚本命令实现。在 QuestaSim 主窗口命令提示符下依次输入以下命令，完成后的 unisim 仿真库为 unisim_ver，代码如下所示。

```
    vlib unisim_ver

    vmap unisim_ver unisim_ver

    vlog −work unisim_ver./unisims/ ∗.v
```

3）搭建仿真平台

准备好被测设计文件和仿真库后，可着手搭建仿真平台，本项目实例采用的功能仿真平台架构设计如图 10-37 所示,主要包含 DUT、par、test、testcase 文件夹和 compile_v. f、compile_ vhd. f、run. do 文件。

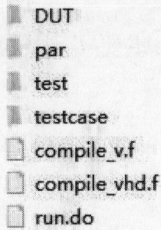

图 10-37 功能仿真平台架构设计

➤被测试设计源代码文件夹 DUT,包括 HDL 设计的. v 文件和. vhd 文件,以及 IP 对应的 网表文件;

➤后期时序仿真平台存放文件夹 par,包含最大工况、典型工况、最小工况 3 个子文件夹;

➤顶层调用和声明文件夹 test,存放功能仿真顶层调用文件,接口文件和一些可能需要的 parameter 声明等相对固定的仿真程序文件,如图 10-38 所示。

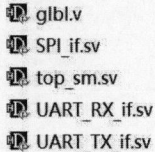

图 10-38 仿真顶层调用文件

➤仿真激励文件夹 testcase,存放该项目所有仿真激励文件,如图 10-39 所示。

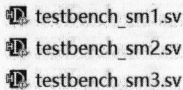

图 10-39 仿真激励文件

➤ compile_v. f 文件,按行记录了需要统计覆盖率信息的被仿真. v 源文件,如图 10-40 所示。

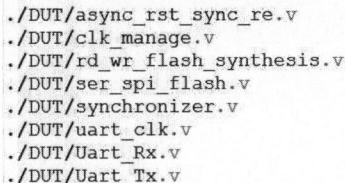

```
./DUT/async_rst_sync_re.v
./DUT/clk_manage.v
./DUT/rd_wr_flash_synthesis.v
./DUT/ser_spi_flash.v
./DUT/synchronizer.v
./DUT/uart_clk.v
./DUT/Uart_Rx.v
./DUT/Uart_Tx.v
```

图 10-40 compile_v. f 文件

➤ compile_vhd. f 文件,按行记录了需要统计覆盖率信息的被仿真. vhd 源文件,如图 10-41 所示。

```
./DUT/slib_edge_detect.vhd
```

图 10-41 compile_vhd. f 文件

➤ run. do 文件，仿真脚本文件，在编译完所需要的仿真库后，可以通过执行该脚本文件实现功能仿真中新建项目、编译被测设计、仿真配置、执行时间等的自动执行。

4）编写测试激励

在仿真顶层调用文件 top_sm. sv 中，主要实现了接口声明，设计顶层模块例化和激励模块例化，代码如下所示。

```
module top_sm;
logic clk;
logic rst_n_i;

//接口声明
SPI_if SPI( );
UART_RX_if UART_RX( );
UART_TX_if UART_TX( );
//设计顶层模块例化
ser_spi_flash dut(
    . clk_i( clk_i) ,
    . rst_n_i( rst_n_i) ,
    . rx_i( UART_RX. rx) ,
    . sdo_i( SPI. miso) ,
    . cs_n_o( SPI. cs) ,
    . hold_on_o( SPI. hold) ,
    . sck_o( SPI. sck) ,
    . sdi_o( SPI. mosi) ,
    . tx_o( UART_TX. tx) ,
    . wp_n_o( SPI. wp)
);

//激励模块例化
generator gen(
    . clk_i( clk_i) ,
    . rst_n_i( rst_n_i) ,
    . rx_i( UART_RX. rx) ,
    . sdo_i( SPI. miso) ,
    . cs_n_o( SPI. cs) ,
    . hold_on_o( SPI. hold) ,
    . sck_o( SPI. sck) ,
    . sdi_o( SPI. mosi) ,
```

```
    . tx_o( UART_TX. tx) ,
    . wp_n_o( SPI. wp)
);

endmodule
```

编写测试激励实际就是完成 testcase 文件夹中内容,通过编写仿真程序,驱动被测设计的输入,使被测设计在数字仿真环境下运行起来。本项目实例根据被测设计的功能和接口将测试激励划分为时钟、复位、串口输入、SPI 输入共 4 类。本书列举了其中 3 个典型测试用例。

第 1 个测试用例 testbench_sm1. sv,完成了正常的串口读写操作,SPI 输出随机数据,属于正向测试。这类测试用例用于证明软件正确完成了要求的功能。

第 2 个测试用例 testbench_sm2. sv,构造了两种异常的串口数据帧,属于反向测试。这类测试用例可以检查系统的容错能力和可靠性。

第 3 个测试用例 testbench_sm3. sv,完成了正常的串口读写操作,SPI 输出数据 8' hff,属于正向测试,用于检查需求"若从 FLASH 读取到的数据为 0xFF 时,该数据被认为是无效数据,不进行发送。"是否满足,属于随机激励外的补充定向激励。

下面对各个端口的激励程序进行介绍。

(1)时钟

本项目实例的输入时钟 clk_i 频率为 29.4912 MHz,占空比为 50%。设计仿真激励程序代码如下所示。

```
parameter clk_period = 33.908;

initial begin
    clk_i = 0;
    forever
        #(clk_period/2) clk_i = ~ clk_i;
end
```

clk_i 的频率为 29.4912 MHz,换算得到一个时钟周期的时间为 33.908 ns。设置 clk_i 的初始值为 0(低电平)。每过半个时钟周期进行一次翻转,从而实现 50% 的占空比。

(2)复位

本项目实例的外部复位输入信号 rst_n_i 为低电平有效。激励代码如下所示。

```
initial
begin
    rst_n_i = 0;
    #10000;
    rst_n_i = 1;
end
```

rst_n_i 信号初始化为 0(低电平),在 10 μs(10000 ns)后,rst_n_i 信号设置为 1(高电平)。

（3）串口输入

当某组端口的操作比较复杂时,可以将操作分解为多个子任务。如果激励中有一些重复的项目,可以考虑将这些语句编写成一个 task,这样会给书写和仿真带来很大方便。

在被仿真设计中,主要通过串口输入命令帧。命令帧分为写命令和读命令两种。每个命令帧均为 6 个字节。串口发送命令帧时每次发送 1 个字节。可以采用层次化设计的方法,每次发送 1 个字节封装为 1 个任务(命名为 task uart_byte)。将发送一帧数据封装为一个任务(命名为 task uart_send),在 uart_send 任务中调用 6 次 uart_byte。

在 uart_byte 任务中,按照要求的串口接口时序要求发送 1 个字节(8 bit)数据,代码如下所示。

```
int uart_i,spi_i;

parameter uart_width = 2170.139;

task uart_byte(logic [7:0] data);
  rx_i = 0;
  #uart_width;
  for(uart_i = 0; uart_i < 8; uart_i++)
  begin
    rx_i = data[uart_i];
    #uart_width;
  end
  rx_i = 1;
  #uart_width;
endtask
```

串口的波特率为 460800 b/s,可得出 1 bit 的宽度为 2170.139 ns。按照串口协议,串口端口 rx_i 的初始值为 1(高电平)。起始位 1 bit,所以在开始发送时,先将 rx_i 设置为 0(低电平),持续时间为 2170.139 ns。随后按照先发低位再发高位的顺序,发送 8 bit 的数据位。发送结束后,将 rx_i 恢复为初始状态,即 rx_i 设置为 1(高电平)。

在 uart_send 任务中,通过调用 uart_byte 任务来完成一帧数据的发送,代码如下所示。

```
task uart_send(logic [7:0] head1,logic [7:0] head2,logic [7:0] cmd,logic [7:0] addr_
high,logic [7:0] addr_low,logic [7:0] data);
  uart_byte(head1);
  uart_byte(head2);
  uart_byte(cmd);
  uart_byte(addr_high);
  uart_byte(addr_low);
  uart_byte(data);
endtask
```

一帧数据由 2 字节帧头,1 字节命令(读/写),2 字节地址(高位在前,低位在后),1 字节数据组成。将以上数据传入 task 后,分 6 次调用 uart_byte 任务,完成一帧数据的发送操作。

第 1 个测试用例 testbench_sm1. sv 和第 3 个测试用例 testbench_sm3. sv 中,完成 1 次写数据操作和 1 次读数据操作,代码如下所示。

```
initial
begin
  rx_i = 1;
  #25000;
  uart_send(8' heb,8' h90,8' h55,8' h10,8' h00,8' hAA);
  #100000;
  uart_send(8' heb,8' h90,8' hAA,8' h2A,8' h5A,8' hFF);
end
```

仿真开始时将串口 rx_i 置为高电平,25000 ns 后发送第一帧数据。数据为 0XEB90551000AA,即帧头为 0XEB90,命令为 0X55(写操作),地址为 0X1000,数据为 0XAA。发送结束后,延时 100000 ns 发送第 2 帧数据。数据为 0XEB90AA2A5AFF。即帧头为 0XEB90,命令为 0XAA(读操作),地址为 0X2A5A,数据为 0XFF。此时数据 0XFF 没有意义,仅用于拼凑一个完整的数据帧。

第 2 个测试用例 testbench_sm2. sv 中,完成一次包含错误帧头写数据操作和一次包含错误命名的操作,代码如下所示。

```
initial
begin
  rx_i = 1;
  #25000;
  uart_send(8' heb,8' h91,8' h55,8' h20,8' h00,8' hA5);
  #100000;
  uart_send(8' heb,8' h90,8' hAB,8' h2A,8' h5A,8' hFF);
end
```

仿真开始后 25000 ns 发送第一帧数据。数据为 0XEB91552000A5。即帧头为 0XEB91(错误帧头),命令为 0X55(写操作),地址为 0X2000,数据为 0XA5。发送结束后,延时 100000 ns 发送第二帧数据。数据为 0XEB90AB2A5AFF。即帧头为 0XEB90,命令为 0XAB(错误命令),地址为 0X2A5A,数据为 0XFF。

(4)SPI 输入

SPI 总线接口由 6 根信号线组成,wp_n_o、hold_on_o、sck_o、cs_n_o、sdi_o、sdo_i。其中 wp_n_o、hold_on_o 为 FPGA 输出信号,保持为高电平。sck_o、cs_n_o、sdi_o 为 FPGA 控制的输出信号。

当 FPGA 通过 SPI 向 FLASH 芯片写数据时,可以直接通过波形窗口测试,当串口发送写数据帧命令时,写入 FLASH 的地址和数据是否与串口发送的写数据帧中的数据一致。同时,测试当 FPGA 写 FLASH 时,SPI 接口上 sck_o、cs_n_o、sdi_o 的时序是否满足要求。

当串口发送读数据帧时,通过波形窗口一方面可以检查向 FLASH 请求的地址是否与串口发送的读数据帧中的地址一致。一方面可以检查 FPGA 向 FLASH 进行读操作时,SPI 接口上 sck_o、cs_n_o、sdi_o 的时序是否满足要求。

sdo_i 为 FPGA 的输入信号。当 FLASH 收到读命令(0x03)时,需要在接收完地址数据后,通过 sdo_i 端口向 FPGA 发送 8 bit 数据。在第 1 个测试用例 testbench_sm1.sv 和第 2 个测试用例 testbench_sm2.sv 中,该 8 bit 数据为随机产生,代码如下所示。

```
int spi_cnt;

always @ (negedge cs_n_o)
begin
    for(spi_cnt = 7;spi_cnt >= 0;spi_cnt--)
    begin
      @ (posedge sck_o);
      spi_cmd[spi_cnt] = sdi_o;
    end

    for(spi_cnt = 15;spi_cnt >= 0;spi_cnt--)
    begin
      @ (posedge sck_o);
      spi_addr[spi_cnt] = sdi_o;
    end

    if(spi_cmd == 8'h03)
    begin
      spi_data = $random;
       $display("spi_data is %h",spi_data);
      spi_send(spi_data);
    end

end
```

由于从 FLASH 读取到的数据 spi_data 为 0xFF 时,该数据被认为是无效数据,不进行发送。第 3 个测试用例 testbench_sm3.sv 中,为了测试这一功能,通过 sdo_i 发送的 8 bit 数据被限定为 8'hff,代码如下所示。

```
if(spi_cmd == 8'h03)
begin
  spi_data = 8'hff;
   $display("spi_data is %h",spi_data);
  spi_send(spi_data);
end
```

根据 SPI 通信协议,当 cs_n_o 信号拉低后,在 sck_o 信号的上升沿接收 sdi_o 信号的数据。前 8 个数据为 SPI 操作命令,接下来的 16 个数据为 FPGA 转发的串口发送的地址。当检测到 SPI 的操作命令位 0x03 时,说明需要通过 sdo_i 发送 8 位数据。此时设置发送数据 spi_data 为 8 bit,再调用 spi_send 任务将 8 bit 数据从高位到低位在 sck_o 信号的上升沿发送到 sdo_i 信号上,代码如下所示。

```
logic [7:0] spi_data;

task spi_send(logic [7:0] data);
    for(spi_i = 7; spi_i >= 0; spi_i--)
    begin
        sdo_i = data[spi_i];
      @ (posedge sck_o);
    end

endtask
```

由于从 FLASH 读取到的数据为 0xFF 时,该数据被认为是无效数据,不进行发送。第三个测试用例 testbench_sm3.sv 中,测试这一功能。

由于每个仿真用例执行的时间不同,因此在每个测试激励文件中需要对仿真时间进行控制,仿真时长为 1 ms 的代码如下所示。

```
initial
begin
int t_i;
for(t_i = 0;t_i < 1; t_i++)
  begin
      #1000000;
  end
 $stop;
end
```

可以通过修改 t_i 的上限值控制仿真时间。

5)执行仿真测试

在 QuestaSim2019.3 的 Transcript 窗口中执行 run.do 脚本,如图 10-42 所示。

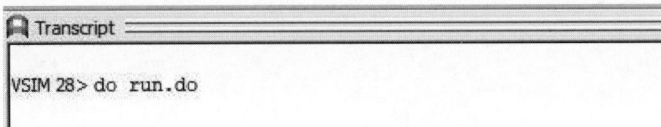

图 10-42　执行 run.do 脚本

QuestaSim2019.3 将会按顺序执行 run.do 中的各条命令,代码如下所示。

```
if [file exists work] {vdel -all}

if [file exists ucdb/all_info. ucdb]{foreach item [glob -dir ucdb * ] \
                {file delete -force $item}} else {file mkdir ucdb}

if [file exists debug/ * ] {foreach item [glob -dir debug * ] \
                {file delete -force $item}} else {file mkdir debug}

file delete -force coverage_report

vlib work

vlog +cover=sbf -coverexcludedefault -f compile_v. f

vlog. /DUT/rd_wr_flash_synthesis. v

vcom +cover=sbf -coverexcludedefault -f compile_vhd. f

vlog. /test/glbl. v

vlog -sv. /test/SPI_if. sv

vlog -sv. /test/UART_RX_if. sv

vlog -sv. /test/UART_TX_if. sv

vlog -sv. /test/top_sm. sv

set contents [glob -directory testcase * . sv]

foreach item $contents{

    vlog -sv $item

    puts " * * * * * * * * * * * * * * * * * * * * * * * * * * * * * * * * * * * * * * "

    puts "                        $item"
```

```
    puts "＊＊＊＊＊＊＊＊＊＊＊＊＊＊＊＊＊＊＊＊＊＊＊＊＊＊＊＊＊＊＊"

    set testpath [split $item "/"]

    set testfile [split[lindex $testpath 1] "."]

    set testname [lindex $testfile 0]

    vsim top_sm  glbl -L unisim_ver -voptargs="+acc" -coverage \
    -wlf debug/ $testname.wlf -l debug/ $testname.txt

    set NoQuitOnFinish 1

    onbreak {resume}

    log -r / *

    run -all

    coverage saveucdb/ $testname.ucdb

}

vcover merge -strip 0 ucdb/all_info.ucdb ucdb/ *.ucdb

vcover report -html -htmldir coverage_report -verbose   ucdb/all_info.ucdb
```

若存在 work 目录,则删除。

```
if [file exists work] {vdel -all}
```

若 ucdb 目录下存在 all_info.ucdb 文件,则删除 ucdb 目录下所有文件;若不存在 ucdb 目录,则创建 ucdb 目录。

```
if [file exists ucdb/all_info.ucdb] {foreach item [glob -dir ucdb *] \
            {file delete -force $item}} else {file mkdir ucdb}
```

若 debug 目录不为空,则删除 debug 目录下所有文件;若不存在 debug 目录,则创建 debug 目录。

```
if [file exists debug/ *] {foreach item [glob -dir debug *] \
            {file delete -force $item}} else {file mkdir debug}
```

强制删除 coverage_report 目录以及目录下所有文件。目的是清除历史覆盖率数据库文件。以免影响覆盖率统计结果。

```
file delete -force coverage_report
```

创建工作库 work。

```
vlib work
```

编译 compile_v.f 中列出的 Verilog 源文件。同时设置需进行覆盖率统计的覆盖率类型为语句、分支、状态机。即 compile_v.f 中列出的 Verilog 文件，将在后续的仿真中进行语句、分支、状态机的覆盖率统计。由于 rd_wr_flash_synthesis.v 为网表文件，无须进行覆盖率统计，因此该文件未列入 Verilog 文件编译列表中，而是单独使用 vlog 命令进行编译，代码如下所示。

```
vlog +cover=sbf -coverexcludedefault -f compile_v.f

vlog. /DUT/rd_wr_flash_synthesis. v
```

编译 compile_vhd.f 中列出的 VHDL 源文件。编译时，设置需进行覆盖率统计的覆盖率类型为语句、分支、状态机。

```
vcom +cover=sbf -coverexcludedefault -f compile_vhd. f
```

由于设计中使用了 Xilinx 官方的 IP 核 DCM 进行时钟管理。在仿真时，需要使用 Xilinx 的 unisim 库和 glbl.v 文件。所以要对 glbl.v 文件进行编译。

```
vlog. /test/glbl. v
```

编译接口定义文件和仿真平台顶层文件。

```
vlog -sv. /test/SPI_if. sv

vlog -sv. /test/UART_RX_if. sv

vlog -sv. /test/UART_TX_if. sv

vlog -sv. /test/top_sm. sv
```

获取 testcase 目录下所有后缀为 sv 的文件名。在 foreach 中遍历每个获取到的 sv 文件，即激励文件 testbench_sm1.sv、testbench_sm2.sv、testbench_sm3.sv。

```
set contents [glob -directory testcase *.sv]

foreach item $contents{
```

针对每一个 sv 文件进行下述操作。

编译该 sv 文件，并在 QuestaSim 的主窗口打印路径和文件名。

```
vlog −sv  $item

puts " * * * * * * * * * * * * * * * * * * * * * * * * * * * * * * * * * * *"

puts "                    $item"

puts " * * * * * * * * * * * * * * * * * * * * * * * * * * * * * * * * * * *"
```

剔除该 sv 文件的路径和后缀,仅保留文件名,并存入 testname 变量。

```
set testpath [split  $item "/"]

set testfile [split[lindex  $testpath 1] "."]

set testname [lindex  $testfile 0]
```

执行仿真的命令是 vsim,执行仿真时载入 glbl 文件和 unisim_ver 库,−L unisim_ver 表示仿真时需引用 unisim_ver 库; −voptargs="+acc" 表示不优化被仿真设计;−coverage 表示仿真时收集覆盖率信息;−wlf debug/ $testname. wlf 表示波形文件被命名为与激励文件同名的 wlf 文件,存入 debug 目录;−l debug/ $testname. txt 表示主窗口输出的记录被命名为与激励文件同名的 txt 文件,存入 debug 目录。例如,当激励文件为 testbench_sm1. sv 时,其仿真的波形文件为 testbench_sm1. wlf,记录文件为 testbench_sm1. txt,存放在 debug 目录下。

```
vsim top_sm  glbl −L unisim_ver −voptargs="+acc" −coverage \
                    −wlf debug/ $testname. wlf −l debug/ $testname. txt
```

设置仿真结束后不要退出 QuestaSim,并在遇到 breakpoint(例如 $stop)后继续执行后续的脚本命令,保证全部测试用例都能得到执行。仿真时记录全部信号的波形数据,并开始执行仿真计算。由于每个仿真的测试用例需要的仿真时间不同,因此不在脚本文件中设置仿真时间。每个测试用例均在各自的激励文件中设置仿真时间,代码如下所示。

```
set NoQuitOnFinish 1

onbreak {resume}

log −r / *

run −all
```

仿真计算结束后,将覆盖率信息存为与激励文件同名的 ucdb 文件,即覆盖率数据库文件激励文件 testbench_sm1. sv 对应的 ucdb 文件为 testbench_sm1. ucdb,存入 ucdb 目录中。

```
coverage saveucdb/ $testname. ucdb
```

所有测试用例执行完成后,将每个测试用例的覆盖率信息进行融合。得到总覆盖率信息文件 all_info. ucdb 后,生成 html 格式的覆盖率报告,保存在 coverage_report 目录中。

vcover merge −strip 0 ucdb/all_info. ucdb ucdb/ ∗ . ucdb

vcover report −html −output coverage_report −verbose ucdb/all_info. ucdb

打开 coverage_report 目录中的 index. html 文件,可以查看语句、分支、状态机的覆盖率情况统计,如图 10-43 所示。

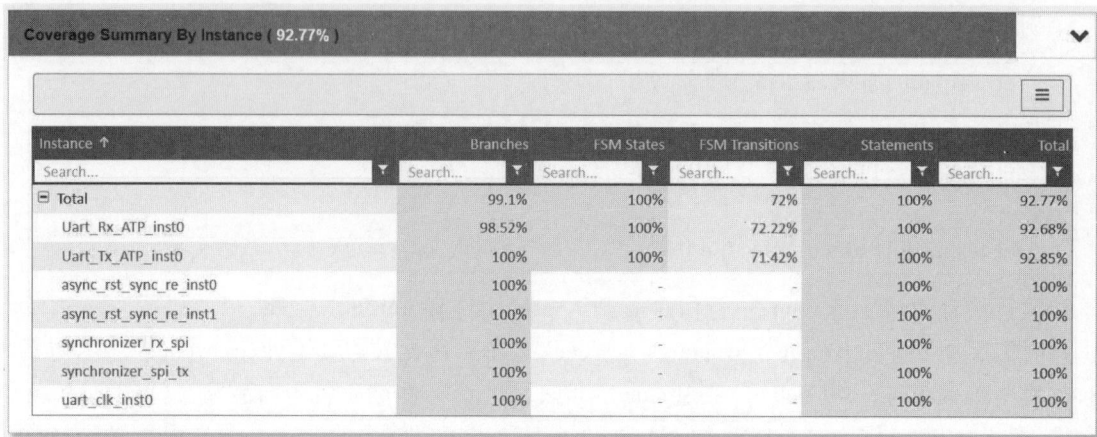

图 10-43　语句、分支、状态机覆盖率

6)分析仿真结果

功能测试结果分析如下文所示。

(1)时钟管理模块

需求为"DCM 产生系统时钟 58.9824 MHz±10 kHz 和 SPI 工作时钟 30 MHz±10 kHz。"实测结果为 DCM 产生系统时钟 58.997 MHz 和 SPI 工作时钟 30.008 MHz,如图 10-44 所示。满足需求,测试通过。

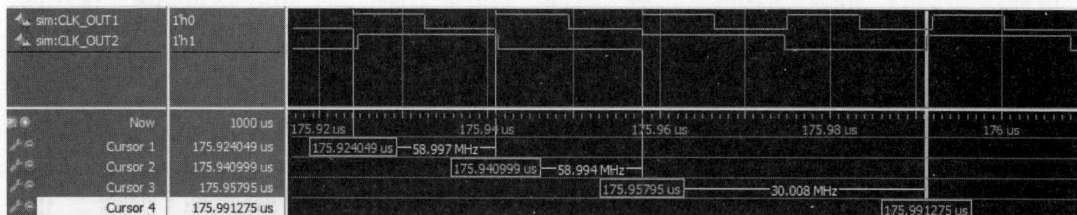

图 10-44　时钟管理模块

(2)时钟分频模块

需求为"系统时钟分频为 460.8 kHz±10 kHz 和 3.6864 MHz±10 kHz,分别作为串口发送模块和串口接收模块的工作时钟。"实测结果为串口发送工作时钟 460.914 kHz,串口接收工作时钟 3.687 MHz,如图 10-45 所示。满足需求,测试通过。

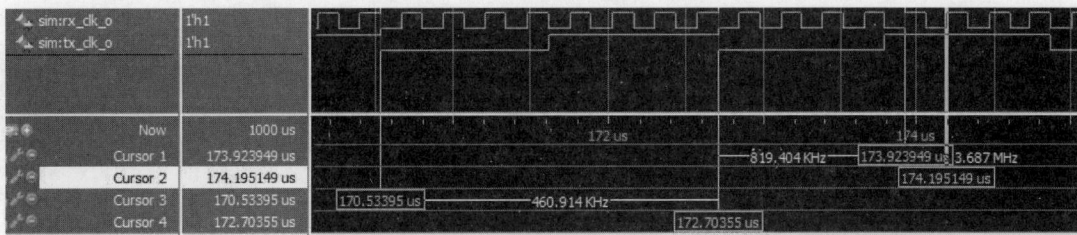

图 10-45　时钟分频模块

（3）复位同步模块

需求为"外部复位信号同步到系统时钟域中。"实测结果为外部复位信号同步到系统时钟域中，同步后复位信号为 sys_rst_n，如图 10-46 所示。满足需求，测试通过。

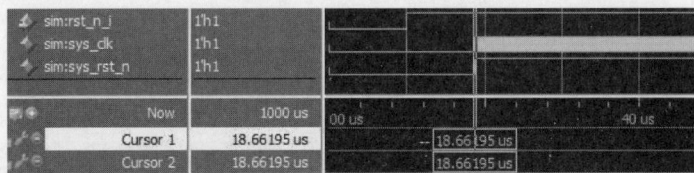

图 10-46　外部复位信号同步到系统时钟域

需求为"外部复位信号同步到 SPI 时钟域中。"实测结果为外部复位信号同步到 SPI 时钟域中，同步后复位信号为 spi_rst_n，如图 10-47 所示。满足需求，测试通过。

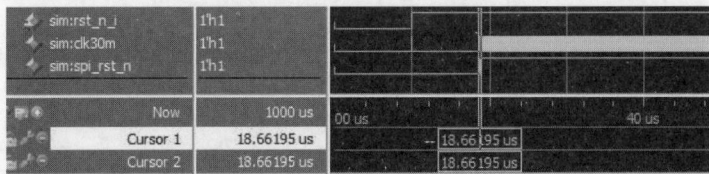

图 10-47　外部复位信号同步到 SPI 时钟域

（4）串口接收模块

需求为"串口每次接收 8 bit 数据，数据帧长度为 48 bit，前 16 bit 为帧头，后 32 bit 为帧数据。当读取到帧头 0xeb90 后，继续接收帧数据。"实测结果为串口发送数据为 0xEB90551000AA。每次接收 8 bit 数据，数据帧长度为 48 bit，前 16 bit 为帧头，读取到帧头 0xeb90 后继续接收数据，从串口收到的数据与串口发送的数据一致，如图 10-48 所示。满足需求，测试通过。

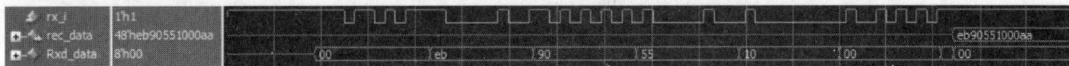

图 10-48　串口接收数据

（5）SPI 处理模块

需求为"将串口接收模块传入的帧数据进行解析。帧数据中的［31：24］为命令数据，［23：8］为地址数据，［7：0］为传输数据。若命令数据为 0x55 时，将传输数据写入地址数据指定的 FLASH 地址。若命令数据为 0xAA 时，将从地址数据中指定的 FLASH 地址中读取数据。"实测结果为串口发送数据为 0xEB90551000AA 时，SPI 接口发送写使能命令 0x06，编程命令 0x02，地址为 0x1000，数据为 0xAA，如图 10-49 所示。满足需求，测试通过。

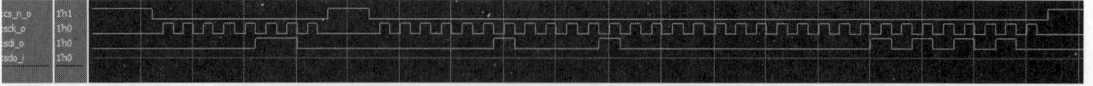

图 10-49　将串口接收模块传入的帧数据进行解析

串口发送数据为 0xEB90AA2A5AFF 时，SPI 接口发送读命令 0x03，地址为 0x2A5A。FLASH 通过 SPI 反馈的数据为 0x24。与测试用例生成的随机数据一致，如图 10-50 所示。满足需求，测试通过。

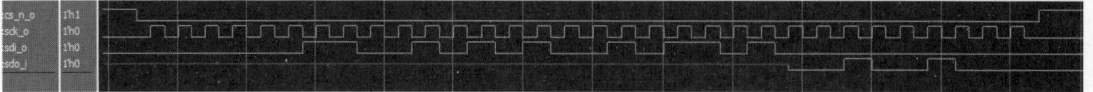

图 10-50　FLASH 反馈数据波形

但在执行 testbench_sm3.sv，检查需求"若从 FLASH 读取到的数据为 0xFF 时，该数据被认为是无效数据，发送数据 0x00。"时，发现被测设计在收到数据为 0xFF 时依然进行了发送数据 0xFF，如图 10-51 所示。未满足需求，测试不通过。

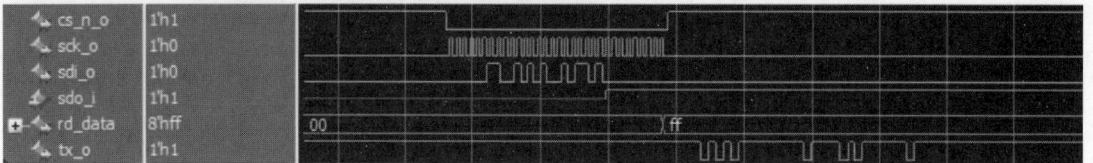

图 10-51　未对无效数据进行处理

修改被测设计后，重新执行 testbench_sm3.sv。发现被测设计在收到数据为 0xFF 时，发送数据 0x00，如图 10-52 所示。满足需求，测试通过。

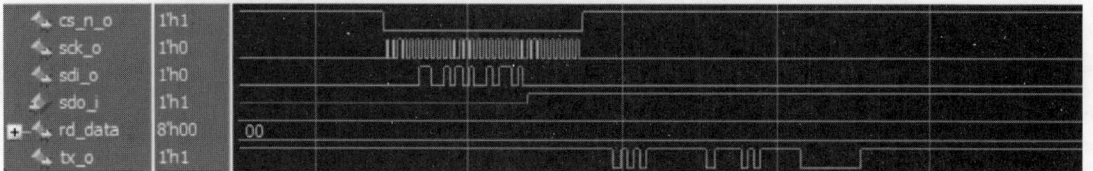

图 10-52　对无效数据进行正确处理

（6）串口发送模块

需求为"接收通过 SPI 读取的 FLASH 数据，接收完成后将该数据通过串口 tx_o 发送"。实测结果为 tx_o 发送的数据为 0xF5AF24，与 SPI 反馈的数据一致，如图 10-53 所示。

图 10-53　串口发送数据波形

接口测试结果分析如下述所示。满足需求，测试通过。

①串口接口

需求为"接收串口和发送串口波特率：460800，1 bit 起始位，8 bit 数据位，LSB 模式，1 bit 停止位。"实测结果为 rx_i 接口每一位的宽度应为 2170.14 ns，如图 10-54 所示。满足需求，测试通过。

tx_o 接口每一位的宽度应为 2169.6 ns，如图 10-55 所示。满足需求，测试通过。

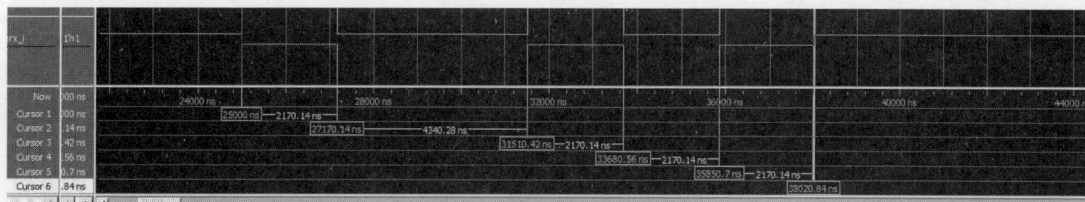

图 10-54　rx_i 宽度实测结果

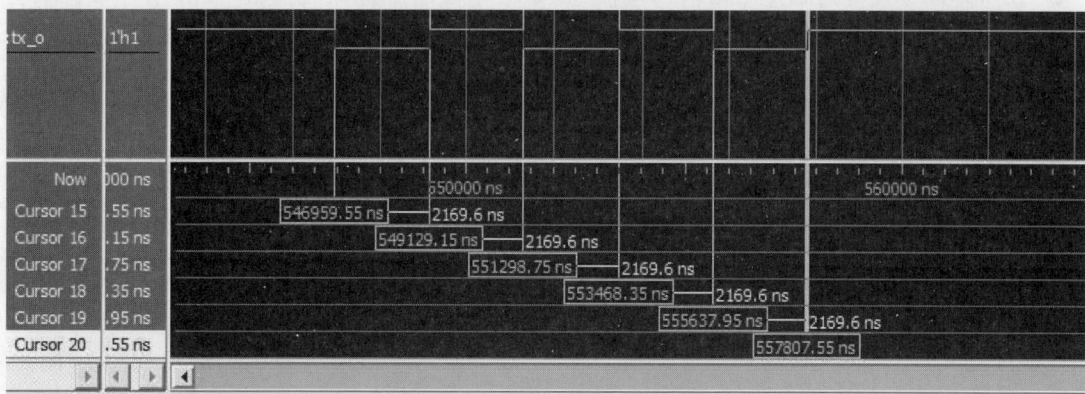

图 10-55　tx_o 宽度实测结果

②SPI 接口

需求为"SPI 参考时钟 sck_o 为 500 kHz。"实测结果为 sck_o 为 500.119 kHz,SPI 写 FLASH 和读 FLASH 的时序满足需求,如图 10-56—图 10-59 所示。

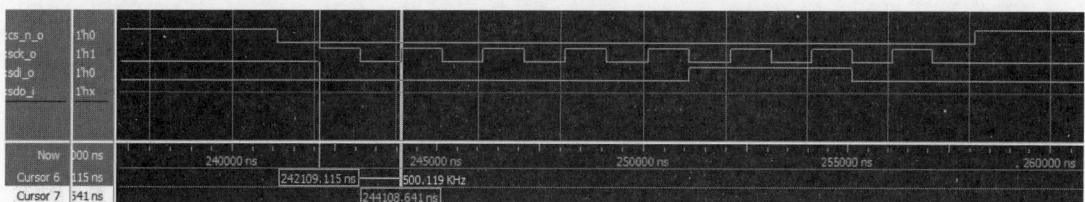

图 10-56　SPI 时钟时序图

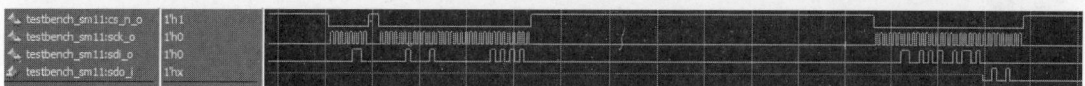

图 10-57　SPI 写数据与读数据时序图

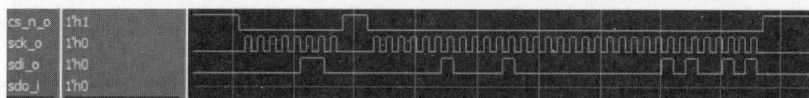

图 10-58　SPI 写数据时序图

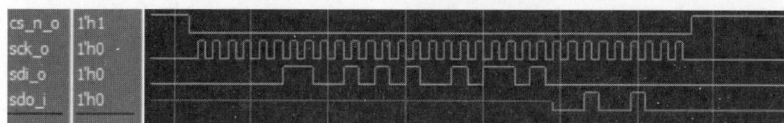

图 10-59　SPI 读数据时序图

（7）覆盖率结果统计

在仿真脚本中对设计文件的覆盖率统计进行了设置,明确在仿真过程中将统计设计文件列表中的 verilog 文件和 VHDL 文件。

```
vlog +cover = sbf -coverexcludedefault -f compile_v. f
vcom +cover = sbf -coverexcludedefault -f compile_vhd. f
```

在所有仿真测试激励程序执行完毕后,对每个仿真激励程序对应的 ucdb 文件进行融合后生成了覆盖率报告,如图 10-60 所示。

Coverage Summary By Instance (92.77%)					
Instance ↑	Branches	FSM States	FSM Transitions	Statements	Total
Search...	Search...	Search...	Search...	Search...	Search...
⊟ Total	99.1%	100%	72%	100%	92.77%
Uart_Rx_ATP_inst0	98.52%	100%	72.22%	100%	92.68%
Uart_Tx_ATP_inst0	100%	100%	71.42%	100%	92.85%
async_rst_sync_re_inst0	100%	-	-	100%	100%
async_rst_sync_re_inst1	100%	-	-	100%	100%
synchronizer_rx_spi	100%			100%	100%
synchronizer_spi_tx	100%			100%	100%
uart_clk_inst0	100%			100%	100%

图 10-60　覆盖率报告

可见,该项目的总代码覆盖率为 92.77%,其中 Uart_Rx_ATP_inst0 的分支覆盖率为 98.52%,状态机状态转移覆盖率为 72.22%, Uart_Tx_ATP_inst0 的状态机状态转移覆盖率为 71.42%,其余统计结果均为 100%。

Uart_Rx_ATP_inst0 的分支覆盖率为 98.52% 的原因是 Uart_Rx. v 文件的 323 行分支语句 if(tally <8' d4),只对 tally 小于 4 的情况进行处理,未编写 else 分支的代码。但该项目本身的设计只需对 tally 为 0 ~ 3 的情况进行处理,当 tally 大于等于 4 时不应该进行处理,符合代码实现要求。

Uart_Rx_ATP_inst0 的状态机转移覆盖率为 72.22% 的原因是 Uart_Rx. v 文件中的 state 状态机中子状态异常跳转至初始状态的状态转移没有覆盖。例如,初始状态为 Init,初始状态后续还有 Idle、Syn_First、Syn_S_Pre 等子状态,这些子状态异常跳转回 Init 状态的跳转路径没有被覆盖。通过审查代码,子状态异常跳转回 Init 状态时状态机不会产生异常输出,因此对测试结果没有影响。

Uart_Tx_ATP_inst0 中状态机状态转移覆盖率为 71.42% 的原因与 Uart_Rx_ATP_inst0 的状态机转移覆盖率未达到 100% 相同。通过审查代码,子状态异常跳转回 Idle 初始状态时状态机不会产生异常输出,因此对测试结果没有影响。

10.4.6　时序仿真

1)准备被测设计文件

时序仿真的被测设计文件为布局布线后生成的网表文件和包含时延信息的时延文件。

首先简要介绍 ISE14.7 生成布局布线后网表文件和延时文件的方法,如图 10-61 所示。单击执行"Place & Route"下的"Generate Post- Place & Route Simulation Model"。

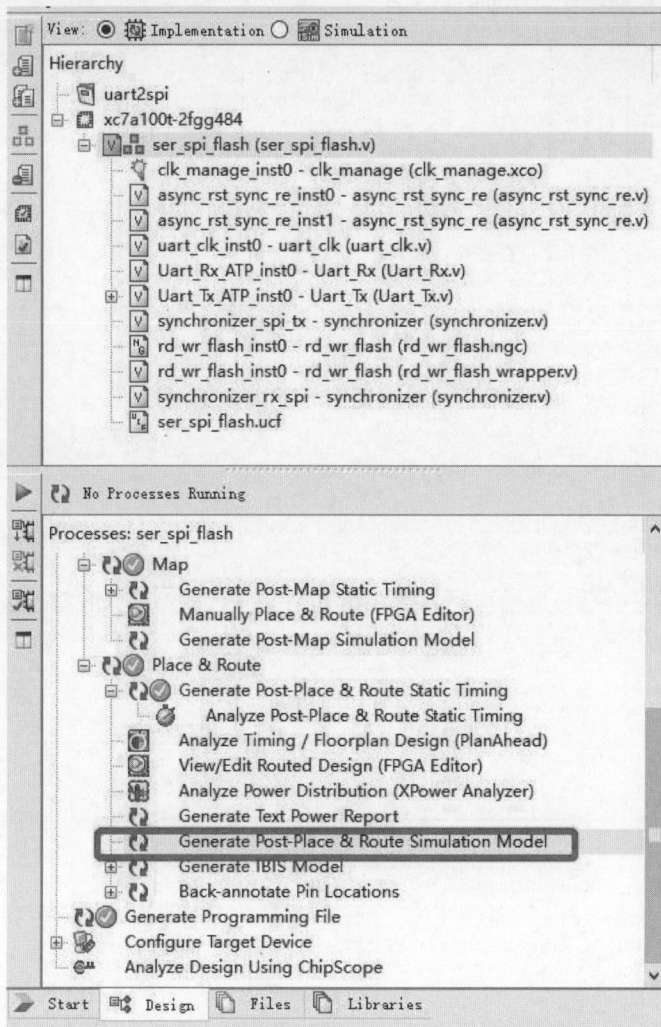

图 10-61　生成布局布线后网表文件和延时文件方法

执行完成后,工程目录下的 netgen/par 下将生成布局布线后的网表文件 ser_spi_flash_timesim. v 和时延文件 ser_spi_flash_timesim. sdf。

修改 ser_spi_flash_timesim. v 文件,注释掉"initial　$sdf_annotate("netgen/par/ser_spi_flash_timesim. sdf");",如图 10-62 所示。

2)准备时序仿真库

与功能仿真不同,Xilinx 公司时序仿真使用的库文件为 simprims,需要单独编译。

首先将 simprims 源文件从 ISE 的安装目录拷贝到 par/max 目录,par/typ 目录, par/min 目录下。库文件的编译方式与功能仿真时编译 unisim 库文件的方式类似。

以最大工况为例,在 QuestaSim 的主窗口下切换到仿真平台的 par/max 目录下,执行下列命令。

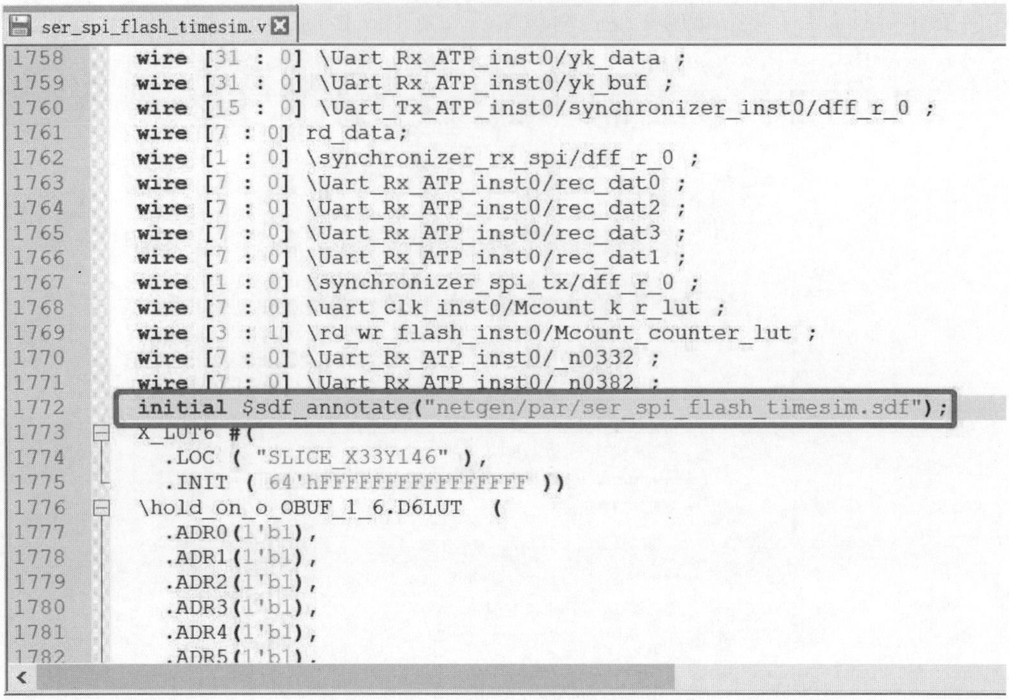

图 10-62　时序仿真网表文件

```
vlib simprims_ver

vmap simprims_ver simprims_ver

vlog -work simprims_ver./simprims/ * . v
```

完成后的 simprims 仿真库为 simprims_ver。

3）构建仿真平台

创建仿真平台目录，将修改后的 ser_spi_flash_timesim. v 文件和 ser_spi_flash_timesim. sdf 文件拷贝到仿真平台的 par/max，par/typ，par/min 目录下，其中，par/max、par/typ、par/min 依次为最大、典型、最小工况时序仿真目录。以最大工况为例准备下列文件，如图 10-63 所示。

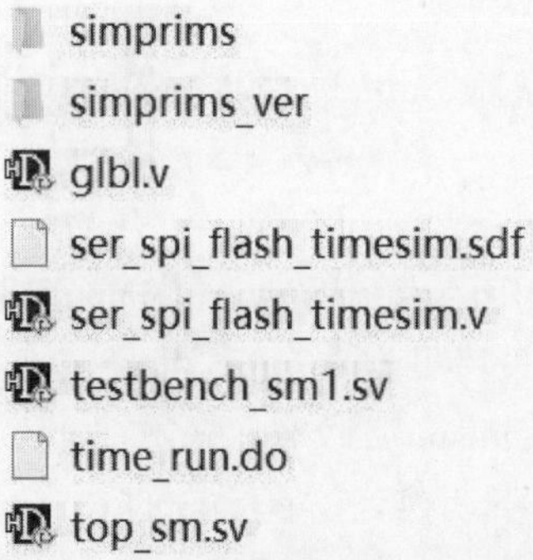

图 10-63　构建仿真平台

➤ 时序仿真网表文件 ser_spi_flash_timesim. v。

➤ 时序仿真延时文件 ser_spi_flash_timesim. sdf。

➤ 时序仿真库源文件 simprims。

➤ 时序仿真库文件 simprims_ver。

➤ 复用功能仿真的仿真平台顶层文件 top_sm. sv。

➤ 复用功能仿真的仿真激励文件 testbench_sm1. sv。

➤ 时序仿真脚本文件 time_run. do。

```
if [file exists work] {vdel -all}

vlib work

vlog./ser_spi_flash_timesim. v

vlog -sv./testbench_sm1. sv

vlog -sv./top_sm. sv

vlog glbl. v

vsim top_sm glbl -sdfnoerror -sdfnowarn -L \
        simprims_ver -sdfmax /top_sm=./ser_spi_flash_timesim. sdf

log -r / *

run -all
```

时序仿真的脚本文件与功能仿真的脚本文件类似。主要步骤为:

①删除之前的 work 库。

②编译被测设计网表文件、仿真顶层文件和激励文件等。

③仿真参数配置,使用 vsim 配置顶层模块、仿真库、标准格式延时文件和工况选择,不同工况 vsim 命令的参数有所不同,-sdfmax、-sdftyp、-sdfmin 依次表示当前时序仿真工况配置为最大、典型和最小工况参数;根据被测设计硬件环境不同,不同工况下时延参数值可能不同,也可能相同。

④设置需记录的波形信号。

⑤设置仿真时间并执行仿真,本项目实例的仿真执行时间在激励文件中进行控制。

4)仿真调试

在 QuestaSim 的主窗口中,切换工作路径到 par/max 后,执行脚本文件 time_run. do,如图 10-64 所示。

图 10-64　主窗口执行脚本文件

在仿真执行过程中,若出现时序违例的情况,则会在主窗口中打印错误信息。测试工程师可以根据输出的错误信息对时序违例的情况进行分析。

10.4.7　实物测试

对本项目实例的 FLASH 读写和串口收发功能和相关接口进行实物测试。

1)准备实物测试环境

本项目实物测试环境主要包含以下内容,安装有串口调试助手的台式机,作为测试上位机;通过串口调试助手模拟发送串口数据,并观察被测设计回传的结果数据;同时通过示波器,实时观察串口收发端口 RX、TX,和 FLASH 读写端口 SPI 的 CS、SCK、SDO 和 SDI 信号变化情况,如图 10-65 所示。实物连接如图 10-66 所示。

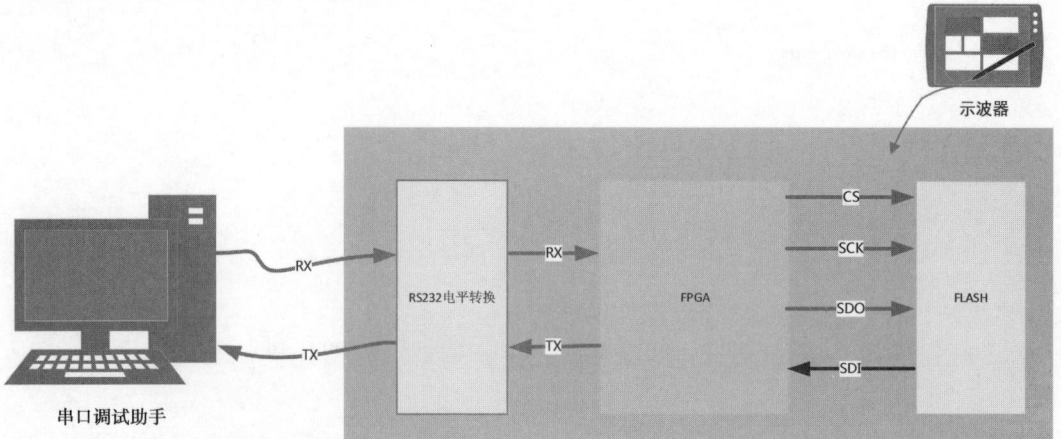

图 10-65　实物测试

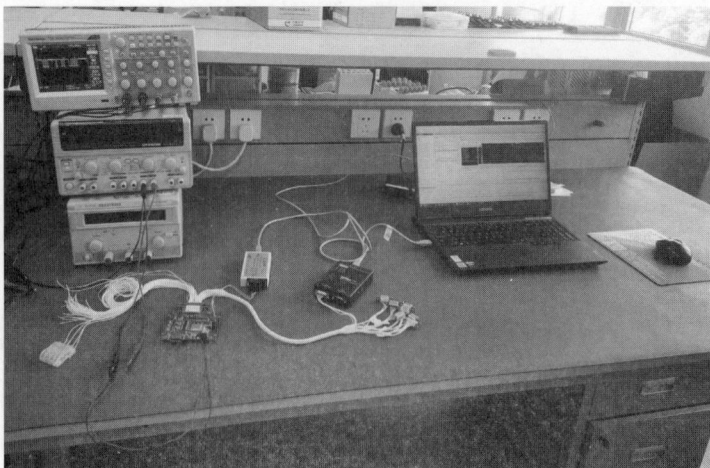

图 10-66　实物连接

2）执行并分析实物测试结果

接口测试结果分析如下述所示。

（1）rx_i 端口接口测试

示波器通道 1 连接 rx_i 端口所定义的管脚，通道 2 不进行连接。测试板上电后，通过串口调试助手，从 rx_i 发送读取数据命令。示波器采集到的 rx_i 端口信号如图 10-67 所示。

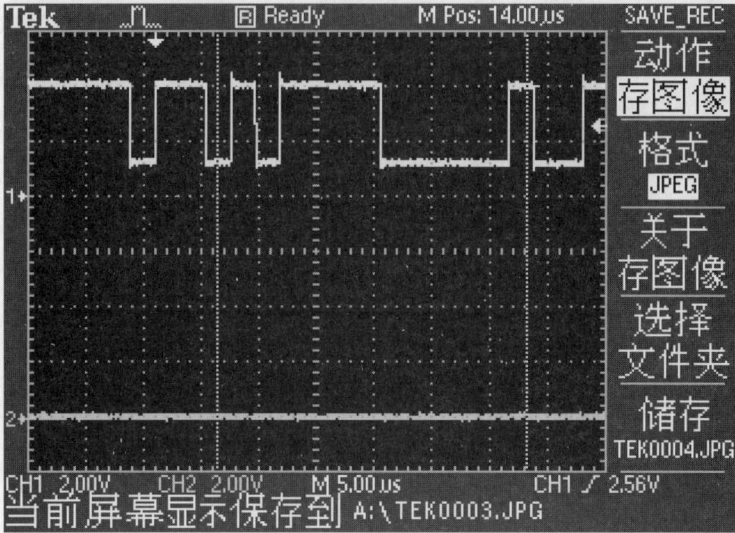

图 10-67   rx_i 端口接口测试

rx_i 的接口时序：波特率为 460800 b/s，每一位的宽度应为（2170±1）ns。放大示波器波形后，通过示波器观察串口接收时序是否满足要求，如图 10-68 所示。

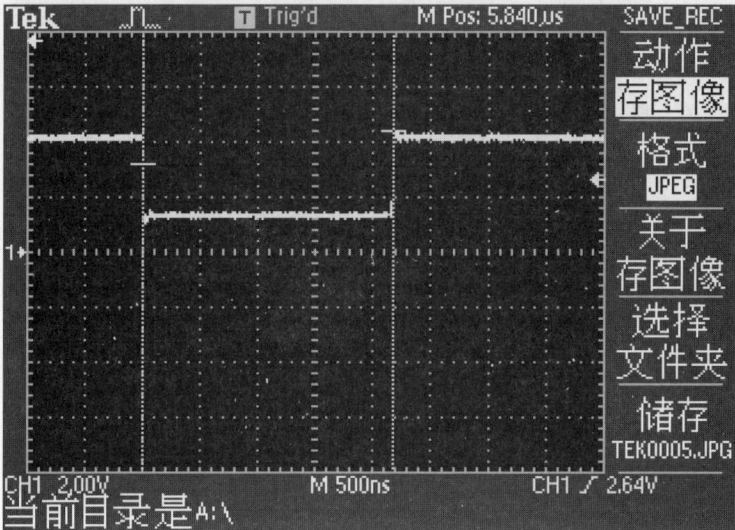

图 10-68   rx_i 接口时序

（2）tx_o 端口接口测试

示波器通道 1 连接 tx_o 端口所定义的管脚，通道 2 不进行连接。测试板上电后，通过串口调试助手，从 rx_i 发送读取数据命令。示波器采集到的 tx_o 端口信号如图 10-69 所示。

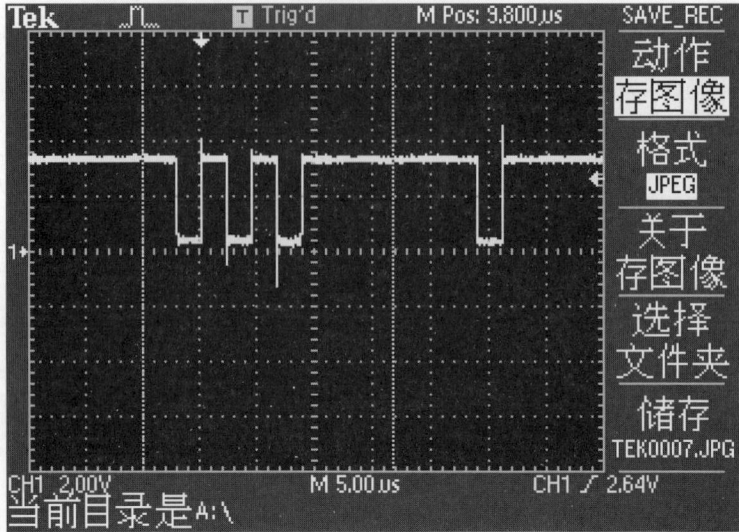

图 10-69　tx_o 端口信号

tx_o 的接口时序:波特率为 460800 bit,每一位的宽度应为(2170±1)ns,通过波形窗口观察串口接收时序满足要求。如图 10-70 所示。

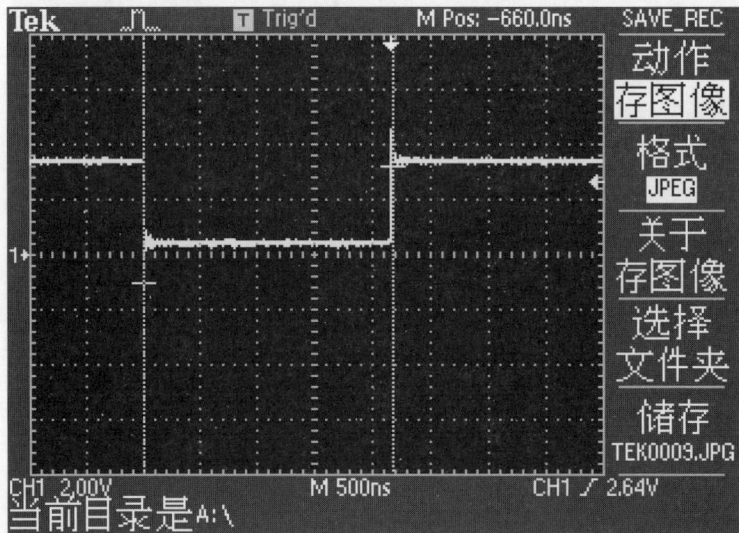

图 10-70　tx_o 接口时序

(3)SPI 接口 sck_o 端口接口测试

示波器通道 1 连接 sck_o 端口所定义的管脚。测试板上电后,通过串口调试助手,从 rx_i 发送读取数据命令。示波器采集到的 sck_o 端口信号如图 10-71 所示。

SPI 的接口时序:SPI 参考时钟 sck_o 为 500 kHz。通过示波器观察 SPI 参考时钟的时序满足要求,如图 10-72 所示。

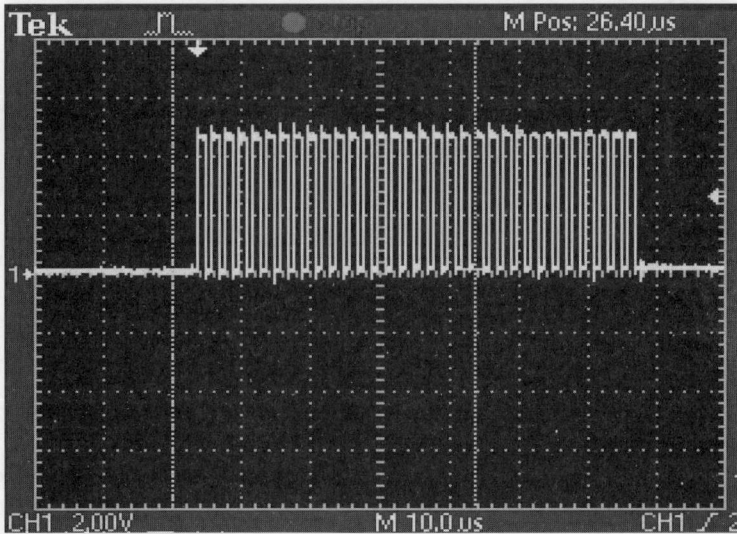

图 10-71 sck_o 端口信号

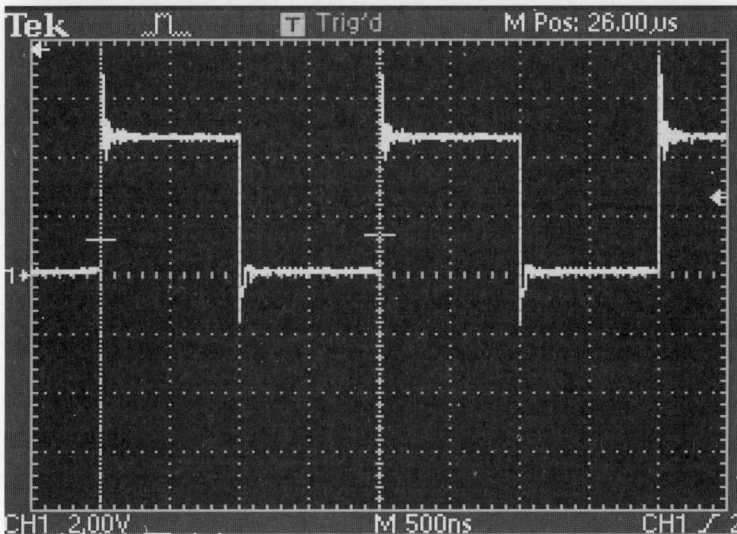

图 10-72 SPI 接口参考时钟时序

(4)SPI 写时序接口测试

示波器通道 1 连接 sck_o 端口所定义的管脚,通道 2 连接 cs_n_o 端口所定义的管脚,通道 3 连接 sdo_i 端口所定义的管脚,通道 4 连接 sdi_o 端口所定义的管脚。测试板上电后,通过串口调试助手,从 rx_i 发送写数据命令。示波器采集到的端口信号如图 10-73 所示。

FPGA 通过 SPI 发送时序,其中包括 8 位命令位(读数据命令 0x03,写使能命令 0x06,编程命令 0x02),16 位地址位(该项目进行了简化),8 位数据位。通过示波器观察 sck_o、cs_n_o、sdo_i、sdi_o 信号的时序满足要求。

(5)SPI 读时序接口测试

示波器通道 1 连接 sck_o 端口所定义的管脚,通道 2 连接 cs_n_o 端口所定义的管脚,通道 3 连接 sdo_i 端口所定义的管脚,通道 4 连接 sdi_o 端口所定义的管脚。测试板上电后,通过串口调试助手,从 rx_i 发送读数据命令。示波器采集到的端口信号如图 10-74 所示。

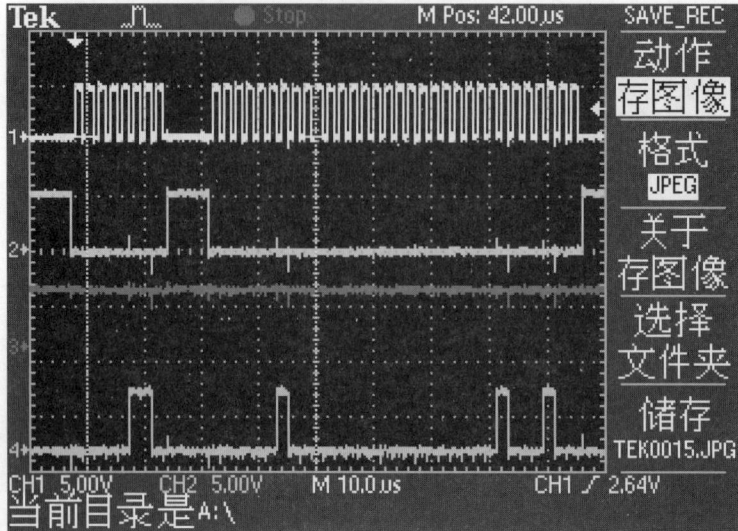

图 10-73　示波器端口信号

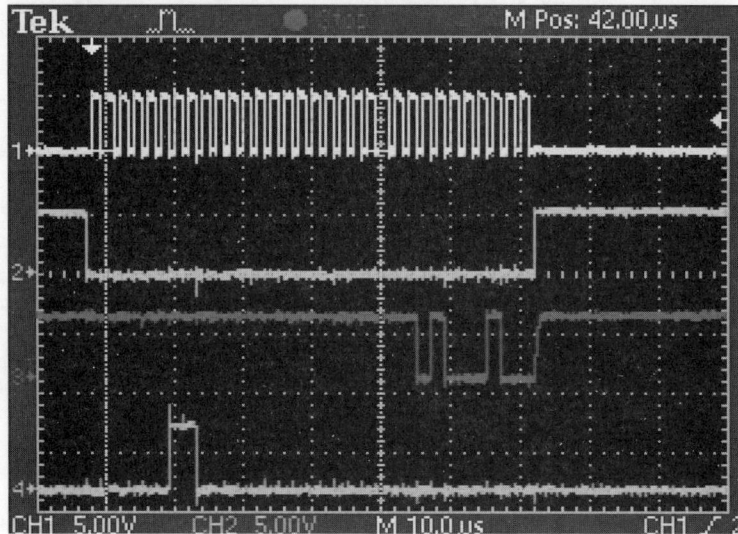

图 10-74　示波器采集端口信号

FPGA 通过 SPI 接收时序。通过示波器观察 sck_o、cs_n_o、sdo_i、sdi_o 信号的时序满足要求。

功能测试结果分析如下述所示。

功能测试采取的方法是通过串口调试助手发送写命令,向 FLASH 芯片地址 0x1000 写入数据 0xAA;再通过串口调试助手发送读命令,从 FLASH 芯片地址 0x1000 读取数据,测试读出的数据是否为 0xAA,并且通过串口调试助手检测发送读命令后,从 FPGA 芯片串口回传的数据是否为 0xAA。

（1）接收串口数据功能测试

示波器通道 1 连接 rx_i 端口所定义的管脚。测试板上电后,通过串口调试助手,从 rx_i 发送写入数据命令 0xEB90551000AA。示波器采集到的 rx_i 端口信号如图 10-75 所示。

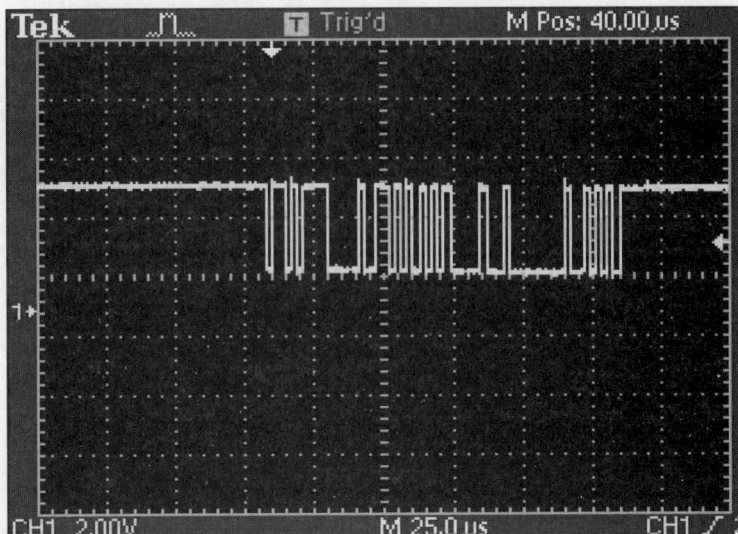

图 10-75　rx_i 端口信号

　　在示波器上将该信号放大后,对信号进行分析。分析结果为串口接收到的数据为 0xEB90551000AA,与串口调试助手发送的数据一致。该信号放大后如图 10-76 所示。

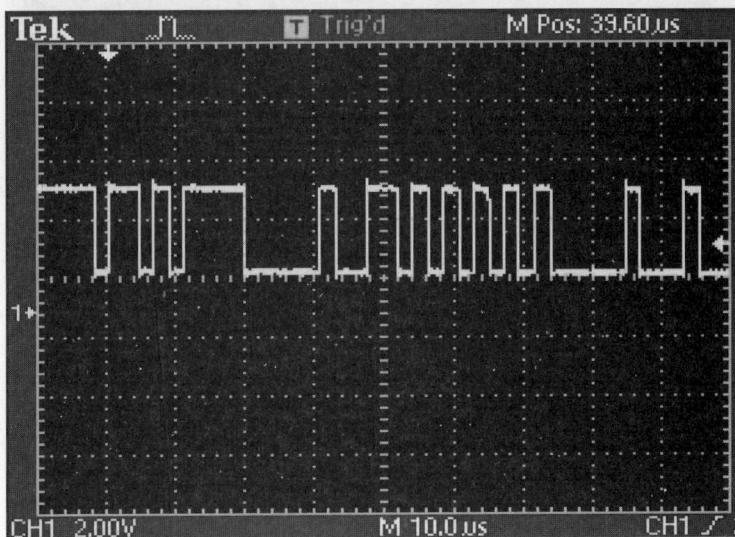

图 10-76　信号放大后数据

　　(2)写 FLASH 功能测试

　　示波器通道 1 连接 sck_o 端口所定义的管脚,通道 2 连接 cs_n_o 端口所定义的管脚,通道 3 连接 sdo_i 端口所定义的管脚,通道 4 连接 sdi_o 端口所定义的管脚。测试板上电后,通过串口调试助手,从 rx_i 发送写数据命令 0xEB90551000AA。示波器采集到的端口信号如图 10-77 所示。

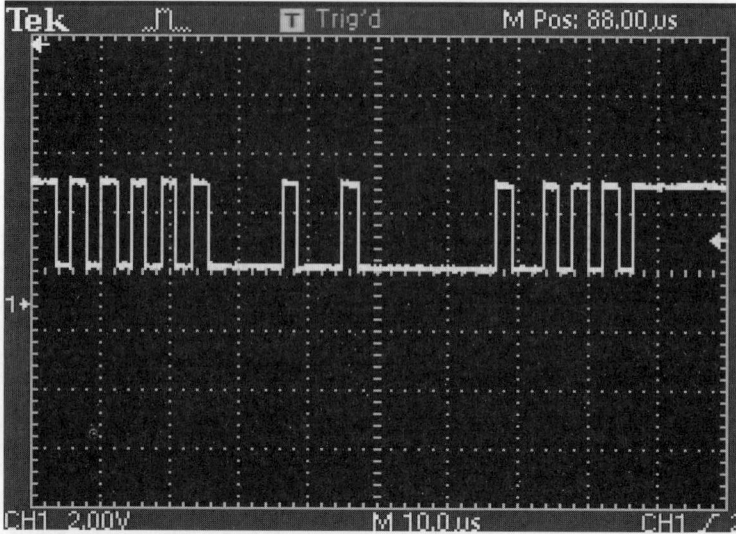

图 10-77　rx_i 端口信号

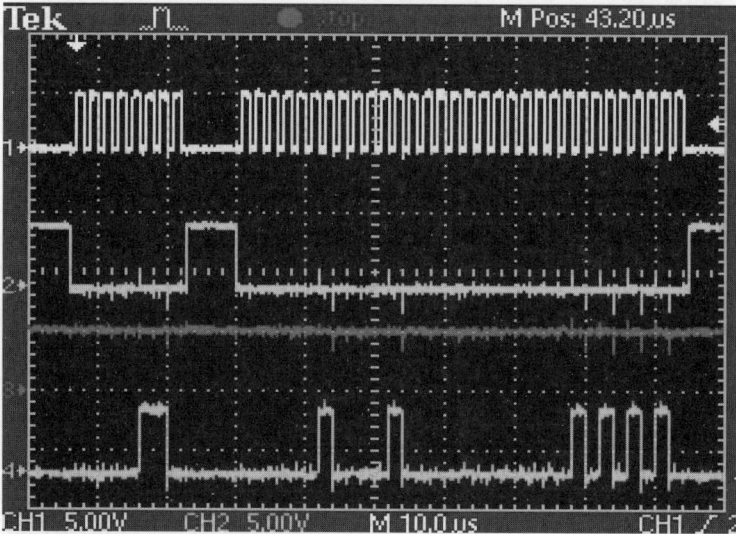

图 10-78　SPI 接口信号

分析示波器采集到的信号，SPI 接口发送的命令为：写使能命令 0x06，编程命令 0x02，地址为 0x1000，数据为 0xAA。

（3）读 FLASH 功能测试

示波器通道 1 连接 sck_o 端口所定义的管脚，通道 2 连接 cs_n_o 端口所定义的管脚，通道 3 连接 sdo_i 端口所定义的管脚，通道 4 连接 sdi_o 端口所定义的管脚。测试板上电后，通过串口调试助手，从 rx_i 发送写数据命令 0xEB90AA1000FF。示波器采集到的端口信号如图 10-79 所示。

分析示波器采集到的信号，SPI 接口发送的命令为：读命令 0x03，地址为 0x1000。FLASH 通过 SPI 反馈的数据为 0xAA，与写入 0x1000 地址的数据一致。

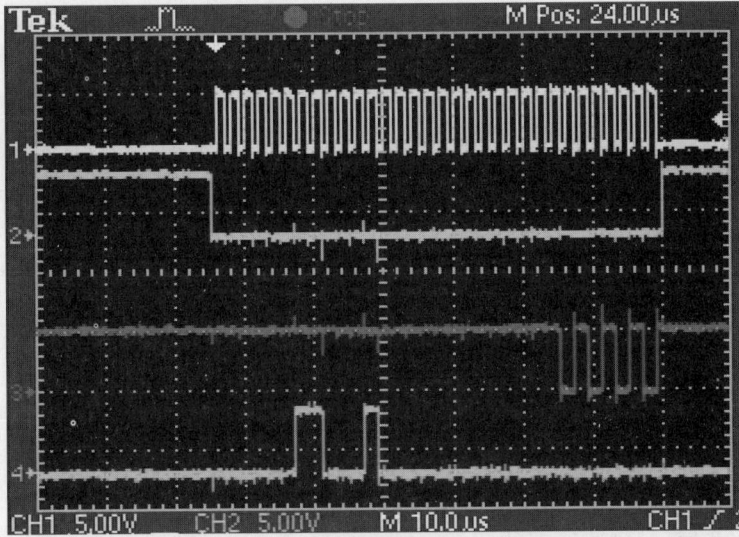

图 10-79　示波器采集 SPI 信号

（4）发送串口数据功能测试

示波器通道 1 连接 tx_o 端口所定义的管脚。测试板上电后，通过串口调试助手，从 rx_i 发送读取数据命令 0xEB90AA1000FF。示波器采集到的 tx_o 端口信号如图 10-80 所示。

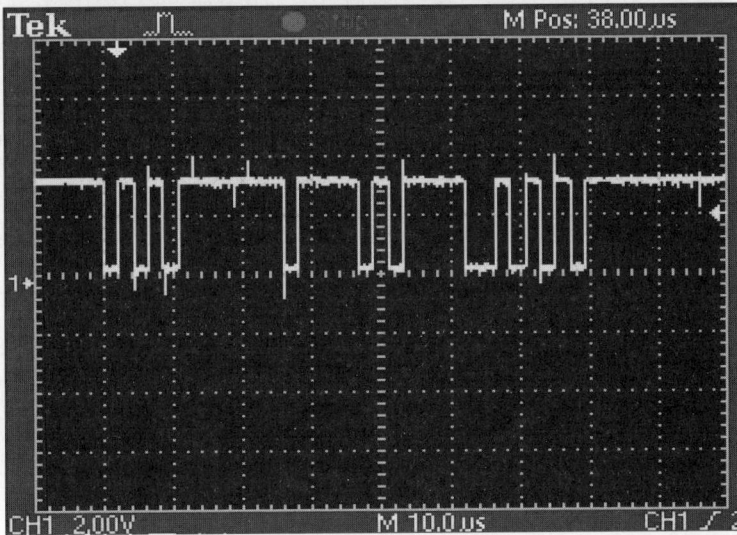

图 10-80　示波器采集 tx_o 端口信号

对 tx_o 信号进行分析。通过波形窗口观察到 tx_o 发送的数据为 0xF5AFAA。因此，回传的数据为 0xAA。与 SPI 反馈的数据一致。

10.5　测试总结

当测试执行过程结束后，则进入测试总结过程。在测试总结过程中主要对测试过程、测试环境、测试结果、测试充分性进行详细的描述。特别是对测试结果的描述中应包含测试用例的执行情况，问题的闭环情况等。当测试过程发生偏离计划的情况时，应对偏离情况、原因及对测试结果的影响进行描述。

在编写测试报告时，需要注意以下几点。

➤测试过程：按照时间顺序，简要说明接受测试输入，开展测试策划、测试设计与实现、测试执行、测试总结的实际过程。

➤软硬件环境：包括整体结构，通常采用拓扑图的方式描述硬件的连接关系；软硬件资源，测试中实际采用的系统软件、陪测软件以及测试工具等，以及每个软件项的名称、版本、用途等，每个硬件设备的名称、配置、用途等。

➤测试执行情况：通常按轮次，对每轮测试的被测对象、版本、测试级别、测试类型、设计的测试用例数量、实际执行的测试用例数量、通过的测试用例数量、未通过的测试用例数量、未执行的测试用例数量等信息作详细统计。

➤软件问题：对每轮测试发现的软件问题的类型、数量、级别等作详细统计。

➤测试追踪性分析：每个软件需求项到测试项，到测试用例应编制测试追踪表，证明测试的充分性满足要求。

➤覆盖率统计信息：在仿真测试报告中，还应列出覆盖率统计结果。原则上要求的覆盖率都应为100%，对于未达到100%的覆盖率类型，应说明未覆盖的原因，以及对测试结果是否产生影响。

➤评估和建议：应按照测试计划中的测试通过准则，对照被测软件的需求文档中规定的要求和隐含要求，结合测试结果，对被测软件进行评价，给出测试是否通过的结论。视测试情况提供改进建议。

仿真测试和确认测试的测试报告示例见附录4"存储控制 FPGA 软件仿真测试报告"和附录8"存储控制 FPGA 软件确认测试报告"。

附　录

实战项目的计划、说明、报告文档按照《军用可编程逻辑器件软件文档编制规范》(GJB 9764—2020)的文档模板给出简略示例。

附录1　《存储控制 FPGA 软件需求规格说明》

1　范围

1.1　标识

a. 文档标识号:UART2SPI-SRS;

b. 文档名称:存储控制 FPGA 软件需求规格说明;

c. 软件名称:存储控制 FPGA 软件;

d. 软件版本号:V1.0;

e. 术语和缩略语:略。

1.2　系统概述

存储控制 FPGA 软件属于某系统的重要组成部分,主要由 FPGA 芯片和 FLASH 芯片组成。FPGA 芯片接收到串口写指令,将数据通过 SPI 接口写入 FLASH 芯片的指定地址。FPGA 芯片接收到串口读指令后,通过 SPI 接口从 FLASH 指定地址中读取数据,并通过串口输出。系统结构如附图1-1所示。

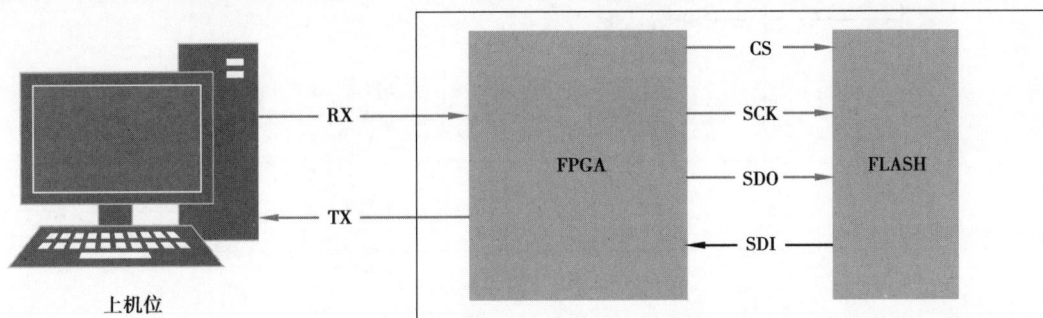

附图 1-1　存储控制 FPGA 系统结构

1.3 文档概述

本文档对存储控制 FPGA 软件需求规格作了详细的说明。本文档的内容是依据《某 FPGA 软件研制任务书》要求编制。

2 引用文档

GJB 9764—2020《军用可编程逻辑器件软件文档编制规范》

GJB 9433—2018《军用可编程逻辑器件软件测试要求》

…………

3 工程需求

3.1 要求的状态和方式

存储控制 FPGA 软件仅有一种工作模式。上电加载完成后,进入正常工作状态。

3.2 功能需求

该项目主要实现功能如下所示。

a. 接收串口数据:接收到的串口数据包括 FLASH 写命令帧和读命令帧。当接收到写命令帧时,解析要写入 FLASH 的数据和写入地址,触发写 FLASH 操作;当接收到读命令帧时,解析要读取的 FLASH 地址,触发读 FLASH 操作。当接收到的数据不满足帧格式时,作丢弃处理。

b. 写 FLASH:将串口接收到的有效数据和地址,通过 SPI 总线发送给片外 FLASH。

c. 读 FLASH:接收到读命令帧时,通过 SPI 总线接收读地址对应的 FLASH 数据。

d. 发送串口数据:接收到读取命令帧时,将从 SPI 总线接收到的数据通过串口输出。

存储控制 FPGA 软件模块由时钟管理模块、时钟分频模块、复位同步模块、串口接收模块、SPI 处理模块和串口发送模块组成,如附图 1-2 所示。

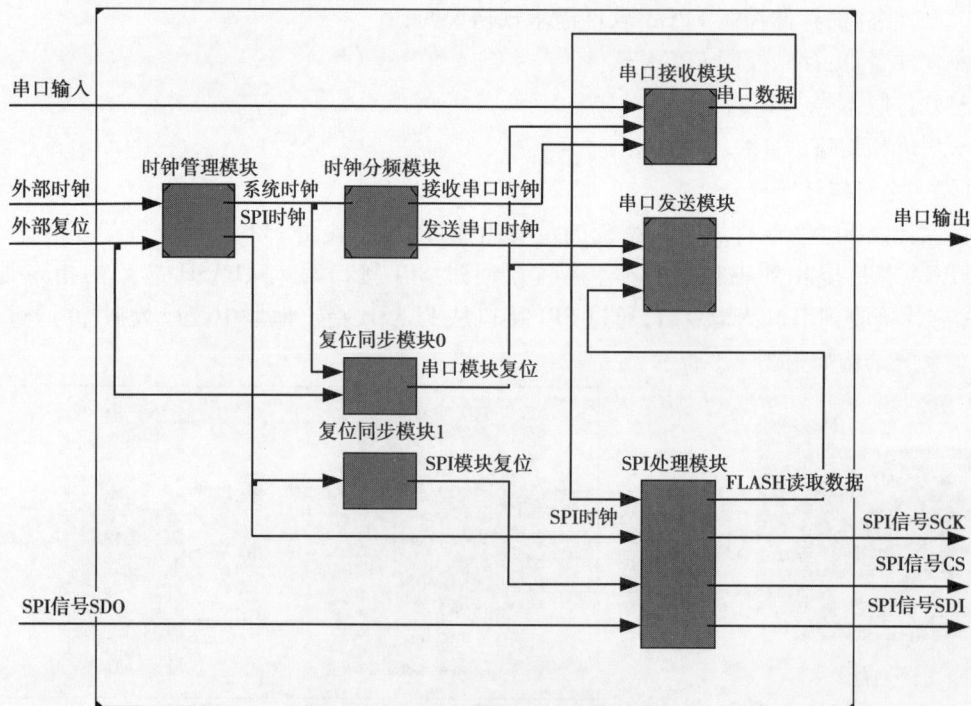

附图 1-2 存储控制 FPGA 软件模块

3.2.1　时钟管理模块

外部晶振输入时钟为 29.4912 MHz,通过 DCM 产生系统时钟 58.9824 MHz±10 kHz 和 SPI 工作时钟 30 MHz±10 kHz。

3.2.2　时钟分频模块

采用计数器分频的方式,将系统时钟分频为 460.8 kHz±10 kHz 和 3.6864 MHz±10 kHz,分别作为串口发送模块和串口接收模块的工作时钟。

3.2.3　复位同步模块

软件中包含两个复位同步模块:复位同步模块 0 和复位同步模块 1。

复位同步模块 0:将外部复位信号同步到系统时钟域中。采用异步复位,同步释放的方式。

复位同步模块 1:将外部复位信号同步到 SPI 时钟域中。采用异步复位,同步释放的方式。

3.2.4　串口接收模块

接收串口数据,解析串口命令,提取地址和数据。串口输入信号 rx_i 进入 FPGA 软件后先进行同步处理,解决异步输入信号的跨时钟域问题。串口每次接收 8 bit 数据,数据帧长度为 48 bit,前 16 bit 为帧头,后 32 bit 为帧数据。当读取到帧头 0xeb90 后,继续接收帧数据,帧数据接收完成后发送完成标志;当读取到的帧头不为 0xeb90 时,则认为是无效帧,重新开始帧头检测。

3.2.5　SPI 处理模块

FPGA 芯片与 FLASH 芯片通过 SPI 协议进行通信。该模块采用 IP 核方式实现 SPI 通信协议。FPGA 软件接收到串口数据后,将串口接收模块传入的帧数据进行解析。帧数据中的 [31:24] 为命令数据,[23:8] 为地址数据,[7:0] 为传输数据。若命令数据为 0x55 时,将传输数据写入地址数据指定的 FLASH 地址。若命令数据为 0xAA 时,将从地址数据中指定的 FLASH 地址中读取数据,并将读取到的数据发送给串口发送模块,同时产生发送标志。若从 FLASH 读取到的数据为 0xFF 时,该数据被认为是无效数据,发送数据 0x00。

3.2.6　串口发送模块

当串口发送模块接收到 SPI 模块产生的发送标志时,接收通过 SPI 读取的 FLASH 数据,接收完成后将该数据通过串口发送端口 tx_o 发送。

3.3　性能需求

上位机发送命令到完成 FLASH 读写一字节数据的操作时间应小于 0.5 ms。

3.4　软件可编程要求

无。

3.5　外部接口需求

3.5.1　接口图

存储控制 FPGA 软件主要外部接口如附图 1-3 所示。

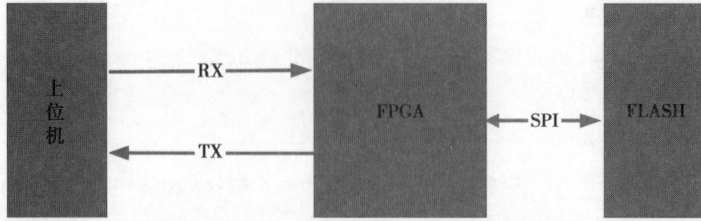

附图 1-3　存储控制 FPGA 软件外部接口图

3.5.2　外部时钟

外部时钟为 29.4912 MHz,占空比 50%。

3.5.3　外部复位

外部复位信号初始为高电平,低电平有效。

3.5.4　串口接口

接收串口和发送串口波特率:460800±5% b/s,1 bit 起始位,8 bit 数据位,LSB 模式,1 bit 停止位。

接收命令帧格式:共 6 个字节,见附表 1-1。

附表 1-1　接收命令帧格式

	写命令	读命令	宽度
帧头	0XEB90	0XEB90	2 字节
命令	0x55	0xAA	1 字节
地址	16 位	16 位	2 字节
数据	8 bit	8 bit(任意数据)	1 字节

发送命令帧格式:共 3 个字节,见附表 1-2。

附表 1-2　发送命令帧格式

	内容	宽度
帧头	0XF5AF	2 字节
数据	8 bit	1 字节

3.5.5　SPI 接口

FPGA 为主机模式,外部 FLASH 为从机模式。SPI 参考时钟 sck_o 为 500 kHz,8 位命令位(读数据命令 0x03,写使能命令 0x06,编程命令 0x02),16 位地址位(本项目进行了简化),8 位数据位。数据写入 FLASH 时,MOSI 信号线 sdi_o 先发送写使能命令,随后依次发送编程命令、编程地址和数据。从 FLASH 读出数据时,通过 MOSI 信号线 sdi_o 依次发送读数据命令,读数据地址。通过 MISO 信号线 sdo_i,FPGA 采样由 FLASH 输出的 8 位数据,数据为 MSB 模式。写使能、编程操作、读操作时序图如附图 1-4 所示。

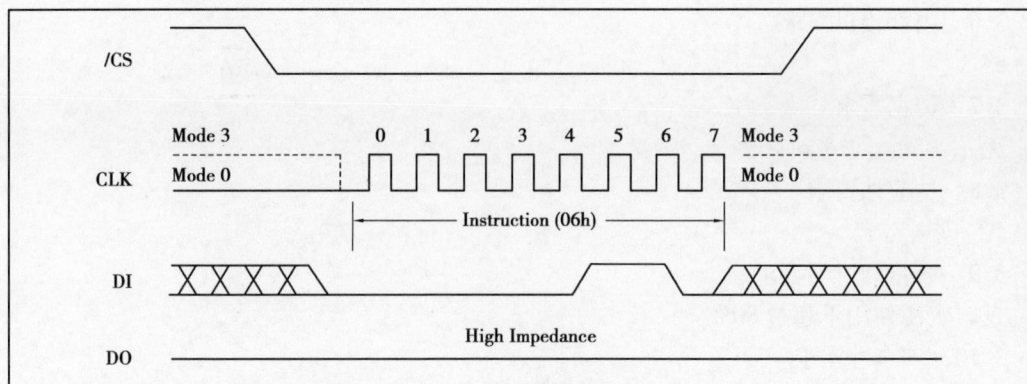

Figure 4 写使能时序图

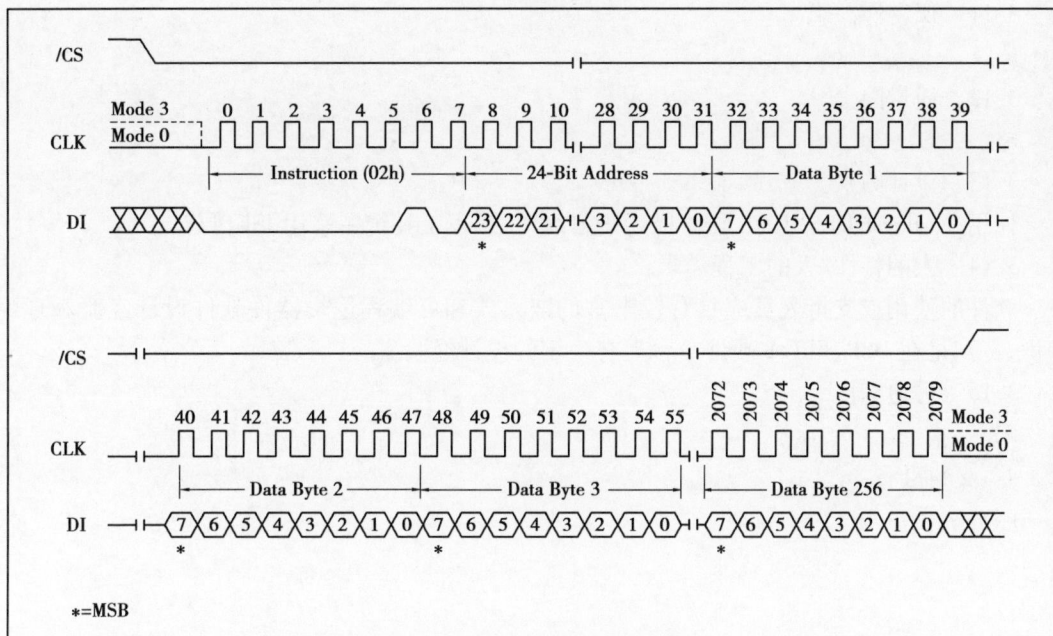

Figure 14 编程命令时序图

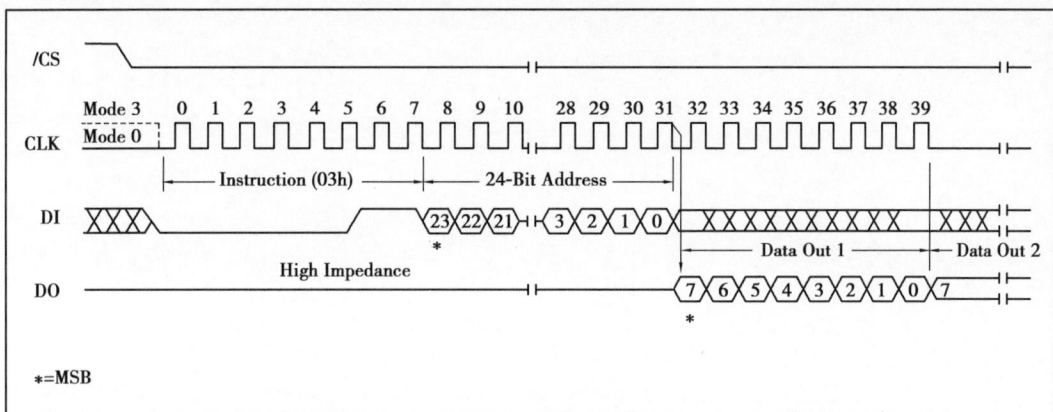

Figure 8 读数据时序图

附图 1-4 FPGA 采样数据

3.6 内部接口需求

略。

3.7 数据需求

无。

3.8 适应性要求

无。

3.9 容量和时间要求

逻辑资源使用不超过80%。

3.10 安全性需求

对跨时钟域信号需要进行同步处理。

3.11 保密性需求

略。

3.12 质量因素

略。

3.13 设计约束

使用 Verilog HDL,VHDL 硬件描述语言编写,编程工具统一采用 ISE14.7。

3.14 人的特性/人的工程需求

软件的使用或支持人员应具有较丰富的嵌入式和可编程逻辑器件软件设计经验和理论知识,特别是在 DSP、FPGA 硬件平台上有一定的设计经验。

3.15 可追踪性

略。

4 交付准备

略。

附录 2　《存储控制 FPGA 软件仿真测试计划》

1　范围
1.1　标识
a. 文档标识号:UART2SPI-STP;

b. 文档名称:存储控制 FPGA 软件仿真测试计划;

c. 文档版本号:V1.0。

1.2　系统概述
存储控制 FPGA 软件属于某系统的重要组成部分,主要由 FPGA 芯片和 FLASH 芯片组成。FPGA 芯片接收到串口写指令,将数据通过 SPI 接口写入 FLASH 芯片的指定地址。FPGA 芯片接收到串口读指令后,通过 SPI 接口从 FLASH 指定地址中读取数据,并通过串口输出。系统结构如附图 2-1 所示。

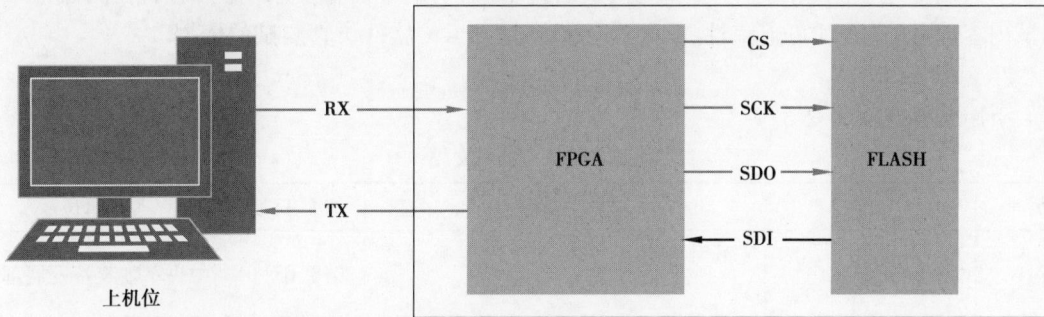

附图 2-1　系统结构

1.2.1　可编程逻辑器件软件概述
附表 2-1　软件概况

序号	软件名称	版本	规模	编程语言
1	存储控制 FPGA 软件	1.0	1 930 行,2 个 IP 核	Verilog,VHDL

1.2.2　运行环境
FPGA 芯片为 xc6slx9-2tqg144。外部晶振为 29.4912 MHz,占空比 50%。FLASH 芯片为 25AA128T I/SN。

FPGA 软件的外部接口如附图 2-2 所示,接口连接关系见附表 2-2 所示。

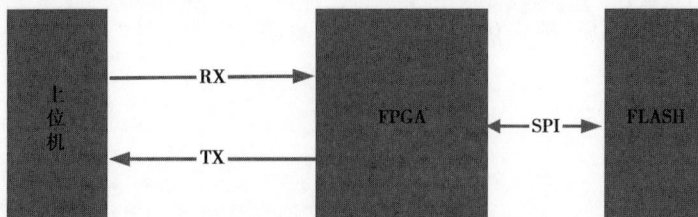

附图 2-2　FPGA 软件外部接口

附表 2-2 接口连接关系

序号	接口类型	源	目的	描述
1	时钟	晶振	FPGA 芯片	外部晶振提供
2	复位	上位机	FPGA 芯片	低电平有效
3	串口	上位机	FPGA 芯片	接收上位机发送的控制 FLASH 读写的命令与数据
4		FPGA 芯片	上位机	发送从 FLASH 读取的数据
5	SPI	FPGA 芯片	FLASH 芯片	FLASH 控制信号和写入 FLASH 数据
6		FLASH 芯片	FPGA 芯片	从 FLASH 读取的数据

1.2.3 开发环境

设计开发工具为 ISE 14.7,逻辑综合工具为 XST。

1.3 文档概述

本文档描述了测试需求分析和测试策划的结果,明确了测试要求与测试策略、测试环境、测试内容、测试进度和可追踪性,是开展存储控制 FPGA 软件仿真测试的依据。

2 引用文档

引用文档见附表 2-3。

附表 2-3 引用文档

序号	标识	文件名称	实施日期	颁布单位
1	GJB 9433—2018	《军用可编程逻辑器件软件测试要求》	2018-08-01	中央军委装备发展部
2	GJB 9764—2020	《军用可编程逻辑器件软件文档编制规范》	2020-08-01	中央军委装备发展部
3	GJB 9765—2020	《军用可编程逻辑器件软件编程语言安全子集-VHDL 语言篇》	2020-08-01	中央军委装备发展部
4	GJB 10157—2021	《军用可编程逻辑器件软件 Verilog 语言编程安全子集》	2022-03-01	中央军委装备发展部
5	UART2SPI-SRS	存储控制 FPGA 软件需求规格说明	—	—
6	……			

3 测试要求与测试策略

3.1 测试总体要求

根据对被测软件的分析,确定仿真测试的测试类型,详见附表 2-4。

附表 2-4　仿真测试类型一览表

测试类型 配置项名称	文档 审查	代码 审查	代码 走查	功能 测试	逻辑 测试	性能 测试	接口 测试	时序 测试	边界 测试	安全性 测试	强度 测试	余量 测试	功耗 分析
存储控制 FPGA 软件	—	√	-	√	-	-	√	√	-	√	-	-	-

注:表格中划"√"表示需要进行此项测试,划"-"表示不进行此项测试。

3.2　测试策略和方法

采用功能仿真的方法对被测 FPGA 软件进行功能测试、性能测试、接口测试、逻辑测试;

采用静态时序分析和时序仿真的方法进行时序测试;

采用设计检查中的跨时钟域信号分析进行安全性测试;

采用设计检查中的人工代码审查和编码规则检查进行代码审查。

3.3　测试项和测试子项标识说明

测试项标识由被测软件代号,测试类型简写码以及测试项序号组成。

4　仿真测试环境

4.1　仿真测试环境概述

仿真环境中,存储控制 FPGA 软件的 RTL 代码在仿真时被仿真工具 QuestaSim 加载,如附图 2-3 所示。激励发生器用于产生激励信号,在仿真时驱动存储控制 FPGA 软件的端口;监控器用于对仿真结果进行判断和记录。

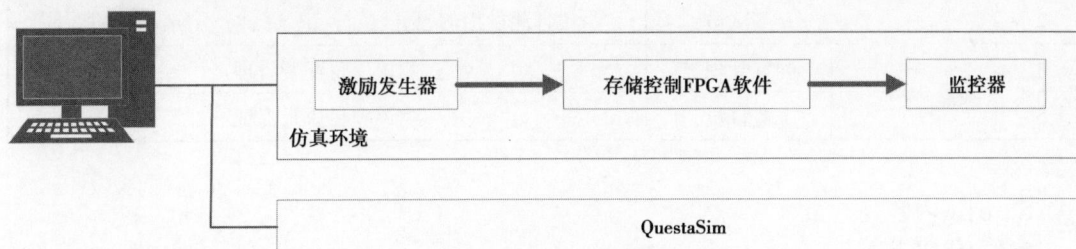

附图 2-3　仿真测试工作拓扑结构

4.2　软件项

本次仿真测试所需的软件项见附表 2-5。

附表 2-5　软件项

序号	软件项名称	版本	用途	提供单位
1	Windows	7	操作系统	
2	存储控制 FPGA 软件	V1.0	被测件	
3	QuestaSim	2019.3	功能仿真、时序仿真、逻辑测试	
4	MicrosoftOffice	2010	文档审查支撑软件、编写测试文档	—
5	ISE	14.7	静态时序分析	
6	QuestaCDC	2021	跨时钟域信号分析	
7	HDL Designer	2018	编码规则检查	

4.3 硬件和固件项

本次仿真测试所需的硬件和固件项见附表2-6。

附表2-6　硬件和固件项

序号	硬件和固件项名称	设备编号	用途	配置	状态	数量	提供单位
1	台式计算机1	—	用于进行静态时序分析、跨时钟域信号分析和编码规则检查	—	在用	1	—
2	服务器	—	用于功能仿真	—	在用	1	—
3	台式计算机2	—	用于文档编制	—	在用	1	—

4.4 测试场地

测试工作在某实验室进行。

4.5 参与组织

仿真测试工作由测试项目组独立完成。

4.6 人员

测试项目组成员组成及职责分工见附表2-7。

附表2-7　测试项目组成员组成及职责分工

序号	人员	岗位	职责分工
1	—	项目负责人	测试需求分析、制订测试计划、测试执行、编写测试报告
2	—	测试员	设计测试用例、测试执行、记录数据、分析测试数据
4	—	配置管理员	测评项目配置管理
5	—	监督员	测评项目质量保证

5 测试内容

5.1 代码审查

代码审查见附表2-8。

附表2-8　代码审查

测试项	代码审查		测试项标识	UART2SPI-CR-001
需求追踪	需求规格说明3.2			
测试目的	测试代码编写与软件需求规格说明的一致性和规范性			
测试级别	配置项测试		测试类型	代码审查
测试项说明	对照软件需求规格说明审查代码是否正确实现了需求规则说明的文档要求；通过编码规则检查工具进行编码规则检查			
测试方法	设计检查			

5.2 功能测试

5.2.1 时钟管理功能测试

时钟管理功能测试见附表2-9。

附表2-9　时钟管理功能测试

测试项	时钟管理功能测试	测试项标识	UART2SPI-FT-001
需求追踪	需求规格说明3.2.1		
测试目的	测试DCM产生系统时钟和SPI时钟是否实现正确		
测试级别	配置项测试	测试类型	功能测试
测试项说明	按要求输入外部时钟,DCM产生的需求规定的系统时钟和SPI时钟		
测试方法	功能仿真		

5.2.2 时钟分频功能测试

时钟分频功能测试见附表2-10。

附表2-10　时钟分频功能测试

测试项	时钟分频功能测试	测试项标识	UART2SPI-FT-002
需求追踪	需求规格说明3.2.2		
测试目的	测试系统时钟分频产生的串口接收模块的时钟和串口发送模块的时钟是否实现正确		
测试级别	配置项测试	测试类型	功能测试
测试项说明	按要求输入外部时钟经时钟管理模块生成的系统时钟,被时钟分频模块处理后应正确产生的串口接收模块的时钟和串口发送模块的时钟		
测试方法	功能仿真		

5.2.3 复位同步功能测试

复位同步功能测试见附表2-11。

附表2-11　复位同步功能测试

测试项	复位同步功能测试	测试项标识	UART2SPI-FT-003
需求追踪	需求规格说明3.2.3		
测试目的	测试系统时钟分频产生的串口接收模块的时钟和串口发送模块的时钟是否实现正确		
测试级别	配置项测试	测试类型	功能测试
测试项说明	按要求输入外部时钟和外部复位信号,外部复位信号被同步到系统时钟域和SPI时钟域		
测试方法	功能仿真		

5.2.4 串口接收功能测试

串口接收功能测试见附表2-12。

附表 2-12　**串口接收功能测试**

测试项	串口接收功能测试	测试项标识	UART2SPI-FT-004
需求追踪	需求规格说明 3.2.4		
测试目的	测试串口是否按协议接收和解析上位机发送的命令帧		
测试级别	配置项测试	测试类型	功能测试
测试项说明	按照串口通信协议要求发送 FLASH 操作命令帧,操作命令帧能被正确解析串口数据被传输给后续模块; 未按照通信协议要求发送 FLASH 操作命令,操作命令不能被正确解析,串口数据不被传输给后续模块		
测试方法	功能仿真		

5.2.5　写 FLASH 功能测试

写 FLASH 功能测试见附表 2-13。

附表 2-13　**写 FLASH 功能测试**

测试项	写 FLASH 功能测试	测试项标识	UART2SPI-FT-005
需求追踪	需求规格说明 3.2.5		
测试目的	测试写 FLASH 功能是否实现正确,是否对写命令帧的正确性和操作地址有效性进行正确判断与处理		
测试级别	配置项测试	测试类型	功能测试
测试项说明	接收到正确写命令帧,有效范围内地址时,能通过 SPI 总线将 FLASH 数据写入对应的地址; 接收到错误写命令帧时,有效范围内地址时,不能通过 SPI 总线将 FLASH 数据写入对应的地址; 接收到正确写命令帧,有效范围外地址时,不能通过 SPI 总线将 FLASH 数据写入对应的地址; 接收到错误写命令帧时,有效范围外地址时,不能通过 SPI 总线将 FLASH 数据写入对应的地址		
测试方法	功能仿真		

5.2.6　读 FLASH 功能测试

读 FLASH 功能测试见附表 2-14。

附表 2-14　**读 FLASH 功能测试**

测试项	读 FLASH 功能测试	测试项标识	UART2SPI-FT-006
需求追踪	需求规格说明 3.2.5		
测试目的	测试读 FLASH 功能是否实现正确,是否对读命令帧的正确性和操作地址有效性进行正确判断与处理		
测试级别	配置项测试	测试类型	功能测试

测试项说明	接收到正确读命令帧,有效范围内地址时,能通过 SPI 总线接收读地址对应的 FLASH 数据; 接收到错误读命令帧时,有效范围内地址时,不能通过 SPI 总线接收读地址对应的 FLASH 数据; 接收到正确读命令帧时,有效范围外地址时,不能通过 SPI 总线接收读地址对应的 FLASH 数据; 接收到错误读命令帧时,有效范围外地址时,不能通过 SPI 总线接收读地址对应的 FLASH 数据
测试方法	功能仿真

5.2.7　串口发送功能测试

串口发送功能测试见附表 2-15。

附表 2-15　串口发送功能测试

测试项	串口发送功能测试		测试项标识	UART2SPI-FT-007
需求追踪	需求规格说明 3.2.6			
测试目的	测试串口发送数据功能是否实现正确			
测试级别	配置项测试	测试类型		功能测试
测试项说明	按照通信协议要求发送 FLASH 读操作命令,测试待发送数据是否按串口协议要求正确输出			
测试方法	功能仿真			

5.3　性能测试

读写 FLASH 性能测试见附表 2-16。

附表 2-16　读写 FLASH 性能测试

测试项	读写 FLASH 性能测试		测试项标识	UART2SPI-PT-001
需求追踪	需求规格说明 3.3			
测试目的	测试上位机发送命令到完成 FLASH 读写一字节数据的操作时间是否小于 0.5 ms			
测试级别	配置项测试	测试类型		功能测试
测试项说明	上位机发送写 FLASH 命令到 FPGA 完成写 FLASH 操作的时间应小于 0.5 ms; 上位机发送读 FLASH 命令到 FPGA 完成回传 FLASH 数据的时间应小于 0.5 ms			
测试方法	功能仿真			

5.4　接口测试

5.4.1　串口接口测试

串口接口测试见附表 2-17。

附表 2-17　串口接口测试

附表 2-17　串口接口测试

标示:UART2SPI-IO-001					
需求追踪:需求规格说明 3.5					
接口信号					
序号	标示	方向	连接对象	说明	初始值/复位值
1	RX	I	上位机	接收由上位机发送的控制命令	1
2	TX	O	上位机	上传给上位机读取的数据	1
接口时序图					
无					
接口时序参数					
波特率:460800 b/s,1 bit 起始位,8 bit 数据位,LSB 模式,1 bit 停止位					

5.4.2　SPI 接口测试

SPI 接口测试见附表 2-18。

附表 2-18　SPI 接口测试

标示:UART2SPI-IO-002					
需求追踪:需求规格说明 3.5					
接口信号					
序号	标示	方向	连接对象	说明	初始值/复位值
1	CLK	O	FLASH	FLASH 参考时钟信号	0
2	CS	O	FLASH	FLASH 片选信号	1
3	DI	O	FLASH	FPGA→FLASH 命令和数据信号	0
4	DO	I	FLASH	FLASH→FPGA 回传数据信号	0
接口时序图					

写使能时序图

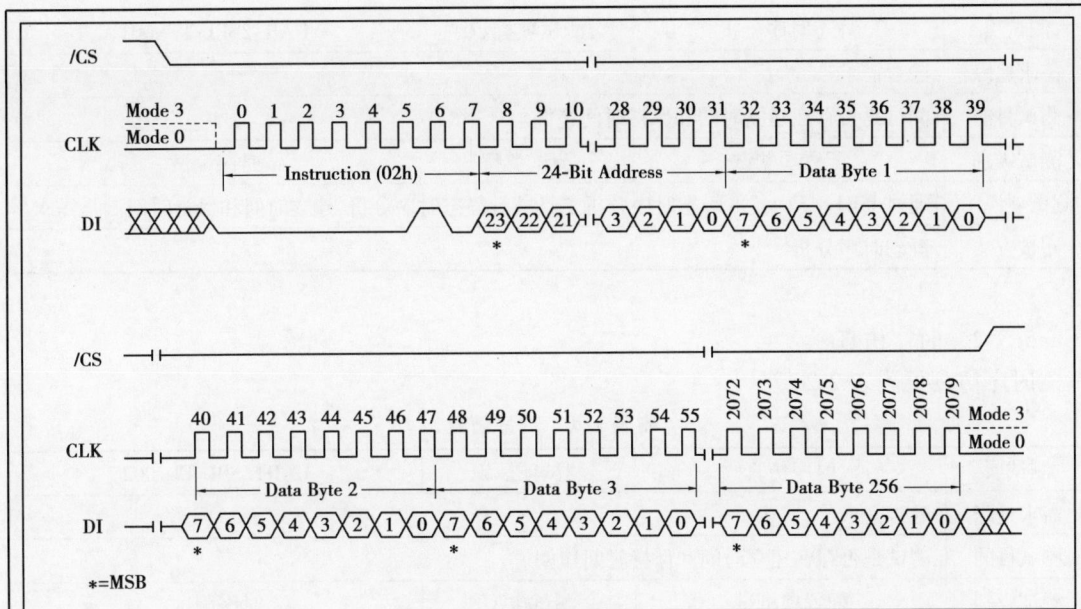

编程命令时序图

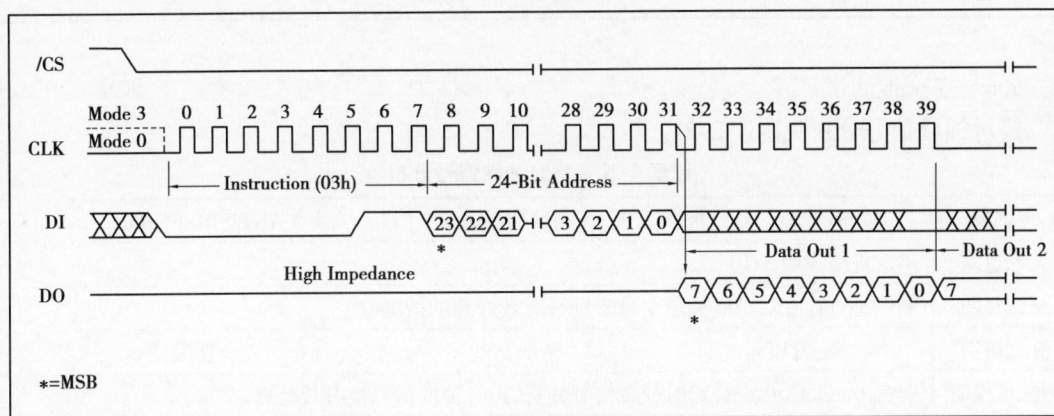

读数据时序图

接口时序参数

SPI 参考时钟为 500 kHz,8 位命令位(读数据命令 0x03,写使能命令 0x06,编程命令 0x02),16 位地址(该项目进行了简化),8 位数据位。FLASH 回传数据 8 位

5.5　时序测试

5.5.1　静态时序分析

静态时序分析见附表2-19。

测试项	静态时序分析	测试项标识	UART2SPI-TT-001
需求追踪	隐含需求		
测试目的	测试是否存在建立时间和保持时间违例		
测试级别	配置项测试	测试类型	时序测试
测试项说明	通过 ISE14.7 内置的静态时序分析工具进行静态时序分析,建立时间和保持时间满足需求		
测试方法	静态时序分析		

5.5.2　时序仿真

时序仿真见附表 2-20。

附表 2-20　时序仿真

测试项	时序仿真	测试项标识	UART2SPI-TT-002
需求追踪	隐含需求		
测试目的	测试是否存在建立时间和保持时间违例		
测试级别	配置项测试	测试类型	时序测试
测试项说明	通过 QuestaSim 执行最大、典型、最小工况下的时序仿真,建立时间和保持时间满足需求		
测试方法	时序仿真		

5.6　安全性测试

跨时钟域信号分析见附表 2-21。

附表 2-21　跨时钟域信号分析

测试项	跨时钟域信号分析	测试项标识	UART2SPI-ST-001
需求追踪	需求规格说明 3.10		
测试目的	测试是否存在对跨时钟域信号未进行有效处理的情况		
测试级别	配置项测试	测试类型	安全性测试
测试项说明	通过 QuestaCDC 进行跨时钟域信号分析,跨时钟域信号被有效处理		
测试方法	设计检查		

5.7　逻辑测试

逻辑测试见附表 2-22。

附表 2-22　逻辑测试

测试项	逻辑测试	测试项标识	UART2SPI-LOC-001
需求追踪	隐含需求		
测试目的	测试语句覆盖率、分支覆盖率、状态机覆盖率是否达到 100%		
测试级别	配置项测试	测试类型	逻辑测试
测试项说明	记录覆盖率数据,当覆盖率未达到 100% 时应分析原因并说明		
测试方法	功能仿真		

6 测试进度

略。

7 可追踪性

测试项与需求规格说明可追溯性一览表见附表 2-23。

附表 2-23　测试项与需求规格说明可追溯性一览表示例

序号	需求类型	需求规格说明		仿真测试计划		
		标识	名称	测试项标识	测试项名称	测试方法
1	—	3.2	功能需求	UART2SPI-CR-01	代码审查	设计检查
2	功能	3.2.1	时钟管理	UART2SPI-FT-01	时钟管理功能测试	功能仿真
3		3.2.2	时钟分频	UART2SPI-FT-02	时钟分频功能测试	功能仿真
4		3.2.3	复位同步	UART2SPI-FT-03	复位同步功能测试	功能仿真
5		3.2.4	串口接收	UART2SPI-FT-04	串口接收功能测试	功能仿真
6		3.2.5	SPI 处理	UART2SPI-FT-05	串口发送功能测试	功能仿真
7	功能			UART2SPI-FT-06	写 FLASH 功能测试	功能仿真
8		3.2.6	串口发送	UART2SPI-FT-07	读 FLASH 功能测试	功能仿真
9	性能	3.3	性能需求	UART2SPI-PT-01	读写 FLASH 性能测试	功能仿真
10	接口	3.5.1	外部时钟	外部输入接口,无测试需求		
11		3.5.2	外部复位	外部输入接口,无测试需求		
12		3.5.3	串口接口	UART2SPI-IO-01	串口接口测试	功能仿真
13		3.5.4	SPI 接口	UART2SPI-IO-02	SPI 接口测试	功能仿真
14	时序	—	隐含需求	UART2SPI-TT-01	静态时序分析	静态时序分析
15					时序仿真	时序仿真
16	安全性	3.10	安全性需求	UART2SPI-ST-01	跨时钟域信号分析	设计检查
17	逻辑测试	—	隐含需求	UART2SPI-LOC-01	逻辑测试	功能仿真
18	……	……				
……						

附录 3 《存储控制 FPGA 软件仿真测试说明》

1 范围

1.1 标识

a. 文档标识号：UART2SPI-STD；

b. 文档名称：存储控制 FPGA 软件仿真测试说明；

c. 文档版本号：V1.0。

1.2 系统概述

存储控制 FPGA 软件属于某系统的重要组成部分，主要由 FPGA 芯片和 FLASH 芯片组成。FPGA 芯片接收到串口写指令，将数据通过 SPI 接口写入 FLASH 芯片的指定地址。FPGA 芯片接收到串口读指令后，通过 SPI 接口从 FLASH 指定地址中读取数据，并通过串口输出。存储控制 FPGA 软件系统结构如附图 3-1 所示。

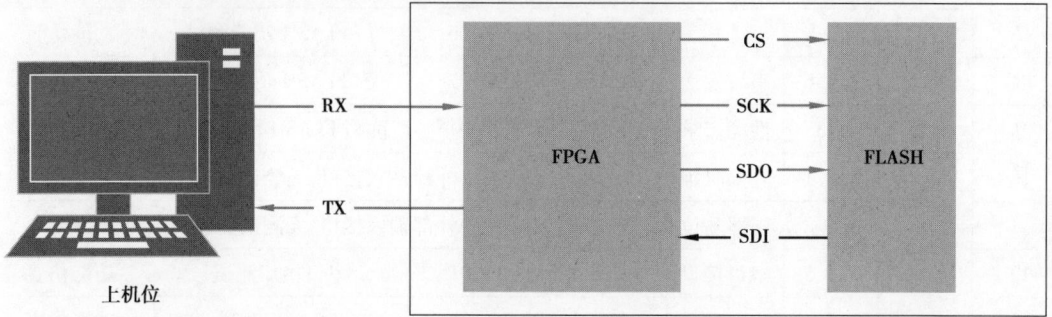

附图 3-1　存储控制 FPGA 软件系统结构

1.3 文档概述

本文档对依据《存储控制 FPGA 软件仿真测试计划》进行的软件测试项目进行测试准备和测试设计，为存储控制 FPGA 软件仿真测试提供设计指导。

2 引用文档

引用文档见附表 3-1。

附表 3-1　引用文档

序号	标识	文件名称	实施日期	颁布单位
1	GJB 9433—2018	《军用可编程逻辑器件软件测试要求》	2018-08-01	中央军委装备发展部
2	GJB 9764—2020	《军用可编程逻辑器件软件文档编制规范》	2020-08-01	中央军委装备发展部
3	GJB 9765—2020	《军用可编程逻辑器件软件编程语言安全子集—VHDL 语言篇》	2020-08-01	中央军委装备发展部
4	GJB 10157—2021	《军用可编程逻辑器件软件 Verilog 语言编程安全子集》	2022-03-01	中央军委装备发展部

序号	标识	文件名称	实施日期	颁布单位
5	UART2SPI–SRS	存储控制 FPGA 软件需求规格说明	—	—
6	UART2SPI–STP	存储控制 FPGA 软件仿真测试计划	—	—

3　仿真测试环境

3.1　仿真测试环境概述

仿真环境中,存储控制 FPGA 软件的 RTL 代码在仿真时被仿真工具 QuestaSim 加载,如附图 3-2 所示。激励发生器用于产生激励信号,在仿真时驱动存储控制 FPGA 软件的端口;监控器用于对仿真结果进行判断的记录。同附录 2 的 4.1。

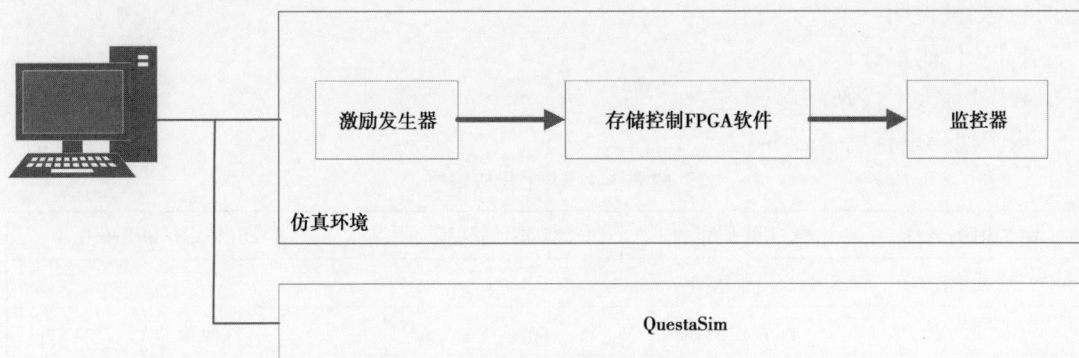

附图 3-2　仿真测试工作的拓扑结构

3.2　软件项

本次仿真测试所需的软件项见附表 3-2。

附表 3-2　软件项

序号	软件项名称	版本	用途	提供单位
1	Windows	7	操作系统	
2	存储控制 FPGA 软件	V1.0	被测件	
3	QuestaSim	2019.3	功能仿真、时序仿真、逻辑测试	
4	MicrosoftOffice	2010	文档审查支撑软件	—
5	ISE	14.7	静态时序分析	
6	QuestaCDC	2021	跨时钟域信号分析	
7	HDL Designer	2018	编码规则检查	

3.3　硬件和固件项

本次仿真测试所需的硬件和固件项见附表 3-3。

附表 3-3   硬件和固件项

序号	硬件和固件项名称	设备编号	用途	配置	状态	数量	提供单位
1	台式计算机 1	—	用于进行静态时序分析、跨时钟域信号分析和编码规则检查	—	在用	1	—
2	服务器	—	用于仿真计算	—	在用	1	—
3	台式计算机 2	—	用于文档编制	—	在用	1	—

3.4   测试场地

测试工作在某实验室进行。

4   测试说明

4.1   代码审查

4.1.1   人工代码审查

人工代码审查见附表 3-4。

附表 3-4   人工代码审查

测试用例名称	人工代码审查	测试用例标识	UART2SPI-CR-001-001
测试追踪	5.1.1 代码审查		
测试级别	配置项测试	测试类型	代码审查
测试方法	设计检查		
测试说明	对照软件需求规格说明审 FPGA 软件是否正确实现了需求规格说明文档要求		
终止条件	正常终止条件:按正常测试步骤完成测试过程； 异常终止条件:FPGA 软件功能实现错误、测试用例设计错误、操作错误、测试环境出现异常情况		
测试输入及操作说明	人工审查代码,检查软件需求规格说明文档与代码的一致性、逻辑设计的正确性、FPGA 软件设计的合理性与可读性以及约束文件的合理性		
预期测试结果	FPGA 软件实现与需求文档要求一致		
评估准则	检查测试结果与预期结果是否一致。是:通过。否:不通过		
假定约束条件	被测件源代码完整		
测试人员		测试日期	

4.1.2   编码规则检查

编码规则检查见附表 3-5。

附表 3-5   编码规则检查

测试用例名称	编码规则检查	测试用例标识	UART2SPI-CR-001-002
测试追踪	5.1.1 代码审查		
测试级别	配置项测试	测试类型	代码审查

测试方法	设计检查
测试说明	通过编码规则检查工具检查,测试编码是否符合(GJB 9765—2020)《军用可编程逻辑器件软件编程语言安全子集-VHDL语言篇》和(GJB 10157—2021)《军用可编程逻辑器件软件 Verilog 语言编程安全子集》的要求
终止条件	正常终止条件:按正常测试步骤完成测试过程。 异常终止条件:FPGA 软件功能实现错误、测试用例设计错误、操作错误、测试环境出现异常情况
测试输入及操作说明	通过编码规则检查工具进行编码规则检查
预期测试结果	未发现违反编码规则的代码设计
评估准则	检查测试结果与预期结果是否一致。是:通过。否:不通过
假定约束条件	被测件源代码完整
测试人员		测试日期	

4.2　功能测试

4.2.1　时钟管理功能测试

时钟管理功能测试见附表3-6。

附表3-6　时钟管理功能测试

测试用例名称	时钟管理功能测试	测试用例标识	UART2SPI-FT-001-001
测试追踪	5.2.1 时钟管理功能测试		
测试级别	配置项测试	测试类型	功能测试
测试方法	功能仿真		
测试说明	编写仿真激励程序,按 FPGA 软件时钟要求发送激励,测试是否产生正确的内部时钟		
终止条件	正常终止条件:按正常测试步骤完成测试过程。 异常终止条件:FPGA 软件功能实现错误、测试用例设计错误、操作错误、测试环境出现异常情况		
测试输入及操作说明	系统时钟 clk_i:29.4912 MHz,占空比 50%; 复位信号 rst_n_i:初始值置为 0;10 μs 后置为 1; 仿真时间:1 ms		
预期测试结果	通过波形窗口观察 DCM 产生系统时钟 58.9824 MHz±10 kHz 和 SPI 工作时钟 30 MHz±10 kHz		
评估准则	检查测试结果与预期结果是否一致。是:通过。否:不通过		
假定约束条件	被测件源代码完整		
测试人员		测试日期	

4.2.2 时钟分频功能测试

时钟分频功能测试见附表 3-7。

附表 3-7　时钟分频功能测试

测试用例名称	时钟分频功能测试	测试用例标识		UART2SPI-FT-002-001
测试追踪	5.2.2 时钟分频功能测试			
测试级别	配置项测试	测试类型		功能测试
测试方法	功能仿真			
测试说明	编写仿真激励程序，按 FPGA 软件时钟要求发送激励，测试是否正确产生串口发送时钟和接收时钟			
终止条件	正常终止条件：按正常测试步骤完成测试过程。异常终止条件：FPGA 软件功能实现错误、测试用例设计错误、操作错误、测试环境出现异常情况			
测试输入及操作说明	系统时钟 clk_i:29.4912 MHz，占空比 50%；复位信号 rst_n_i:初始值置为 0;10 μs 后置为 1；仿真时间:1 ms			
预期测试结果	通过波形窗口观察 系统时钟分频为 460.8 kHz±10 kHz 和 3.6864 MHz±10 kHz，分别作为串口发送模块和串口接收模块的工作时钟			
评估准则	检查测试结果与预期结果是否一致。是:通过。否:不通过			
假定约束条件	被测件源代码完整			
测试人员		测试日期		

4.2.3 复位同步功能测试

复位同步功能测试见附表 3-8。

附表 3-8　复位同步功能测试

测试用例名称	复位同步功能测试	测试用例标识		UART2SPI-FT-003-001
测试追踪	5.2.3 复位同步功能测试			
测试级别	配置项测试	测试类型		功能测试
测试方法	功能仿真			
测试说明	编写仿真激励程序，按 FPGA 软件时钟和复位要求发送激励，测试是否产生同步后的内部复位信号			
终止条件	正常终止条件：按正常测试步骤完成测试过程。异常终止条件：FPGA 软件功能实现错误、测试用例设计错误、操作错误、测试环境出现异常情况			
测试输入及操作说明	系统时钟 clk_i:29.4912 MHz，占空比 50%；复位信号 rst_n_i:初始值置为 0;10 μs 后置为 1；仿真时间:1 ms			

预期测试结果	通过波形窗口观察 外部复位信号同步到系统时钟域中作为复位信号使用; 外部复位信号同步到 SPI 时钟域中作为复位信号使用		
评估准则	检查测试结果与预期结果是否一致。是:通过。否:不通过		
假定约束条件	被测件源代码完整		
测试人员		测试日期	

4.2.4 串口接收功能测试1

串口接收功能测试 1 见附表 3-9。

附表 3-9　串口接收功能测试 1

测试用例名称	串口接收功能测试 1	测试用例标识	UART2SPI-FT-004-001
测试追踪	5.2.4 串口接收功能测试		
测试级别	配置项测试	测试类型	功能测试
测试方法	功能仿真		
测试说明	编写仿真激励程序,通过 FPGA 软件接收串口,按 FPGA 软件接收串口时序要求发送正确的 FLASH 操作命令帧,测试是否被正确处理		
终止条件	正常终止条件:按正常测试步骤完成测试过程。 异常终止条件:FPGA 软件功能实现错误、测试用例设计错误、操作错误、测试环境出现异常情况		
测试输入及操作说明	系统时钟 clk_i:29.4912 MHz,占空比 50%; 复位信号 rst_n_i:初始置为 0;10 μs 后置为 1; FPGA 接收串口 rx_i:初始值置为 1;25 μs 后发送写 FLASH 操作命令,写命令帧头为 0XEB90,命令为 0X55,地址为 0X0001,数据为 0XA5;25 μs 后发送读 FLASH 操作命令,读命令帧头为 0XEB90,命令为 0XAA,地址为 0X0001; 仿真时间:1 ms		
预期测试结果	通过波形窗口观察 FPGA 接收串口发送写 FLASH 操作命令时,SPI 接口按协议发送 SPI 写使能命令和 SPI 编程命令 FPGA 接收串口发送读 FLASH 操作命令时,SPI 接口按协议发送 SPI 读数据命令		
评估准则	检查测试结果与预期结果是否一致。是:通过。否:不通过		
假定约束条件	被测件源代码完整		
测试人员		测试日期	

4.2.5 串口接收功能测试2

串口接收功能测试 2 见附表 3-10。

附表 3-10　串口接收功能测试 2

测试用例名称	串口接收功能测试 2	测试用例标识		UART2SPI-FT-004-002
测试追踪	5.2.4 串口接收功能测试			
测试级别	配置项测试	测试类型		功能测试
测试方法	功能仿真			
测试说明	编写仿真激励程序，通过 FPGA 软件接收串口，按 FPGA 软件接收串口时序要求发送异常的 FLASH 操作命令帧。测试是否被正确处理			
终止条件	正常终止条件：按正常测试步骤完成测试过程。 异常终止条件：FPGA 软件功能实现错误、测试用例设计错误、操作错误、测试环境出现异常情况			
测试输入及操作说明	系统时钟 clk_i：29.4912 MHz，占空比 50%； 复位信号 rst_n_i：初始值置为 0；10 μs 后置为 1； FPGA 接收串口 rx_i：初始值置为 1；25 μs 后发送写 FLASH 操作命令，写命令帧头为 0XEB91，命令为 0X55，地址为 0X0001，数据为 0XA5； 仿真时间：1 ms			
预期测试结果	通过波形窗口观察 FPGA 接收串口发送写 FLASH 操作命令时，SPI 接口按协议不发送写使能命令和编程命令			
评估准则	检查测试结果与预期结果是否一致。是：通过。否：不通过			
假定约束条件	被测件源代码完整			
测试人员		测试日期		

4.2.6　写 FLASH 功能测试

写 FLASH 功能测试见附表 3-11。

附表 3-11　写 FLASH 功能测试

测试用例名称	写 FLASH 功能测试	测试用例标识		UART2SPI-FT-005-001
测试追踪	5.2.5 写 FLASH 功能测试			
测试级别	配置项测试	测试类型		功能测试
测试方法	功能仿真			
测试说明	编写仿真激励程序，通过 FPGA 软件接收串口，按 FPGA 软件接收串口时序要求发送写 FLASH 操作命令帧，测试 FPHA 软件是否按 SPI 协议执行 FLASH 写操作			
终止条件	正常终止条件：按正常测试步骤完成测试过程。 异常终止条件：FPGA 软件功能实现错误、测试用例设计错误、操作错误、测试环境出现异常情况			

测试输入及操作说明	系统时钟 clk_i:29.4912 MHz,占空比 50%; 复位信号 rst_n_i:初始值置为 0;10 μs 后置为 1; FPGA 接收串口 rx_i:初始值置为 1;25 μs 后发送写 FLASH 操作命令,写命令帧头为 0XEB90,命令为 0X55,地址为 0X0001,数据为 0XA5; 仿真时间:1 ms
预期测试结果	通过波形窗口观察 FPGA 接收串口收到 FLASH 操作命令时,SPI 接口按协议发送写使能命令和编程命令
评估准则	检查测试结果与预期结果是否一致。是:通过。否:不通过
假定约束条件	被测件源代码完整
测试人员		测试日期	

4.2.7　读 FLASH 功能测试 1

读 FLASH 功能测试 1 见附表 3-12。

附表 3-12　读 FLASH 功能测试 1

测试用例名称	读 FLASH 功能测试 1	测试用例标识	UART2SPI-FT-006-001
测试追踪	5.2.6 读 FLASH 功能测试		
测试级别	配置项测试	测试类型	功能测试
测试方法	功能仿真		
测试说明	编写仿真激励程序,通过 FPGA 软件接收串口,按 FPGA 软件接收串口时序要求发送读 FLASH 操作命令帧,测试 FPHA 软件是否按 SPI 协议执行 FLASH 读操作		
终止条件	正常终止条件:按正常测试步骤完成测试过程。 异常终止条件:FPGA 软件功能实现错误、测试用例设计错误、操作错误、测试环境出现异常情况		
测试输入及操作说明	系统时钟 clk_i:29.4912 MHz,占空比 50%; 复位信号 rst_n_i:初始值置为 0;10 μs 后置为 1; FPGA 接收串口 rx_i:初始值置为 1;25 μs 后发送读 FLASH 操作命令,读命令帧头为 0XEB90,命令为 0XAA,地址为 0X0001; SPI 回传数据信号 sdo_i:激励程序中接收到 FLASH 读命令时,按照协议回传随机数; 仿真时间:1 ms		
预期测试结果	通过波形窗口观察 FPGA 接收串口发送读 FLASH 操作命令时,SPI 接口按协议发送读数据命令,SPI 回传数据与 FPGA 串口发送数据一致		
评估准则	检查测试结果与预期结果是否一致。是:通过。否:不通过		
假定约束条件	被测件源代码完整		
测试人员		测试日期	

4.2.8 读 FLASH 功能测试 2

读 FLASH 功能测试 2 见附表 3-13。

附表 3-13 读 FLASH 功能测试 2

测试用例名称	读 FLASH 功能测试 2	测试用例标识	UART2SPI-FT-006-002
测试追踪	5.2.6 读 FLASH 功能测试		
测试级别	配置项测试	测试类型	功能测试
测试方法	功能仿真		
测试说明	编写仿真激励程序,通过 FPGA 软件接收串口,按 FPGA 软件接收串口时序要求发送读 FLASH 操作命令帧,测试 FPGA 软件是否正确处理 FLASH 回读数据异常的情况		
终止条件	正常终止条件:按正常测试步骤完成测试过程。异常终止条件:FPGA 软件功能实现错误、测试用例设计错误、操作错误、测试环境出现异常情况		
测试输入及操作说明	系统时钟 clk_i:29.4912 MHz,占空比 50%;复位信号 rst_n_i:初始值置为 0;10 μs 后置为 1;FPGA 接收串口 rx_i:初始值置为 1;25 μs 后发送读 FLASH 操作命令,读命令帧头为 0XEB90,命令为 0XAA,地址为 0X0001;SPI 回传数据信号 sdo_i:激励程序中接收到 FLASH 读命令时,按照协议回传数据 0xFF;仿真时间:1 ms		
预期测试结果	通过波形窗口观察 FPGA 接收串口发送读 FLASH 操作命令时,SPI 接口按协议发送读数据命令,SPI 处理模块发送数据 0x00		
评估准则	检查测试结果与预期结果是否一致。是:通过。否:不通过		
假定约束条件	被测件源代码完整		
测试人员		测试日期	

4.2.9 串口发送功能测试

串口发送功能测试见附表 3-14。

附表 3-14 串口发送功能测试

测试用例名称	串口发送功能测试	测试用例标识	UART2SPI-FT-007-001
测试追踪	5.2.7 串口发送功能测试		
测试级别	配置项测试	测试类型	功能测试
测试方法	功能仿真		
测试说明	编写仿真激励程序,通过 FPGA 软件接收串口,按 FPGA 软件接收串口时序要求发送 FLASH 读操作命令帧,测试 FPGA 软件发送串口是否按串口协议发生 FLASH 回传的数据		

终止条件	正常终止条件:按正常测试步骤完成测试过程。 异常终止条件:FPGA 软件功能实现错误、测试用例设计错误、操作错误、测试环境出现异常情况		
测试输入及操作说明	系统时钟 clk_i:29.4912 MHz,占空比 50%; 复位信号 rst_n_i:初始值置为 0;10 μs 后置为 1; FPGA 接收串口 rx_i:初始值置为 1;25 μs 后发送读 FLASH 操作命令,读命令帧头为 0XEB90,命令为 0XAA,地址为 0X0001; SPI 回传数据信号 sdo_i:激励程序中接收到 FLASH 读命令时,按照协议回传随机数; 仿真时间:1 ms		
预期测试结果	通过波形窗口观察 FPGA 接收串口发送读 FLASH 操作命令时,SPI 接口按协议发送读数据命令,SPI 回传数据与 FPGA 串口发送数据一致		
评估准则	检查测试结果与预期结果是否一致。是:通过。否:不通过		
假定约束条件	被测件源代码完整		
测试人员		测试日期	

......

4.3　性能测试

读写 FLASH 性能测试见附表 3-15。

附表 3-15　读写 FLASH 性能测试

测试用例名称	读写 FLASH 性能测试	测试用例标识	UART2SPI-PT-001-001
测试追踪	5.3.1 读写 FLASH 性能测试		
测试级别	配置项测试	测试类型	接口测试
测试方法	功能仿真		
测试说明	编写仿真激励程序,通过 FPGA 软件接收串口,按 FPGA 软件接收串口时序要求发送 FLASH 读写命令帧,测试读写 FLASH 的时间是否满足要求		
终止条件	正常终止条件:按正常测试步骤完成测试过程。 异常终止条件:FPGA 软件功能实现错误、测试用例设计错误、操作错误、测试环境出现异常情况		
测试输入及操作说明	系统时钟 clk_i:29.4912 MHz,占空比 50%; 复位信号 rst_n_i:初始值置为 0;10 μs 后置为 1; FPGA 接收串口 rx_i:初始值置为 1;25 μs 后发送写 FLASH 操作命令,写命令帧头为 0XEB90,命令为 0X55,地址为 0X0001,数据为 0XA5;25 μs 后发送读 FLASH 操作命令,读命令帧头为 0XEB90,命令为 0XAA,地址为 0X0001; SPI 回传数据信号 sdo_i:激励程序中接收到 FLASH 读命令时,按照协议回传随机数; 仿真时间:1 ms		

续表

预期测试结果	通过波形窗口观察 FPGA 接收串口 rx_i 的起始位下降沿到 SPI 协议中的片选信号 cs_n_o 上升沿的时间间隔小于 0.5 ms	
评估准则	检查测试结果与预期结果是否一致。是:通过。否:不通过	
假定约束条件	被测件源代码完整	
测试人员		测试日期

4.4 接口测试
4.4.1 接收串口接口测试
接收串口接口测试见附表 3-16。

附表 3-16 接收串口接口测试

测试用例名称	接收串口接口测试	测试用例标识	UART2SPI-IO-001-001
测试追踪	5.4.1 串口接口测试		
测试级别	配置项测试	测试类型	接口测试
测试方法	功能仿真		
测试说明	编写仿真激励程序,通过 FPGA 软件接收串口,按 FPGA 软件接收串口时序要求发送 FLASH 读写命令帧,测试 FPGA 软件是否接受串口时序解析命令帧		
终止条件	正常终止条件:按正常测试步骤完成测试过程。 异常终止条件:FPGA 软件功能实现错误、测试用例设计错误、操作错误、测试环境出现异常情况		
测试输入及操作说明	系统时钟 clk_i:29.4912 MHz,占空比 50% ; 复位信号 rst_n_i:初始值置为 0;10 μs 后置为 1; FPGA 接收串口 rx_i:初始值置为 1;25 μs 后发送写 FLASH 操作命令,写命令帧头为 0XEB90,命令为 0X55,地址为 0X0001,数据为 0XA5;25 μs 后发送读 FLASH 操作命令,读命令帧头为 0XEB90,命令为 0XAA,地址为 0X0001; SPI 回传数据信号 sdo_i:激励程序中接收到 FLASH 读命令时,按照协议回传随机数; 仿真时间:1 ms		
预期测试结果	通过波形窗口观察 FPGA 接收串口按串口协议发送写 FLASH 操作命令时,FPGA 能正确解析发送内容; FPGA 接收串口按串口协议发送读 FLASH 操作命令时,FPGA 能正确解析发送内容		
评估准则	检查测试结果与预期结果是否一致。是:通过。否:不通过		
假定约束条件	被测件源代码完整		
测试人员		测试日期	

4.4.2　发送串口接口测试

发送串口接口测试见附表 3-17。

附表 3-17　发送串口接口测试

测试用例名称	发送串口接口测试	测试用例标识	UART2SPI-IO-001-002
测试追踪	5.4.1 串口接口测试		
测试级别	配置项测试	测试类型	接口测试
测试方法	功能仿真		
测试说明	编写仿真激励程序,通过 FPGA 软件接收串口,按 FPGA 软件接收串口时序要求发送 FLASH 读命令帧,测试 FPGA 软件发送串口是否按串口协议发送数据		
终止条件	正常终止条件:按正常测试步骤完成测试过程; 异常终止条件:FPGA 软件功能实现错误、测试用例设计错误、操作错误、测试环境出现异常情况		
测试输入及操作说明	系统时钟 clk_i:29.4912 MHz,占空比 50%; 复位信号 rst_n_i:初始值置为 0;10 μs 后置为 1; FPGA 接收串口 rx_i:初始值置为 1;25 μs 后发送读 FLASH 操作命令,读命令帧头为 0XEB90,命令为 0XAA,地址为 0X0001; SPI 回传数据信号 sdo_i:激励程序中接收到 FLASH 读命令时,按照协议回传随机数; 仿真时间:1 ms		
预期测试结果	通过波形窗口观察 FPGA 接收串口发送读 FLASH 操作命令时,FPGA 发送串口协议满足要求		
评估准则	检查测试结果与预期结果是否一致。是:通过。否:不通过		
假定约束条件	被测件源代码完整		
测试人员		测试日期	

4.4.3　SPI 写接口测试

SPI 写接口测试见附表 3-18。

附表 3-18　SPI 写接口测试

测试用例名称	SPI 写接口测试	测试用例标识	UART2SPI-IO-002-001
测试追踪	5.4.2 SPI 接口测试		
测试级别	配置项测试	测试类型	接口测试
测试方法	功能仿真		
测试说明	编写仿真激励程序,通过 FPGA 软件接收串口,按 FPGA 软件接收串口时序要求发送 FLASH 写命令帧,测试 FPGA 软件产生的写 FLASH 操作是否满足 SPI 接口协议要求		
终止条件	正常终止条件:按正常测试步骤完成测试过程。 异常终止条件:FPGA 软件功能实现错误、测试用例设计错误、操作错误、测试环境出现异常情况		

续表

测试输入及操作说明	系统时钟 clk_i:29.4912 MHz,占空比 50%; 复位信号 rst_n_i:初始值置为 0;10 μs 后置为 1; FPGA 接收串口 rx_i:初始值置为 1;25 μs 后发送写 FLASH 操作命令,写命令帧头为 0XEB90,命令为 0X55,地址为 0X0001,数据为 0XA5; 仿真时间:1 ms
预期测试结果	通过波形窗口观察 FPGA 接收串口发送写 FLASH 操作命令时,SPI 接口按协议发送写使能命令和编程命令。
评估准则	检查测试结果与预期结果是否一致。是:通过。否:不通过
假定约束条件	被测件源代码完整
测试人员		测试日期	

4.4.4 SPI 读接口测试

SPI 读接口测试见附表 3-19。

附表 3-19 SPI 读接口测试

测试用例名称	SPI 读接口测试	测试用例标识	UART2SPI-IO-002-002
测试追踪	5.4.2 SPI 接口测试		
测试级别	配置项测试	测试类型	接口测试
测试方法	功能仿真		
测试说明	编写仿真激励程序,通过 FPGA 软件接收串口,按 FPGA 软件接收串口时序要求发送 FLASH 读命令帧,测试 FPGA 软件产生的读 FLASH 操作是否满足 SPI 接口协议要求		
终止条件	正常终止条件:按正常测试步骤完成测试过程。 异常终止条件:FPGA 软件功能实现错误、测试用例设计错误、操作错误、测试环境出现异常情况		
测试输入及操作说明	系统时钟 clk_i:29.4912 MHz,占空比 50%; 复位信号 rst_n_i:初始值置为 0;10 μs 后置为 1; FPGA 接收串口 rx_i:初始值置为 1;25 μs 后发送读 FLASH 操作命令,读命令帧头为 0XEB90,命令为 0XAA,地址为 0X0001; 仿真时间:1 ms		
预期测试结果	通过波形窗口观察 FPGA 接收串口发送读 FLASH 操作命令时,SPI 接口按协议发送读数据命令		
评估准则	检查测试结果与预期结果是否一致。是:通过。否:不通过		
假定约束条件	被测件源代码完整		
测试人员		测试日期	

......

4.5 时序测试

4.5.1 静态时序分析

静态时序分析见附表 3-20。

附表 3-20 静态时序分析

测试用例名称	静态时序分析	测试用例标识	UART2SPI-TT-001-001
测试追踪	5.5.1 静态时序分析		
测试级别	配置项测试	测试类型	时序测试
测试方法	静态时序分析		
测试说明	测试是否存在建立时间和保持时间违例		
终止条件	正常终止条件:按正常测试步骤完成测试过程。 异常终止条件:FPGA 软件功能实现错误、测试用例设计错误、操作错误、测试环境出现异常情况。		
测试输入及操作说明	在 ISE14.7 中执行静态时序分析		
预期测试结果	不存在建立时间和保持时间违例的情况		
评估准则	检查测试结果与设计要求是否一致。是:通过。否:不通过		
假定约束条件	设计文件和约束文件完备		
测试人员		测试日期	

4.5.2 时序仿真

时序仿真见附表 3-21。

附表 3-21 时序仿真

测试用例名称	时序仿真	测试用例标识	UART2SPI-TT-001-002
测试追踪	5.5.2 时序仿真		
测试级别	配置项测试	测试类型	时序测试
测试方法	时序仿真		
测试说明	测试是否存在建立时间和保持时间违例		
终止条件	正常终止条件:按正常测试步骤完成测试过程。 异常终止条件:FPGA 软件功能实现错误、测试用例设计错误、操作错误、测试环境出现异常情况		
测试输入及操作说明	通过 QuestaSim 执行最大、典型、最小工况下的时序仿真。仿真激励复用功能仿真的激励文件		
预期测试结果	不存在建立时间和保持时间违例的情况。功能实现与需求一致		
评估准则	检查测试结果与预期结果是否一致。是:通过。否:不通过		
假定约束条件	设计文件和约束文件完备		
测试人员		测试日期	

4.6 安全性测试

跨时钟域信号分析见附表 3-22。

附表 3-22 跨时钟域信号分析

测试用例名称	跨时钟域信号分析	测试用例标识	UART2SPI-ST-001-001
测试追踪	5.6.1 跨时钟域信号分析		
测试级别	配置项测试	测试类型	安全性测试
测试方法	设计检查-跨时钟域信号分析		
测试说明	测试是否存在对跨时钟域信号未进行有效处理的情况		
终止条件	正常终止条件:按正常测试步骤完成测试过程。 异常终止条件:FPGA 软件功能实现错误、测试用例设计错误、操作错误、测试环境出现异常情况		
测试输入及操作说明	使用 QuestaCDC 进行跨时钟域信号分析		
预期测试结果	对设计中的跨时钟域信号均进行了有效的同步处理		
评估准则	检查测试结果与设计要求是否一致。是:通过。否:不通过		
假定约束条件	设计文件和约束文件完备		
测试人员		测试日期	

4.7 逻辑测试

逻辑测试见附表 3-23。

附表 3-23 逻辑测试

测试用例名称	逻辑测试	测试用例标识	UART2SPI-LOC-001-001
测试追踪	5.7.1 逻辑测试		
测试级别	配置项测试	测试类型	逻辑测试
测试方法	功能仿真		
测试说明	测试语句覆盖率、分支覆盖率、状态机覆盖率是否达到100%		
终止条件	正常终止条件:按正常测试步骤完成测试过程。 异常终止条件:FPGA 软件功能实现错误、测试用例设计错误、操作错误、测试环境出现异常情况		
测试输入及操作说明	使用 QuestaSim 进行功能仿真,执行全部功能仿真测试用例		
预期测试结果	测试语句覆盖率、分支覆盖率、状态机覆盖率是否达到100%,未达到100%的部分对功能、性能与指标无影响		
评估准则	检查测试结果与设计要求是否一致。是:通过。否:不通过		
假定约束条件	设计文件和约束文件完备,使用功能仿真的测试用例正常执行		
测试人员		测试日期	

5 可追踪性

测试用例与仿真测试计划可追溯性一览表见附表3-24。

附表3-24 测试用例与仿真测试计划可追溯性一览表

序号	测试项标识	测试项描述	测试用例标识
1	UART2SPI-CR-001	人工代码审查和编码规则检查	UART2SPI-CR-001-001
2			UART2SPI-CR-001-002
3	UART2SPI-FT-001	测试时钟管理功能是否实现正确	UART2SPI-FT-001-001
4	UART2SPI-FT-002	测试时钟分频功能是否实现正确	UART2SPI-FT-002-001
5	UART2SPI-FT-003	测试复位同步是否实现正确	UART2SPI-FT-003-001
6	UART2SPI-FT-004	测试串口接收数据功能是否实现正确	UART2SPI-FT-004-001
7			UART2SPI-FT-004-002
8	UART2SPI-FT-005	测试写FLASH功能是否实现正确	UART2SPI-FT-005-001
9	UART2SPI-FT-006	测试读FLASH功能是否实现正确	UART2SPI-FT-006-001
10			UART2SPI-FT-006-002
11	UART2SPI-FT-007	测试串口发送数据功能是否实现正确	UART2SPI-FT-007-001
12	UART2SPI-PT-001	测试上位机发送命令到完成FLASH读写一字节数据的操作时间是否小于0.5 ms	UART2SPI-PT-001-001
13	UART2SPI-IO-001	测试串口接口协议是否满足要求	UART2SPI-IO-001-001
14			UART2SPI-IO-001-002
15	UART2SPI-IO-002	测试SPI接口协议是否满足要求	UART2SPI-IO-002-001
16			UART2SPI-IO-002-002
17	UART2SPI-TT-001	测试是否存在建立时间和保持时间违例	UART2SPI-TT-001-001
18		测试是否存在建立时间和保持时间违例	UART2SPI-TT-001-002
19	UART2SPI-ST-001	测试是否存在对跨时钟域信号未进行有效处理的情况	UART2SPI-ST-001-001
20	UART2SPI-LOC-001	测试语句覆盖率、分支覆盖率、状态机覆盖率是否达到100%	UART2SPI-LOC-001-001

附录4 《存储控制 FPGA 软件仿真测试报告》

1 范围
1.1 标识
a. 文档标识号：UART2SPI-STR；

b. 文档名称：存储控制 FPGA 软件仿真测试报告；

c. 文档版本号：V1.0。

1.2 系统概述
存储控制 FPGA 软件属于某系统的重要组成部分，主要由 FPGA 芯片和 FLASH 芯片组成。FPGA 芯片接收到串口写指令，将数据通过 SPI 接口写入 FLASH 芯片的指定地址。FPGA 芯片接收到串口读指令后，通过 SPI 接口从 FLASH 指定地址中读取数据，并通过串口输出。存储控制 FPGA 软件系统结构如附图 4-1 所示。

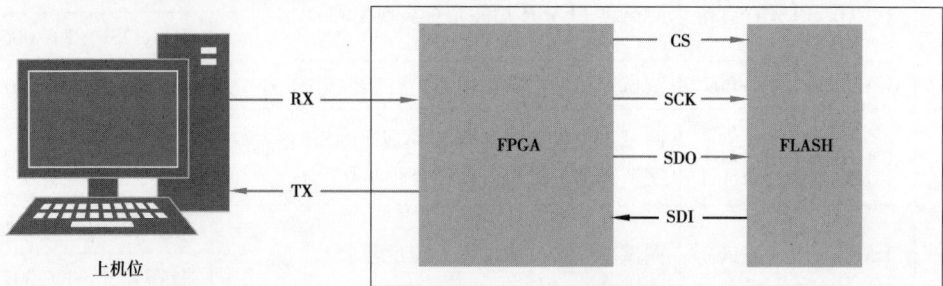

附图 4-1 存储控制 FPGA 软件系统结构

1.3 文档概述
本文档是对存储控制 FPGA 软件进行仿真测试的报告，详细说明测试的起止时间、测试环境、测试过程、测试结果、测试问题，并对测试工作进行评估，给出对被测件的评估与建议，为软件质量评价提供依据。

2 引用文档
引用文档见附表 4-1。

附表 4-1 引用文档

序号	标识	文件名称	实施日期	颁布单位
1	GJB 9433—2018	《军用可编程逻辑器件软件测试要求》	2018-08-01	中央军委装备发展部
2	GJB 9764—2020	《军用可编程逻辑器件软件文档编制规范》	2020-08-01	中央军委装备发展部
3	GJB 9765—2020	《军用可编程逻辑器件软件编程语言安全子集—VHDL 语言篇》	2020-08-01	中央军委装备发展部

序号	标识	文件名称	实施日期	颁布单位
4	GJB 10157—2021	《军用可编程逻辑器件软件 Verilog 语言编程安全子集》	2022-03-01	中央军委装备发展部
5	UART2SPI-SRS	存储控制 FPGA 软件需求规格说明	—	—
6	UART2SPI-STP	存储控制 FPGA 软件仿真测试计划	—	—
7	UART2SPI-STD	存储控制 FPGA 软件仿真测试说明	—	—
8	……			

3　测试概述

3.1　测试过程

仿真测试过程见附表 4-2。

附表 4-2　测试过程

序号	起止时间	主要工作内容
1	2022.09.01—2022.09.02	接收被测件,建立项目
2	2022.09.03—2022.09.13	编制仿真测试计划
3	2022.09.14—2022.09.18	编制仿真测试说明,搭建仿真测试环境
4	2022.09.19—2022.09.25	执行首轮测试,提交问题报告
5	2022.09.27—2022.09.29	执行第一轮回归测试
6	2022.09.30—2022.09.30	编制仿真测试报告

3.2　仿真测试环境

3.2.1　仿真测试环境概述

仿真环境中,存储控制 FPGA 软件的 RTL 代码与仿真时被仿真工具 QuestaSim 加载,如附图 4-2 所示。激励发生器用于产生激励信号,在仿真时驱动存储控制 FPGA 软件的端口;监控器用于对仿真结果进行判断和记录。

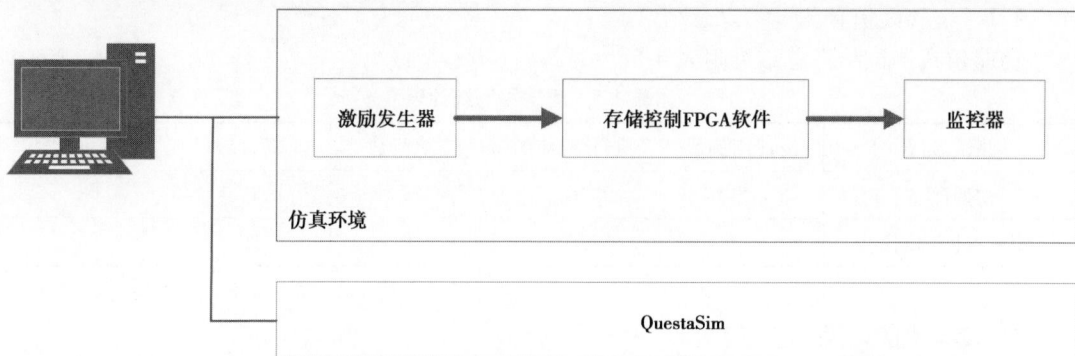

附图 4-2　仿真测试工作的拓扑结构

3.2.2　软件项

本次仿真测试所需的软件项见附表4-3。

附表4-3　软件项

序号	软件项名称	版本	用途	提供单位
1	Windows	7	操作系统	
2	存储控制 FPGA 软件	V1.0	被测件	
3	QuestaSim	2019.3	功能仿真、时序仿真、逻辑测试	
4	MicrosoftOffice	2010	文档审查支撑软件	—
5	ISE	14.7	静态时序分析	
6	QuestaCDC	2021	跨时钟域信号分析	
7	HDL Designer	2018	编码规则检查	

3.2.3　硬件和固件项

本次仿真测试所需的硬件和固件项见附表4-4。

附表4-4　硬件和固件项

序号	硬件和固件项名称	设备编号	用途	配置	状态	数量	提供单位
1	台式计算机1	—	用于进行静态时序分析、跨时钟域信号分析和编码规则检查	—	在用	1	—
2	服务器	—	用于仿真计算	—	在用	1	—
3	台式计算机2	—	用于文档编制	—	在用	1	—

3.2.4　测试场地

测试工作在某实验室进行。

4　详细测试结果

4.1　仿真测试执行结果

4.1.1　功能仿真测试结果总结

功能仿真测试结果总结见附表4-5。

附表4-5　测试用例统计表

测试阶段	设计用例数	执行用例数	未执行数	通过数	未通过数
初始测试	20	20	0	17	3
第一次回归测试	20	20	0	20	0

4.1.2　测试问题情况

测试问题情况见附表4-6。

附表 4-6 可编程逻辑器件软件问题统计结果

测试阶段	问题类型	问题数	问题级别			
			1 级	2 级	3 级	4 级
初始测试	设计问题	0	0	0	0	0
	程序问题	3	0	0	3	0
	文档问题	0	0	0	0	0
	其他问题	0	0	0	0	0
—	小计	2	0	0	2	0
第一次回归测试	设计问题	0	0	0	0	0
	程序问题	0	0	0	0	0
	文档问题	0	0	0	0	0
	其他问题	0	0	0	0	0
—	小计	0	0	0	0	0

4.2 测试充分性分析
4.2.1 测试追踪性分析
可编程逻辑器件软件测试追踪性分析见附表 4-7。

附表 4-7 可编程逻辑器件软件测试追踪性分析

序号	需求规格说明		仿真测试报告			
	需求标识号	需求名称	测试项标识	测试项名称	测试用例标识	测试用例名称
1	3.2	功能需求	UART2SPI-CR-001	代码审查	UART2SPI-CR-001-001	人工代码审查
2					UART2SPI-CR-001-002	编码规则检查
3	3.2.1	时钟管理	UART2SPI-FT-01	时钟管理功能测试	UART2SPI-FT-01-01	时钟管理功能测试
4	3.2.2	时钟分频	UART2SPI-FT-02	时钟分频功能测试	UART2SPI-FT-02-001	时钟分频功能测试
5	3.2.3	复位同步	UART2SPI-FT-03	复位同步功能测试	UART2SPI-FT-03-001	复位同步功能测试
6	3.2.4	串口接收	UART2SPI-FT-004	串口接收功能测试	UART2SPI-FT-004-001	串口接收功能测试 1
7					UART2SPI-FT-004-002	串口接收功能测试 2

续表

序号	需求规格说明		仿真测试报告			
	需求标识号	需求名称	测试项标识	测试项名称	测试用例标识	测试用例名称
8	3.2.5	SPI 处理	UART2SPI-FT-005	写 FLASH 功能测试	UART2SPI-FT-005-001	写 FLASH 功能测试
9			UART2SPI-FT-006	读 FLASH 功能测试	UART2SPI-FT-006-001	读 FLASH 功能测试 1
10					UART2SPI-FT-006-002	读 FLASH 功能测试 2
11	3.2.6	串口发送	UART2SPI-FT-007	串口发送功能测试	UART2SPI-FT-007-001	串口发送功能测试
12	3.3	性能需求	UART2SPI-PT-001	测试上位机发送命令到完成 FLASH 读写一字节数据的操作时间是否小于 0.5 ms	UART2SPI-PT-001-001	读写 FLASH 性能测试
13	3.5	外部接口需求	UART2SPI-IO-001	测试串口接口协议是否满足要求	UART2SPI-IO-001-001	串口接收接口测试
14					UART2SPI-IO-001-002	串口发送接口测试
15			UART2SPI-IO-002	测试 SPI 接口协议是否满足要求	UART2SPI-IO-002-001	SPI 写接口测试
16					UART2SPI-IO-002-002	SPI 读接口测试
17	—	隐含需求	UART2SPI-TT-001	测试是否存在建立时间和保持时间违例	UART2SPI-TT-001-001	静态时序分析
18	—	隐含需求	UART2SPI-TT-001	测试是否存在建立时间和保持时间违例	UART2SPI-TT-001-002	时序仿真
19	3.10	安全性需求	UART2SPI-ST-001	测试是否存在对跨时钟域信号未进行有效处理的情况	UART2SPI-ST-001-001	跨时钟域信号分析

序号	需求规格说明		仿真测试报告			
	需求标识号	需求名称	测试项标识	测试项名称	测试用例标识	测试用例名称
20	—	隐含需求	UART2SPI-LOC-001	测试语句覆盖率、分支覆盖率、状态机覆盖率是否达到100%	UART2SPI-LOC-001-001	逻辑测试

4.2.2　代码覆盖率分析

代码覆盖率分析见附表4-8。

附表4-8　覆盖率统计表

模块名称	语句覆盖率	分支覆盖率	状态机状态覆盖率	状态机转移覆盖率
Uart_Rx_ATP_inst0	100%	98.52%	100%	72.22%
Uart_Tx_ATP_inst0	100%	100%	100%	71.42%
async_rst_sync_re_inst0	100%	100%	—	—
async_rst_sync_re_inst1	100%	100%	—	—
synchronizer_rx_spi	100%	100%	—	—
synchronizer_spi_tx	100%	100%	—	—
uart_clk_inst0	100%	100%	—	—

5　评估和建议

略。

5.1　测试环境的影响

仿真测试中按照串口通信协议的格式和时序,模拟外部设备按协议要求向被仿真程序发送激励,因此对测试结果无影响。

5.2　测试改进建议

无。

仿真测试用例记录表见附表4-9。

附表4-9　仿真测试用例记录表

测试用例名称	人工代码审查	测试用例标识	UART2SPI-CR-001-001
测试追踪	5.1.1 代码审查		
测试级别	配置项测试	测试类型	代码审查
测试方法	设计检查		
测试说明	对照软件需求规格说明审查 FPGA 软件是否正确实现了需求规格说明文档要求		

续表

测试输入及操作说明	人工审查代码,检查软件需求规格说明文档与代码的一致性
预期测试结果	人工审查代码,检查软件需求规格说明文档与 FPGA 软件的一致性、逻辑设计的正确性、代码设计的合理性与可读性以及约束文件的合理性
实际测试结果	Uart_Rx. v 文件 202 行,存在寄存器 i 未清零的问题
测试通过结果	不通过
假定约束条件	被测件源代码完整

测试人员		测试日期	

编码规则检测表见附表 4-10。

附表 4-10　编码规则检测表

测试用例名称	编码规则检查	测试用例标识	UART2SPI-CR-001-002
测试追踪	5.1.1 代码审查		
测试级别	配置项测试	测试类型	代码审查
测试方法	设计检查		
测试说明	通过编码规则检查工具检查,测试编码是否符合(GJB 9765—2020)《军用可编程逻辑器件软件编程语言安全子集—VHDL 语言篇》和(GJB 10157—2021)《军用可编程逻辑器件软件 Verilog 语言编程安全子集》的要求		
测试输入及操作说明	通过编码规则检查工具进行编码规则检查		
预期测试结果	无违反编码规则的代码设计		
实际测试结果	未发现违反编码规则的代码设计		
测试通过结果	通过		
假定约束条件	被测件源代码完整		
测试人员		测试日期	

时钟管理功能测试见附表 4-11。

附表 4-11　时钟管理功能测试

测试用例名称	时钟管理功能测试	测试用例标识	UART2SPI-FT-001-001
测试追踪	5.2.1 时钟管理功能测试		
测试级别	配置项测试	测试类型	功能测试
测试方法	功能仿真		
测试说明	编写仿真激励程序,按 FPGA 软件时钟要求发送激励,测试是否产生正确的内部时钟		
测试输入及操作说明	系统时钟 clk_i:29.4912 MHz,占空比 50%; 复位信号 rst_n_i:初始值为 0;10 μs 后置为 1		

预期测试结果	通过波形窗口观察 DCM 产生系统时钟 58.9824 MHz±10 kHz 和 SPI 工作时钟 30 MHz±10 kHz	
实际测试结果	DCM 产生系统时钟 58.997 MHz 和 SPI 工作时钟 30.008 MHz 	
测试通过结果	通过	
假定约束条件	被测件源代码完整	
测试人员		测试日期

时钟分频功能测试见附表 4-12。

附表 4-12　时钟分频功能测试

测试用例名称	时钟分频功能测试	测试用例标识	UART2SPI-FT-002-001
测试追踪	5.2.2 时钟分频功能测试		
测试级别	配置项测试	测试类型	功能测试
测试方法	功能仿真		
测试说明	编写仿真激励程序,按 FPGA 软件时钟要求发送激励,测试是否正确产生串口发展时钟和接收时钟		
测试输入及操作说明	系统时钟 clk_i:29.4912 MHz,占空比 50% ; 复位信号 rst_n_i:初始值置为 0;10 μs 后置为 1		
预期测试结果	通过波形窗口观察 系统时钟分频为 460.8 kHz±10 kHz 和 3.686 MHz±10 kHz,分别作为串口发送模块和串口接收模块的工作时钟		
实际测试结果	系统时钟分频为 460.914 kHz 和 3.687 MHz 		
测试通过结果	通过		
假定约束条件	被测件源代码完整		
测试人员		测试日期	

复位同步功能测试见附表 4-13。

附表 4-13　复位同步功能测试

测试用例名称	复位同步功能测试	测试用例标识	UART2SPI-FT-003-001
测试追踪	5.2.3 复位同步功能测试		
测试级别	配置项测试	测试类型	功能测试
测试方法	功能仿真		
测试说明	编写仿真激励程序,按 FPGA 软件时钟和复位要求发送激励,测试是否产生同步后的内部复位信号		
测试输入及操作说明	系统时钟 clk_i:29.4912 MHz,占空比 50%; 复位信号 rst_n_i:初始值置为 0;10 μs 后置为 1		
预期测试结果	通过波形窗口观察 外部复位信号同步到系统时钟域中作为复位信号使用; 外部复位信号同步到 SPI 时钟域中作为复位信号使用		
实际测试结果	外部复位信号同步到系统时钟中,同步后复位信号为 sys_rst_n,用于该时钟域内模块复位 外部复位信号同步到 SPI 时钟域中,同步后复位信号为 spi_rst_n,用于该时钟域内模块复位 		
测试通过结果	通过		
假定约束条件	被测件源代码完整		
测试人员		测试日期	

串口接收功能测试 1 见附表 4-14。

附表 4-14　串口接收功能测试 1

测试用例名称	串口接收功能测试 1	测试用例标识	UART2SPI-FT-004-001
测试追踪	5.2.4 串口接收功能测试		
测试级别	配置项测试	测试类型	功能测试
测试方法	功能仿真		

测试说明	编写仿真激励程序,通过 FPGA 软件接收串口,按 FPGA 软件接收串口时序要求发送正确的 FLASH 操作命令帧,测试是否被正确处理
测试输入及操作说明	系统时钟 clk_i:29.4912 MHz,占空比 50%; 复位信号 rst_n_i:初始值置为 0;10 μs 后置为 1; FPGA 接收串口 rx_i:初始值置为 1;25 μs 后发送写 FLASH 操作命令,写命令帧头为 0XEB90,命令为 0X55,地址为 0X0001,数据为 0XA5;25 μs 后发送读 FLASH 操作命令,读命令帧头为 0XEB90,命令为 0XAA,地址为 0X0001
预期测试结果	通过波形窗口观察 FPGA 接收串口发送写 FLASH 操作命令时,SPI 接口按协议发送写使能命令和编程命令; FPGA 接收串口发送读 FLASH 操作命令时,SPI 接口按协议发送读数据命令
实际测试结果	
测试通过结果	通过
假定约束条件	被测件源代码完整
测试人员		测试日期	

串口接收功能测试 2 见附表 4-15。

附表 4-15　串口接收功能测试 2

测试用例名称	串口接收功能测试 2	测试用例标识	UART2SPI-FT-004-002
测试追踪	5.2.4 串口接收功能测试		
测试级别	配置项测试	测试类型	功能测试
测试方法	功能仿真		
测试说明	编写仿真激励程序,通过 FPGA 软件接收串口,按 FPGA 软件接收串口时序要求发送激励。按 FPGA 软件 SPI 接口时序发送回传数据		
测试输入及操作说明	系统时钟 clk_i:29.4912 MHz,占空比 50%; 复位信号 rst_n_i:初始值置为 0;10 μs 后置为 1; FPGA 接收串口 rx_i:初始值置为 1;25 μs 后发送写 FLASH 操作命令,写命令帧头为 0XEB91,命令为 0X55,地址为 0X0001,数据为 0XA5		
预期测试结果	通过波形窗口观察 FPGA 接收串口发送写 FLASH 操作命令时,SPI 接口按协议不发送写使能命令和编程命令		
实际测试结果	SPI 接口未进行操作 		

续表

测试通过结果	通过		
假定约束条件	被测件源代码完整		
测试人员		测试日期	

写 FLASH 功能测试表见附表 4-16。

附表 4-16　写 FLASH 功能测试

测试用例名称	写 FLASH 功能测试	测试用例标识	UART2SPI-FT-005-001
测试追踪	5.2.5 写 FLASH 功能测试		
测试级别	配置项测试	测试类型	功能测试
测试方法	功能仿真		
测试说明	编写仿真激励程序,通过 FPGA 软件接收串口,按 FPGA 软件接收串口时序要求发送激励。按 FPGA 软件 SPI 接口时序发送回传数据		
测试输入及操作说明	系统时钟 clk_i:29.4912 MHz,占空比 50% ; 复位信号 rst_n_i:初始值为 0;10 μs 后置为 1; FPGA 接收串口 rx_i:初始值置为 1;25 μs 后发送写 FLASH 操作命令,写命令帧头为 0XEB90,命令为 0X55,地址为 0X0001,数据为 0XA5		
预期测试结果	通过波形窗口观察 FPGA 接收串口发送写 FLASH 操作命令时,SPI 接口按协议发送写使能命令和编程命令		
实际测试结果			
测试通过结果	通过		
假定约束条件	被测件源代码完整		
测试人员		测试日期	

读 FLASH 功能测试 1 见附表 4-17、附表 4-18。

附表 4-17　读 FLASH 功能测试 1

测试用例名称	读 FLASH 功能测试 1	测试用例标识	UART2SPI-FT-006-001
测试追踪	5.2.6 读 FLASH 功能测试		
测试级别	配置项测试	测试类型	功能测试
测试方法	功能仿真		
测试说明	编写仿真激励程序,通过 FPGA 软件接收串口,按 FPGA 软件接收串口时序要求发送激励。按 FPGA 软件 SPI 接口时序发送回传数据		

测试输入及操作说明	系统时钟 clk_i:29.4912 MHz,占空比 50%; 复位信号 rst_n_i:初始值置为 0;10 μs 后置为 1; FPGA 接收串口 rx_i:初始值置为 1;25 μs 后发送读 FLASH 操作命令,读命令帧头为 0XEB90,命令为 0XAA,地址为 0X0001; SPI 回传数据信号 sdo_i:激励程序中接收到 FLASH 读命令时,按照协议回传随机数
预期测试结果	通过波形窗口观察 FPGA 接收串口发送读 FLASH 操作命令时,SPI 接口按协议发送读数据命令,SPI 回传数据与 FPGA 串口发送数据一致
实际测试结果	
测试通过结果	通过
假定约束条件	被测件源代码完整
测试人员	测试日期

读 FLASH 功能测试 2 见附表 4-18。

附表 4-18　读 FLASH 功能测试 2

测试用例名称	读 FLASH 功能测试 2	测试用例标识	UART2SPI-FT-006-002
测试追踪	5.2.6 读 FLASH 功能测试		
测试级别	配置项测试	测试类型	功能测试
测试方法	功能仿真		
测试说明	编写仿真激励程序,通过 FPGA 软件接收串口,按 FPGA 软件接收串口时序要求发送激励。按 FPGA 软件 SPI 接口时序发送回传数据		
测试输入及操作说明	系统时钟 clk_i:29.4912 MHz,占空比 50%; 复位信号 rst_n_i:初始值置为 0;10μs 后置为 1; FPGA 接收串口 rx_i:初始值置为 1;25μs 后发送读 FLASH 操作命令,读命令帧头为 0XEB90,命令为 0XAA,地址为 0X0001; SPI 回传数据信号 sdo_i:激励程序中接收到 FLASH 读命令时,按照协议回传数据 0xFF		
预期测试结果	通过波形窗口观察 FPGA 接收串口发送读 FLASH 操作命令时,SPI 接口按协议发送读数据命令,SPI 处理模块发送数据 0x00,串口发送模块发送数据 0x00		
实际测试结果	被测设计在收到数据为 0xFF 时依然进行了发送数据 0xFF,串口发送模块发送数据 0xFF 		

续表

测试通过结果	不通过		
假定约束条件	被测件源代码完整		
测试人员		测试日期	

串口发送功能测试见附表 4-19。

附表 4-19　串口发送功能测试

测试用例名称	串口发送功能测试	测试用例标识	UART2SPI-FT-007-001
测试追踪	5.2.7 串口发送功能测试		
测试级别	配置项测试	测试类型	功能测试
测试方法	功能仿真		
测试说明	编写仿真激励程序,通过 FPGA 软件接收串口,按 FPGA 软件接收串口时序要求发送激励。按 FPGA 软件 SPI 接口时序发送回传数据		
测试输入及操作说明	系统时钟 clk_i:29.4912 MHz,占空比 50%； 复位信号 rst_n_i:初始值置为 0;10 μs 后置为 1； FPGA 接收串口 rx_i:初始值为 1; 25 μs 后发送读 FLASH 操作命令,读命令帧头为 0XEB90,命令为 0XAA,地址为 0X0001； SPI 回传数据信号 sdo_i:激励程序中接收到 FLASH 读命令时,按照协议回传随机数		
预期测试结果	通过波形窗口观察 FPGA 接收串口发送读 FLASH 操作命令时,SPI 接口按协议发送读数据命令,SPI 回传数据与 FPGA 串口发送数据一致		
实际测试结果			
测试通过结果	通过		
假定约束条件	被测件源代码完整		
测试人员		测试日期	

读写 FLASH 性能测试见附表 4-20。

附表 4-20　读写 FLASH 性能测试

测试用例名称	读写 FLASH 性能测试	测试用例标识	UART2SPI-PT-001-001
测试追踪	5.3.1 读写 FLASH 性能测试		
测试级别	配置项测试	测试类型	接口测试
测试方法	功能仿真		

测试说明	编写仿真激励程序,通过 FPGA 软件接收串口,按 FPGA 软件接收串口时序要求发送激励。按 FPGA 软件 SPI 接口时序发送回传数据
测试输入及操作说明	系统时钟 clk_i:29.4912 MHz,占空比 50% 复位信号 rst_n_i:初始值为 0;10 μs 后置为 1 FPGA 接收串口 rx_i:初始值为 1;25 μs 后发送写 FLASH 操作命令,写命令帧头为 0XEB90,命令为 0X55,地址为 0X0001,数据为 0XA5;25 μs 后发送读 FLASH 操作命令,读命令帧头为 0XEB90,命令为 0XAA,地址为 0X0001。 SPI 回传数据信号 sdo_i:激励程序中接收到 FLASH 读命令时,按照协议回传随机数
预期测试结果	通过波形窗口观察 FPGA 接收串口 rx_i 的起始位下降沿到 SPI 协议中的片选信号 cs_n_o 上升沿的时间间隔小于 0.5 ms
实际测试结果	写操作:0.30209 ms 读操作:0.28183 ms
测试通过结果	通过
假定约束条件	被测件源代码完整
测试人员		测试日期	

接收串口接口测试表见附表 4-21。

附表 4-21　接收串口接口测试

测试用例名称	接收串口接口测试	测试用例标识	UART2SPI-IO-001-001
测试追踪	5.4.1 串口接口测试		
测试级别	配置项测试	测试类型	接口测试
测试方法	功能仿真		
测试说明	编写仿真激励程序,通过 FPGA 软件接收串口,按 FPGA 软件接收串口时序要求发送激励。按 FPGA 软件 SPI 接口时序发送回传数据		

续表

测试输入及操作说明	系统时钟 clk_i:29.4912 MHz,占空比 50%； 复位信号 rst_n_i:初始值置为 0；10 μs 后置为 1； FPGA 接收串口 rx_i:初始值置为 1；25 μs 后发送写 FLASH 操作命令,写命令帧头为 0XEB90,命令为 0X55,地址为 0X0001,数据为 0XA5；25 μs 后发送读 FLASH 操作命令,读命令帧头为 0XEB90,命令为 0XAA,地址为 0X0001； SPI 回传数据信号 sdo_i:激励程序中接收到 FLASH 读命令时,按照协议回传随机数		
预期测试结果	通过波形窗口观察 FPGA 接收串口按串口协议发送写 FLASH 操作命令时,FPGA 能正确解析发送内容； FPGA 接收串口按串口协议发送读 FLASH 操作命令时,FPGA 能正确解析发送内容。		
实际测试结果	FPGA 能正确解析读写 FLASH 命令 		
测试通过结果	通过		
假定约束条件	被测件源代码完整		
测试人员		测试日期	

发送串口接口测试见附表 4-22。

附表 4-22　发送串口接口测试

测试用例名称	发送串口接口测试	测试用例标识	UART2SPI-IO-001-002
测试追踪	5.4.1 串口接口测试		
测试级别	配置项测试	测试类型	接口测试
测试方法	功能仿真		
测试说明	编写仿真激励程序,通过 FPGA 软件接收串口,按 FPGA 软件接收串口时序要求发送 FLASH 读命令帧,测试 FPGA 软件发送串口是否按串口协议发送数据		
测试输入及操作说明	系统时钟 clk_i:29.4912 MHz,占空比 50%； 复位信号 rst_n_i:初始值置为 0；10 μs 后置为 1； FPGA 接收串口 rx_i:初始值置为 1；25 μs 后发送读 FLASH 操作命令,读命令帧头为 0XEB90,命令为 0XAA,地址为 0X0001； SPI 回传数据信号 sdo_i:激励程序中接收到 FLASH 读命令时,按照协议回传随机数		
预期测试结果	通过波形窗口观察 FPGA 接收串口发送读 FLASH 操作命令时,FPGA 发送串口协议满足要求		

实际测试结果	FPGA 发送串口协议满足要求
测试通过结果	通过
假定约束条件	被测件源代码完整
测试人员		测试日期	

SPI 写接口测试见附表 4-23。

附表 4-23　SPI 写接口测试

测试用例名称	SPI 写接口测试	测试用例标识	UART2SPI-IO-002-001
测试追踪	5.4.2 SPI 接口测试		
测试级别	配置项测试	测试类型	接口测试
测试方法	功能仿真		
测试说明	编写仿真激励程序,通过 FPGA 软件接收串口,按 FPGA 软件接收串口时序要求发送 FLASH 写命令帧,测试 FPGA 软件产生的写 FLASH 操作是否满足 SPI 接口协议要求		
测试输入及操作说明	系统时钟 clk_i:29.4912 MHz,占空比 50%; 复位信号 rst_n_i:初始值置为 0;10 μs 后置为 1; FPGA 接收串口 rx_i:初始值置为 1;25 μs 后发送写 FLASH 操作命令,写命令帧头为 0XEB90,命令为 0X55,地址为 0X0001,数据为 0XA5		
预期测试结果	通过波形窗口观察 FPGA 接收串口发送写 FLASH 操作命令时,SPI 接口按协议发送写使能命令和编程命令		
实际测试结果	SPI 接口按协议发送写使能命令和编程命令。写使能命令字为 0X06;编程命令字为 0X03,地址为 0X0001,数据为 0XA5 		
测试通过结果	通过		
假定约束条件	被测件源代码完整		
测试人员		测试日期	

SPI 读接口测试见附表 4-24。

附表 4-24　SPI 读接口测试

测试用例名称	SPI 读接口测试	测试用例标识	UART2SPI-IO-002-002
测试追踪	5.4.2 SPI 接口测试		
测试级别	配置项测试	测试类型	接口测试
测试方法	功能仿真		
测试说明	编写仿真激励程序，通过 FPGA 软件接收串口，按 FPGA 软件接收串口时序要求发送 FLASH 读命令帧，测试 FPGA 软件产生的读 FLASH 操作是否满足 SPI 接口协议要求		
测试输入及操作说明	系统时钟 clk_i:29.4912 MHz，占空比 50%； 复位信号 rst_n_i:初始值置为 0;10 μs 后置为 1； FPGA 接收串口 rx_i:初始值置为 1;25 μs 后发送读 FLASH 操作命令，读命令帧头为 0XEB90，命令为 0XAA，地址为 0X0001		
预期测试结果	通过波形窗口观察 FPGA 接收串口发送读 FLASH 操作命令时，SPI 接口按协议发送读数据命令		
实际测试结果	SPI 接口按协议发送读数据命令。命令字为 0X02，地址为 0X0001 		
测试通过结果	通过		
假定约束条件	被测件源代码完整		
测试人员		测试日期	

静态时序分析见附表 4-25。

附表 4-25　静态时序分析

测试用例名称	静态时序分析	测试用例标识	UART2SPI-TT-001-001
测试追踪	5.5.1 静态时序分析		
测试级别	配置项测试	测试类型	时序测试
测试方法	静态时序分析		
测试说明	测试是否存在建立时间和保持时间违例		
测试输入及操作说明	在 ISE14.7 中执行静态时序分析		
预期测试结果	不存在建立时间和保持时间违例的情况		
实际测试结果	不存在建立时间和保持时间违例的情况		

测试通过结果	通过		
假定约束条件	设计文件和约束文件完备		
测试人员		测试日期	

时序仿真见附表4-26。

附表4-26　时序仿真

测试用例名称	时序仿真	测试用例标识	UART2SPI-TT-001-002
测试追踪	5.5.2 时序仿真		
测试级别	配置项测试	测试类型	时序测试
测试方法	时序仿真		
测试说明	测试是否存在建立时间和保持时间违例		
测试输入及操作说明	通过 QuestaSim 执行最大、典型、最小工况下的时序仿真。仿真激励复用功能仿真激励文件		
预期测试结果	不存在建立时间和保持时间违例的情况。功能实现与需求一致		
实际测试结果	不存在建立时间和保持时间违例的情况。串口接收、串口发送,读写 FLASH 功能与需求一致		
测试通过结果	通过		
假定约束条件	设计文件和约束文件完备		
测试人员		测试日期	

跨时钟域信号分析见附表4-27。

附表4-27　跨时钟域信号分析

测试用例名称	跨时钟域信号分析	测试用例标识	UART2SPI-ST-001-001
测试追踪	5.6.1 跨时钟域信号分析		
测试级别	配置项测试	测试类型	安全性测试
测试方法	设计检查-跨时钟域信号分析		
测试说明	测试设计是否对跨时钟域信号进行了有效同步		
测试输入及操作说明	使用 QuestaCDC 进行跨时钟域信号分析		
预期测试结果	对设计中的跨时钟域信号均进行了有效的同步处理		
实际测试结果	存在单比特信号缺少同步器。详见问题报告单		
测试通过结果	不通过		
假定约束条件	设计文件和约束文件完备		
测试人员		测试日期	

逻辑测试见附表4-28。

附表 4-28　逻辑测试

测试用例名称	逻辑测试		测试用例标识		UART2SPI-LOC-001-001
测试追踪	5.7.1 逻辑测试				
测试级别	配置项测试		测试类型		逻辑测试
测试方法	功能仿真				
测试说明	测试语句覆盖率、分支覆盖率、状态机覆盖率是否达到100%				
测试输入及操作说明	使用 QuestaSim 进行功能仿真,执行全部功能仿真测试用例				
预期测试结果	语句覆盖率、分支覆盖率、状态机覆盖率是否达到100%;对未达到100%的情况进行分析和说明				
实际测试结果	<table><tr><td>模块名称</td><td>语句覆盖率</td><td>分支覆盖率</td><td>状态机状态覆盖率</td><td>状态机转移覆盖率</td></tr><tr><td>Uart_Rx_ATP_inst0</td><td>100%</td><td>98.52%</td><td>100%</td><td>72.22%</td></tr><tr><td>Uart_Tx_ATP_inst0</td><td>100%</td><td>100%</td><td>100%</td><td>71.42%</td></tr><tr><td>async_rst_sync_re_inst0</td><td>100%</td><td>100%</td><td>—</td><td>—</td></tr><tr><td>async_rst_sync_re_inst1</td><td>100%</td><td>100%</td><td>—</td><td>—</td></tr><tr><td>synchronizer_rx_spi</td><td>100%</td><td>100%</td><td>—</td><td>—</td></tr><tr><td>synchronizer_spi_tx</td><td>100%</td><td>100%</td><td>—</td><td>—</td></tr><tr><td>uart_clk_inst0</td><td>100%</td><td>100%</td><td>—</td><td>—</td></tr></table> 模块 Uart_Rx_ATP_inst0 的分支覆盖率未达100%。原因是分支 if(tally <8' d4)中只对 tally<4 的情况进行处理,当 tally 为 4 ~ 15 时无须进行处理。不影响功能实现。 模块 Uart_Rx_ATP_inst0 的状态机转移覆盖率未达100%。原因是状态机 state 中的分支状态跳回初始状态的状态转移未覆盖。经分析,当本次状态机所有状态未能全部执行时,本次状态机执行产生的中间结果会被后续执行覆盖,不会输出错误信息,不影响功能实现。 模块 Uart_Tx_ATP_inst0 的状态机转移覆盖率未达100%。原因是状态机 state 中的分支状态跳回初始状态的状态转移未覆盖。经分析,当本次状态机所有状态未能全部执行时,本次状态机执行产生的中间结果会被后续执行覆盖,不影响功能实现					
测试通过结果	通过				
假定约束条件	设计文件和约束文件完备,使用功能仿真的测试用例正常执行完成				
测试人员			测试日期		

附录 5　存储控制 FPGA 软件问题报告单

可编程逻辑器件软件问题报告单 1 见附表 5-1。

附表 5-1　可编程逻辑器件软件问题报告单 1

问题名称	帧接收完成时,未清零计数寄存器 i		
软件版本	V1.0	测试方法	设计检查-人工代码审查
问题来源	Uart_Rx.v,202 行		
问题类型	程序问题		
问题等级	3 级问题		
问题描述	在一帧数据组合结束时,寄存器 i 没有清零,导致在第一帧数据接收完成后,无法接收后续的数据		
软件设计人员反馈意见			

可编程逻辑器件软件问题报告单 2 见附表 5-2。

附表 5-2　可编程逻辑器件软件问题报告单 2

问题名称	单比特信号缺少同步器		
软件版本	V1.0	测试方法	设计检查-跨时钟域信号分析
问题来源	ser_spi_flash.v,93 行		
问题类型	程序问题		
问题等级	3 级问题		
问题描述	跨时钟域问题的发送信号是 Uart_Rx_ATP_inst0.rec_done,接收信号是 rd_wr_flash_inst0.start_conv_r[0]。发送域的时钟属于时钟组 uart_grp,时钟频率为 3.687 MHz。接收域的时钟属于时钟组 spi_grp,时钟频率为 30.007 MHz。发送域的模块是 Uart_Rx,接收域的模块是 rd_wr_flash		
软件设计人员反馈意见			

可编程逻辑器件软件问题报告单 3 见附表 5-3。

附表 5-3　可编程逻辑器件软件问题报告单 3

问题名称	FLASH 回传数据验证功能未实现		
软件版本	V1.0	测试方法	功能仿真
问题来源	rd_wr_flash.ngc		
问题类型	程序问题		
问题等级	3 级问题		

续表

问题描述	需求文档中要求： "若从 FLASH 读取到的数据为 0xFF 时，该数据被认为是无效数据，发送数据 0x00。" 实测结果为： 被测设计在收到数据为 0xFF 时依然进行了发送数据 0xFF
软件设计人员反馈意见	

附录6　《存储控制 FPGA 软件确认测试计划》

1　范围

1.1　标识

a. 文档标识号:UART2SPI-SVTP;

b. 文档名称:存储控制 FPGA 软件确认测试计划;

c. 文档版本号:V1.0。

1.2　系统概述

存储控制 FPGA 软件属于某系统的重要组成部分,主要由 FPGA 芯片和 FLASH 芯片组成。FPGA 芯片接收到串口写指令,将数据通过 SPI 接口写入 FLASH 芯片的指定地址。FPGA 芯片接收到串口读指令后,通过 SPI 接口从 FLASH 指定地址中读取数据,并通过串口输出。存储控制 FPGA 软件系统结构如附图 6-1 所示。

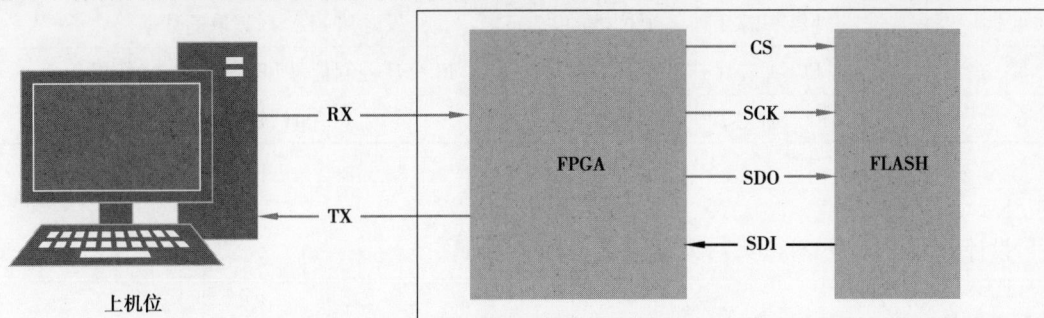

附图 6-1　存储控制 FPGA 软件系统结构

1.2.1　可编程逻辑器件软件概述

软件概况见附表 6-1。

附表 6-1　软件概况

序号	软件名称	版本	规模	编程语言
1	存储控制 FPGA 软件	1.0	1 930 行,2 个 IP 核	Verilog,VHDL

1.2.2　运行环境

FPGA 芯片为 xc6slx9-2tqg144。外部晶振为 29.4912 MHz,占空比 50%。FLASH 芯片为 25AA128T I/SN。

FPGA 软件的外部接口如附图 6-2 所示。

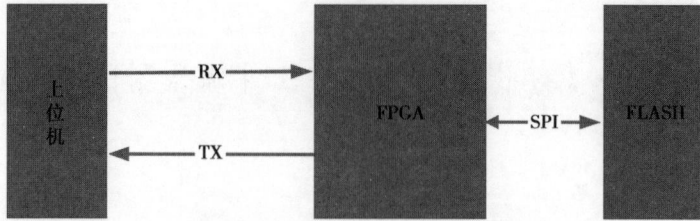

附图 6-2　FPGA 软件的外部接口

接口连接关系见附表 6-2。

附表 6-2　接口连接关系

序号	接口类型	源	目的	描述
1	时钟	晶振	FPGA 芯片	外部晶振提供
2	复位	上位机	FPGA 芯片	低电平有效
3	串口	上位机	FPGA 芯片	接收上位机发送的控制 FLASH 读写的命令与数据
4		FPGA 芯片	上位机	发送从 FLASH 读取的数据
5	SPI	FPGA 芯片	FLASH 芯片	FLASH 控制信号和写入 FLASH 数据
6		FLASH 芯片	FPGA 芯片	从 FLASH 读取的数据

1.2.3　开发环境

设计开发工具为 ISE 14.7,逻辑综合工具为 XST。

1.3　文档概述

本文档描述了测试需求分析和测试策划的结果,明确了测试要求与测试策略、测试环境、测试内容、测试进度和可追踪性,是开展存储控制 FPGA 软件确认测试的依据。

2　引用文档

引用文档见附表 6-3。

附表 6-3　引用文档

序号	标识	文件名称	实施日期	颁布单位
1	GJB 9433—2018	《军用可编程逻辑器件软件测试要求》	2018-08-01	中央军委装备发展部
2	GJB 9764—2020	《军用可编程逻辑器件软件文档编制规范》	2020-08-01	中央军委装备发展部
3	GJB 9765—2020	《军用可编程逻辑器件软件编程语言安全子集—VHDL 语言篇》	2020-08-01	中央军委装备发展部
4	GJB 10157—2021	《军用可编程逻辑器件软件 Verilog 语言编程安全子集》	2022-03-01	中央军委装备发展部
5	UART2SPI-SRS	存储控制 FPGA 软件需求规格说明	—	—
6	……			

3　测试要求与测试策略

3.1　测试总体要求

根据对被测软件的分析,确定确认测试的测试类型,详见附表6-4。

附表6-4　确认测试类型一览表

配置项名称	测试类型												
	文档审查	代码审查	代码走查	功能测试	逻辑测试	性能测试	接口测试	时序测试	边界测试	安全性测试	强度测试	余量测试	功耗分析
存储控制FPGA软件	—	√	—	√	—	—	√	√	—	√	—	—	—

注:表格中划"√"表示需要进行此项测试,划"—"表示不进行此项测试。

3.2　测试策略和方法

采用实物测试的方法对被测FPGA软件进行功能测试、性能测试、接口测试;

采用静态时序分析的方法进行时序测试;

采用设计检查中的跨时钟域信号分析进行安全性测试;

采用设计检查中的人工代码审查和编码规则检查进行代码审查。

3.3　测试项和测试子项标识说明

测试项标识由被测软件代号,测试类型简写码以及测试项序号组成。

4　确认测试环境

4.1　确认测试环境概述

存储控制FPGA软件的实物测试环境如附图6-3所示。实物测试中使用上位机中安装的串口调试助手发送串口命令和接收串口数据。使用示波器观察信号波形。使用电源提供直流稳压电源。

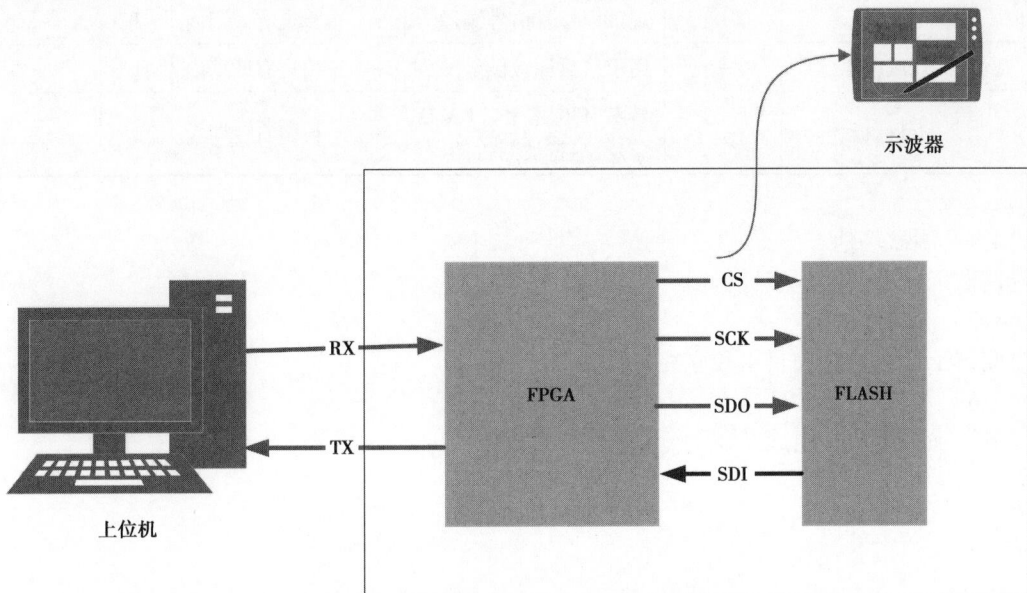

附图6-3　存储控制FPGA的实物测试环境

4.2 软件项

此次确认测试环境使用的软件项见附表 6-5。

附表 6-5　软件项

序号	软件项名称	版本	用途	提供单位
1	Windows	7	操作系统	
2	存储控制 FPGA 软件	V1.0	被测件	
3	串口调试助手	5.0	发送串口命令,接收串口信息	
4	MicrosoftOffice	2010	文档审查支撑软件	—
5	ISE	14.7	静态时序分析	
6	QuestaCDC	2021	跨时钟域信号分析	
7	HDL Designer	2018	编码规则检查	

4.3 硬件和固件项

此次确认测试环境使用的硬件和固件项见附表 6-6。

附表 6-6　硬件和固件项

序号	硬件和固件项名称	设备编号	用途	配置	状态	数量	提供单位
1	台式计算机 1	—	用于进行运行串口调试助手	—	在用	1	—
2	台式计算机 2	—	用于文档编制	—	在用	1	—
3	台式计算机 3	—	用于进行静态时序分析、跨时钟域信号分析和编码规则检查	—	在用	1	—
4	示波器	—	观察模拟量信号波形	—	检定有效期内	1	—
5	直流电源	—	用于给目标板供电	—	检定有效期内	1	—
6	目标板	—	搭载 FPGA 和 FLASH 芯片,运行被测软件	—	检定有效期内	1	—

4.4 测试场地

测试工作在某实验室进行。

4.5 参与组织

测试工作由测试项目组独立完成。

4.6 人员

测试项目组成员组成及职责分工见附表 6-7。

附表 6-7　测试项目组成员组成及职责分工

序号	人员	岗位	职责分工
1	—	项目负责人	测试需求分析、制订测试计划、测试执行、编写测试报告
2	—	测试员	设计测试用例、测试执行、记录数据、分析测试数据
3	—	配置管理员	测评项目配置管理
4	—	监督员	测评项目质量保证

5　测试内容

5.1　代码审查

代码审查见附表 6-8。

附表 6-8　代码审查

测试项	代码审查	测试项标识	UART2SPI-CR-001
需求追踪	需求规格说明 3.2		
测试目的	测试代码编写与软件需求规格说明的一致性和规范性		
测试级别	配置项测试	测试类型	代码审查
测试项说明	对照软件需求规格说明审查代码是否正确实现了文档要求； 通过编码规则检查工具进行编码规则检查		
测试方法	设计检查		

5.2　功能测试

5.2.1　串口接收功能测试

串口接收功能测试见附表 6-9。

附表 6-9　串口接收功能测试

测试项	串口接收功能测试	测试项标识	UART2SPI-FT-001
需求追踪	需求规格说明 3.2		
测试目的	测试接收串口是否按串口协议接收和解析串口命令帧		
测试级别	配置项测试	测试类型	功能测试
测试项说明	按照通信协议要求发送 FLASH 操作命令,操作命令能被正确解析； 未按照通信协议要求发送 FLASH 操作命令,操作命令不能被正确解析		
测试方法	实物测试		

5.2.2　串口发送功能测试

串口发送功能测试见附表 6-10。

附表 6-10　**串口发送功能测试**

测试项	串口发送功能测试	测试项标识	UART2SPI-FT-002
需求追踪	需求规格说明 3.2		
测试目的	测试发送串口是否按串口协议正确输出待发送数据		
测试级别	配置项测试	测试类型	功能测试
测试项说明	按照通信协议要求发送 FLASH 操作命令,操作命令能被正确解析; 未按照通信协议要求发送 FLASH 操作命令,操作命令不能被正确解析		
测试方法	实物测试		

5.2.3　写 FLASH 功能测试

写 FLASH 功能测试见附表 6-11。

附表 6-11　**写 FLASH 功能测试**

测试项	写 FLASH 功能测试	测试项标识	UART2SPI-FT-003
需求追踪	需求规格说明 3.2		
测试目的	测试写 FLASH 功能是否实现正确,是否对写命令帧的正确性和操作地址有效性进行正确判断与处理		
测试级别	配置项测试	测试类型	功能测试
测试项说明	接收到正确写命令帧,有效范围内地址时,能通过 SPI 总线将 FLASH 数据写入对应的地址; 接收到错误写命令帧时,有效范围内地址时,不能通过 SPI 总线将 FLASH 数据写入对应的地址; 接收到正确写命令帧,有效范围外地址时,不能通过 SPI 总线将 FLASH 数据写入对应的地址; 接收到错误写命令帧时,有效范围外地址时,不能通过 SPI 总线将 FLASH 数据写入对应的地址		
测试方法	实物测试		

5.2.4　读 FLASH 功能测试

读 FLASH 功能测试见附表 6-12。

附表 6-12　**读 FLASH 功能测试**

测试项	读 FLASH 功能测试	测试项标识	UART2SPI-FT-004
需求追踪	需求规格说明 3.2		
测试目的	测试读 FLASH 功能是否实现正确,是否对读命令帧的正确性和操作地址的有效性进行正确判断与处理		
测试级别	配置项测试	测试类型	功能测试

测试项说明	接收到正确读命令帧,有效范围内地址时,能通过 SPI 总线接收读地址对应的 FLASH 数据; 接收到错误读命令帧时,有效范围内地址时,不能通过 SPI 总线接收读地址对应的 FLASH 数据; 接收到正确读命令帧时,有效范围外地址时,不能通过 SPI 总线接收读地址对应的 FLASH 数据; 接收到错误读命令帧时,有效范围外地址时,不能通过 SPI 总线接收读地址对应的 FLASH 数据
测试方法	实物测试

5.3 性能测试

读写 FLASH 性能测试见附表 6-13。

附表 6-13 读写 FLASH 性能测试

测试项	读写 FLASH 性能测试	测试项标识	UART2SPI-PT-001
需求追踪	需求规格说明 3.3		
测试目的	测试上位机发送命令到完成 FLASH 读写一字节数据的操作时间是否小于 0.5 ms		
测试级别	配置项测试	测试类型	功能测试
测试项说明	上位机发送写 FLASH 命令到 FPGA 完成写 FLASH 操作的时间应小于 0.5 ms 上位机发送读 FLASH 命令到 FPGA 完成回传 FLASH 数据的时间应小于 0.5 ms		
测试方法	实物测试		

5.4 接口测试

5.4.1 串口接口测试

串口接口测试见附表 6-14。

附表 6-14 串口接口测试

标示:UART2SPI-IO-001					
需求追踪:需求规格说明 3.5					
接口信号					
序号	标示	方向	连接对象	说明	初始值/复位值
1	RX	I	上位机	接收由上位机发送的控制命令	1
2	TX	O	上位机	上传给上位机读取的数据	1
接口时序图					
无					
接口时序参数					
波特:460800 b/s,1 bit 起始位,8 bit 数据位,LSB 模式,1 bit 停止位					

5.4.2　SPI 接口测试

SPI 接口测试见附表 6-15。

附表 6-15　SPI 接口测试

标示:UART2SPI-IO-002					
需求追踪:需求规格说明 3.5					
接口信号					
序号	标示	方向	连接对象	说明	初始值/复位值
1	CLK	O	FLASH	FLASH 参考时钟信号	0
2	CS	O	FLASH	FLASH 片选信号	1
3	DI	O	FLASH	FPGA->FLASH 命令和数据信号	0
4	DO	I	FLASH	FLASH 回传数据信号	0

接口时序图

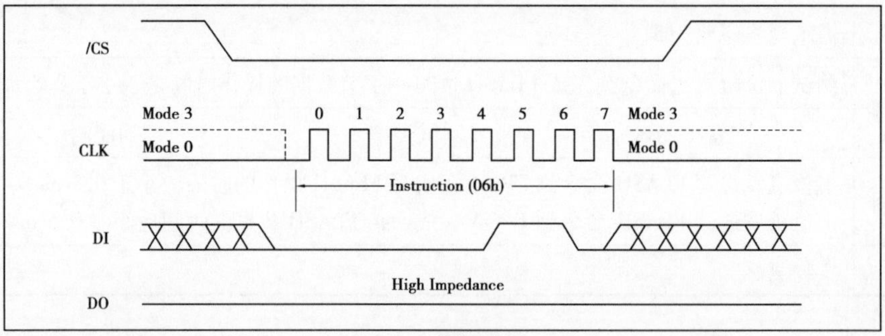

Figure 4　写使能时序图

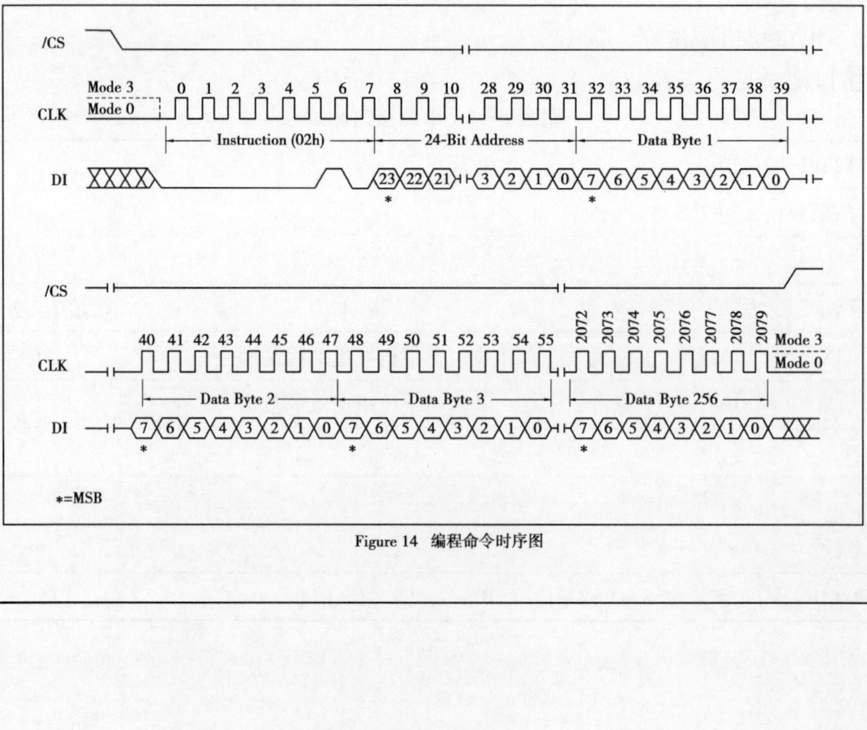

Figure 14　编程命令时序图

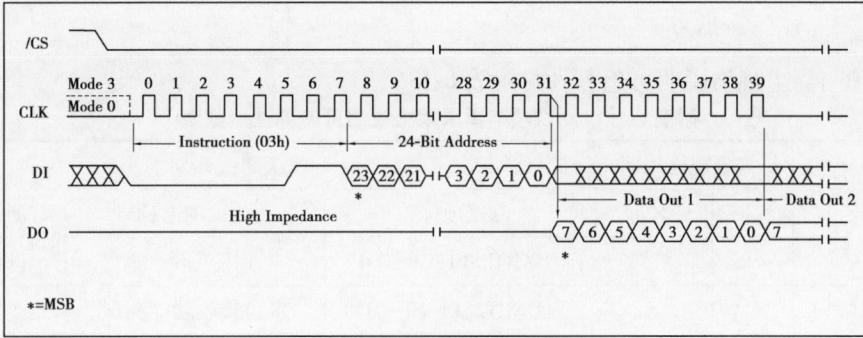

Figure 8　读数据时序图

接口时序参数
SPI 参考时钟为 500 kHz,8 位命令位(读数据命令 0x03,写使能命令 0x06,编程命令 0x02),16 位地址(该项目进行了简化),8 位数据位。FLASH 回传数据 8 位

5.5　时序测试

静态时序分析见附表 6-16。

附表 6-16　静态时序分析

测试项	静态时序分析	测试项标识	UART2SPI-TT-001
需求追踪	隐含需求		
测试目的	测试是否存在建立时间和保持时间违例		
测试级别	配置项测试	测试类型	功能测试
测试项说明	通过 ISE14.7 内置的静态时序分析工具进行静态时序分析		
测试方法	静态时序分析		

5.6　安全性测试

跨时钟域信号分析见附表 6-17。

附表 6-17　跨时钟域信号分析

测试项	跨时钟域信号分析	测试项标识	UART2SPI-ST-001
需求追踪	需求规格说明 3.10		
测试目的	测试是否存在对跨时钟域信号未进行有效处理的情况		
测试级别	配置项测试	测试类型	功能测试
测试项说明	通过 QuestaCDC 进行跨时钟域信号分析		
测试方法	设计检查		

6 测试进度

略。

7 可追踪性

测试项与需求规格说明可追溯性见附表6-18。

附表 6-18　测试项与需求规格说明可追溯性一览表

序号	需求类型	需求规格说明		确认测试计划		
		标识	名称	测试项标识	测试项名称	测试方法
1				UART2SPI-CR-001	代码审查	设计检查
2	功能	3.2	功能需求	UART2SPI-FT-01	串口接收功能测试	实物测试
3				UART2SPI-FT-02	串口发送功能测试	实物测试
4				UART2SPI-FT-03	写 FLASH 功能测试	实物测试
5				UART2SPI-FT-04	读 FLASH 功能测试	实物测试
6	性能	3.3	性能需求	UART2SPI-PT-01	读写 FLASH 性能测试	实物测试
7	接口	3.5	外部接口需求	UART2SPI-IO-01	串口接口测试	实物测试
8				UART2SPI-IO-02	SPI 接口测试	实物测试
9	时序	—	隐含需求	UART2SPI-PT-01	静态时序分析	静态时序分析
10	安全性	3.10	安全性需求	UART2SPI-ST-01	跨时钟域信号分析	设计检查
11		……				
……						

附录 7 《存储控制 FPGA 软件确认测试说明》

1 范围

1.1 标识

a. 文档标识号:UART2SPI-SVTD;

b. 文档名称:存储控制 FPGA 软件确认测试说明;

c. 文档版本号:V1.0。

1.2 系统概述

存储控制 FPGA 软件属于某系统的重要组成部分,主要由 FPGA 芯片和 FLASH 芯片组成。FPGA 芯片接收到串口写指令,将数据通过 SPI 接口写入 FLASH 芯片的指定地址。FPGA 芯片接收到串口读指令后,通过 SPI 接口从 FLASH 指定地址中读取数据,并通过串口输出。存储控制 FPGA 软件系统结构如附图 7-1 所示。

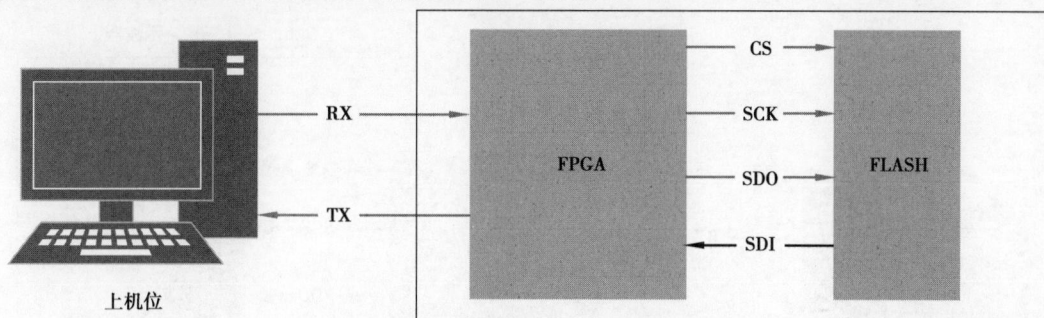

附图 7-1　存储控制 FPGA 软件系统结构

1.3 文档概述

本文档对依据《存储控制 FPGA 软件确认测试计划》进行的软件测试项目进行测试准备和测试设计,为存储控制 FPGA 软件确认测试提供设计指导。

2 引用文档

引用文档见附表 7-1。

附表 7-1　引用文档

序号	标识	文件名称	实施日期	颁布单位
1	GJB 9433—2018	《军用可编程逻辑器件软件测试要求》	2018-08-01	中央军委装备发展部
2	GJB 9764—2020	《军用可编程逻辑器件软件文档编制规范》	2020-08-01	中央军委装备发展部
3	GJB 9765—2020	《军用可编程逻辑器件软件编程语言安全子集—VHDL 语言篇》	2020-08-01	中央军委装备发展部
4	GJB 10157—2021	《军用可编程逻辑器件软件 Verilog 语言编程安全子集》	2022-03-01	中央军委装备发展部
5	UART2SPI-SRS	存储控制 FPGA 软件需求规格说明	—	—

续表

序号	标识	文件名称	实施日期	颁布单位
6	UART2SPI–SVTP	存储控制 FPGA 软件确认测试计划	—	—
7	……			

3 确认测试环境

3.1 确认测试环境概述

存储控制 FPGA 软件的实物测试环境如附图 7-2 所示。实物测试中使用上位机中安装的串口调试助手发送串口命令和接收串口数据。使用示波器观察信号波形；使用电源提供直流稳压电源。

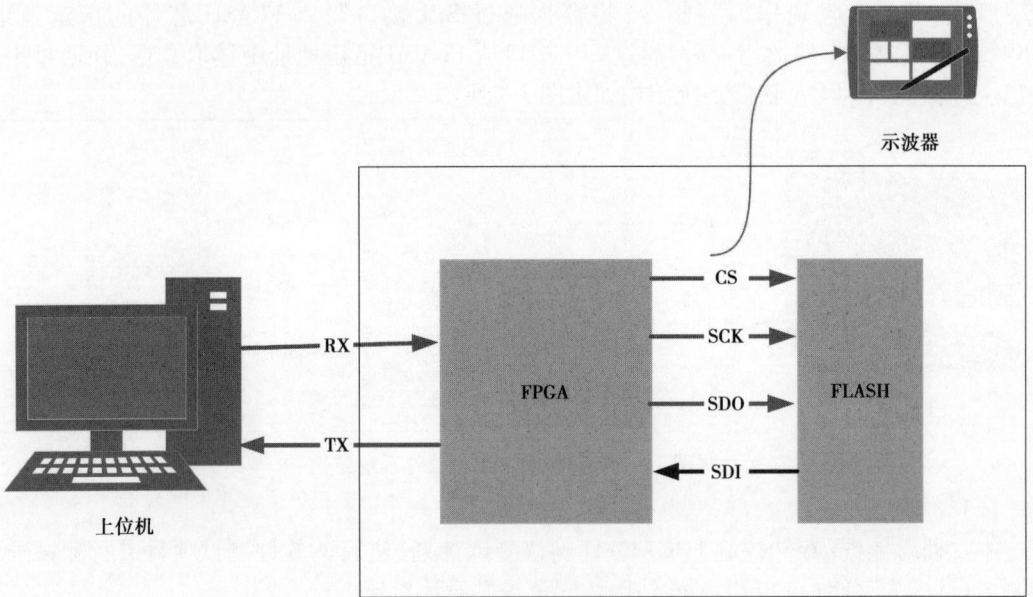

附图 7-2 存储控制 FPGA 软件的实物测试环境

3.2 软件项

此次确认测试环境使用的软件项见附表 7-2。

附表 7-2 软件项

序号	软件项名称	版本	用途	提供单位
1	Windows	7	操作系统	
2	存储控制 FPGA 软件	V1.0	被测件（源代码，用于代码审查）	
3	串口调试助手	5.0	发送串口命令，接收串口信息	
4	MicrosoftOffice	2010	文档审查支撑软件	—
5	ISE	14.7	静态时序分析	
6	QuestaCDC	2021	跨时钟域信号分析	
7	HDL Designer	2018	编码规则检查	

3.3 硬件和固件项

此次确认测试环境使用的硬件和固件项见附表7-3。

附表7-3 硬件和固件项

序号	硬件和固件项名称	设备编号	用途	配置	状态	数量	提供单位
1	台式计算机1	—	用于进行运行串口调试助手	—	在用	1	
2	台式计算机2	—	用于文档编制	—	在用	1	
3	台式计算机3	—	用于进行静态时序分析、跨时钟域信号分析和编码规则检查	—	在用	1	
4	示波器	—	观察模拟量信号波形	—	检定有效期内	1	
5	直流电源	—	用于给目标板供电	—	检定有效期内	1	
6	目标板	—	搭载FPGA和FLASH芯片,运行被测软件	—	检定有效期内	1	

3.4 测试场地

测试工作在某实验室进行。

4 测试说明

4.1 代码审查

4.1.1 人工代码审查

人工代码审查见附表7-4。

附表7-4 人工代码审查

测试用例名称	人工代码审查	测试用例标识	UART2SPI-CR-001-001
测试追踪	5.1.1 代码审查		
测试级别	配置项测试	测试类型	代码审查
测试方法	设计检查		
测试说明	对照软件需求规格说明审查FPGA软件是否正确实现了文档要求		
终止条件	正常终止条件:按正常测试步骤完成测试过程; 异常终止条件:FPGA软件功能实现错误、测试用例设计错误、操作错误、测试环境出现异常情况		
测试输入及操作说明	人工审查代码,检查软件需求规格说明文档与FPGA软件的一致性		
预期测试结果	FPGA软件实现与需求文档要求一致		
评估准则	检查测试结果与预期结果是否一致。是:通过。否:不通过		
假定约束条件	被测件源代码完整		
测试人员		测试日期	

4.1.2 编码规则检查

编码规则检查见附表 7-5。

附表 7-5 编码规则检查

测试用例名称	编码规则检查	测试用例标识	UART2SPI-CR-001-002
测试追踪	5.1.1 代码审查		
测试级别	配置项测试	测试类型	代码审查
测试方法	设计检查		
测试说明	通过编码规则检查工具检查，测试 FPGA 软件编码是否符合（GJB 9765—2020）《军用可编程逻辑器件软件编程语言安全子集-VHDL 语言篇》和（GJB 10157—2021）《军用可编程逻辑器件软件 Verilog 语言编程安全子集》的要求		
终止条件	正常终止条件：按正常测试步骤完成测试过程； 异常终止条件：FPGA 软件功能实现错误、测试用例设计错误、操作错误、测试环境出现异常情况		
测试输入及操作说明	通过编码规则检查工具进行编码规则检查		
预期测试结果	未发现违反编码规则的代码设计		
评估准则	检查测试结果与预期结果是否一致。是：通过。否：不通过		
假定约束条件	被测件源代码完整		
测试人员		测试日期	

4.2 功能测试

4.2.1 串口接收功能测试

串口接收功能测试 1 见附表 7-6。

附表 7-6 串口接收功能测试 1

测试用例名称	串口接收功能测试 1	测试用例标识	UART2SPI-FT-001-001
测试追踪	5.2.1 串口接收功能测试		
测试级别	配置项测试	测试类型	功能测试
测试方法	实物测试		
测试说明	测试当上位机通过串口按照串口协议要求下发命令时，FPGA 软件是否能通过 rx_i 接口接收上位机下发的命令，并是否能够正确解析命令		
终止条件	正常终止条件：按正常测试步骤完成测试过程； 异常终止条件：FPGA 软件功能实现错误、测试用例设计错误、操作错误、测试环境出现异常情况		
测试输入及操作说明	上位机通过串口调试助手发送操作命令： 发送写 FLASH 操作命令，写命令帧头为 0XEB90，命令为 0X55，地址为 0X1000，数据为 0XAA； 发送读 FLASH 操作命令，读命令帧头为 0XEB90，命令为 0XAA，地址为 0X0001		

预期测试结果	通过示波器观察,串口接收到的数据与串口调试助手发送的数据一致。上位机不能正常读取 FLASH 通过 FPGA 回传的数据 0XAA		
评估准则	检查测试结果与预期结果是否一致。是:通过。否:不通过		
假定约束条件	系统输入时钟 29.4912 MHz		
测试人员		测试日期	

4.2.2 串口接收功能测试

串口接收功能测试 2 见附表 7-7。

附表 7-7 串口接收功能测试 2

测试用例名称	串口接收功能测试 2	测试用例标识	UART2SPI-FT-001-002
测试追踪	5.2.1 串口接收功能测试		
测试级别	配置项测试	测试类型	功能测试
测试方法	实物测试		
测试说明	测试当上位机通过串口按照串口协议要求下发命令时,FPGA 软件是否能通过 rx_i 接口接收上位机下发的命令,并是否能够正确解析命令		
终止条件	正常终止条件:按正常测试步骤完成测试过程; 异常终止条件:FPGA 软件功能实现错误、测试用例设计错误、操作错误、测试环境出现异常情况		
测试输入及操作说明	上位机通过串口调试助手发送操作命令: 发送写 FLASH 操作命令,写命令帧头为 0XEB91,命令为 0X55,地址为 0X1000,数据为 0XAA; 发送读 FLASH 操作命令,读命令帧头为 0XEB90,命令为 0XAA,地址为 0X0001		
预期测试结果	通过示波器观察,串口接收到的数据与串口调试助手发送的数据一致。上位机不能正常读取 FLASH 通过 FPGA 回传的数据		
评估准则	检查测试结果与预期结果是否一致。是:通过。否:不通过		
假定约束条件	系统输入时钟 29.4912 MHz		
测试人员		测试日期	

4.2.3 串口发送功能测试

串口发送功能测试见附表 7-8。

附表 7-8 串口发送功能测试

测试用例名称	串口发送功能测试	测试用例标识	UART2SPI-FT-002-001
测试追踪	5.2.2 串口发送功能测试		
测试级别	配置项测试	测试类型	功能测试
测试方法	实物测试		

续表

测试说明	测试当上位机通过串口按照串口协议要求下发命令时,FPGA 软件是否能通过 rx_i 接口接收上位机下发的命令,并是否能够正确解析命令
终止条件	正常终止条件:按正常测试步骤完成测试过程; 异常终止条件:FPGA 软件功能实现错误、测试用例设计错误、操作错误、测试环境出现异常情况
测试输入及操作说明	上位机通过串口调试助手发送操作命令: 发送写 FLASH 操作命令,写命令帧头为 0XEB90,命令为 0X55,地址为 0X1000,数据为 0XAA; 发送读 FLASH 操作命令,读命令帧头为 0XEB90,命令为 0XAA,地址为 0X1000
预期测试结果	通过示波器观察,串口发送数据与写入数据一致。上位机正常读取 FLASH 通过 FPGA 回传的数据 0XAA
评估准则	检查测试结果与预期结果是否一致。是:通过。否:不通过
假定约束条件	系统输入时钟 29.4912 MHz
测试人员	测试日期

4.2.4 写 FLASH 功能测试

写 FLASH 功能测试见附表 7-9。

附表 7-9 写 FLASH 功能测试

测试用例名称	写 FLASH 功能测试	测试用例标识	UART2SPI-FT-003-001
测试追踪	5.2.3 写 FLASH 功能测试		
测试级别	配置项测试	测试类型	功能测试
测试方法	实物测试		
测试说明	测试当上位机通过串口按照串口协议要求下发命令时,FPGA 软件是否能通过 rx_i 接口接收上位机下发的命令,并是否能够正确解析命令,并按照 SPI 协议执行写操作		
终止条件	正常终止条件:按正常测试步骤完成测试过程; 异常终止条件:FPGA 软件功能实现错误、测试用例设计错误、操作错误、测试环境出现异常情况		
测试输入及操作说明	上位机通过串口发送操作命令: 发送写 FLASH 操作命令,写命令帧头为 0XEB90,命令为 0X55,地址为 0X0001,数据为 0XAA		
预期测试结果	通过示波器观察到 FLASH 写数据为 0XAA		
评估准则	检查测试结果与预期结果是否一致。是:通过。否:不通过		
假定约束条件	系统输入时钟 29.4912 MHz		
测试人员		测试日期	

4.2.5 读 FLASH 功能测试

读 FLASH 功能测试见附表 7-10。

附表 7-10 读 FLASH 功能测试

测试用例名称	读 FLASH 功能测试	测试用例标识	UART2SPI-FT-004-001
测试追踪	5.2.4 读 FLASH 功能测试		
测试级别	配置项测试	测试类型	功能测试
测试方法	实物测试		
测试说明	测试当上位机通过串口按照串口协议要求下发命令时,FPGA 软件是否能通过 rx_i 接口接收上位机下发的命令,并是否能够正确解析命令,并按照 SPI 协议执行读操作		
终止条件	正常终止条件:按正常测试步骤完成测试过程; 异常终止条件:FPGA 软件功能实现错误、测试用例设计错误、操作错误、测试环境出现异常情况		
测试输入及操作说明	上位机通过串口按照波特率为 460800 b/s,发送写 FLASH 操作命令,写命令帧头为 0XEB90,命令为 0X55,地址为 0X0001,数据为 0XAA; 发送读 FLASH 操作命令,读命令帧头为 0XEB90,命令为 0XAA,地址为 0X0001		
预期测试结果	通过示波器观察到 FLASH 读出数据为 0XAA		
评估准则	检查测试结果与预期结果是否一致。是:通过。否:不通过		
假定约束条件	系统输入时钟 29.4912 MHz		
测试人员		测试日期	

……

4.3 性能测试

读写 FLASH 性能测试见附表 7-11。

附表 7-11 读写 FLASH 性能测试

测试用例名称	读写 FLASH 性能测试	测试用例标识	UART2SPI-PT-001-001
测试追踪	5.3.1 读写 FLASH 性能测试		
测试级别	配置项测试	测试类型	接口测试
测试方法	实物测试		
测试说明	测试上位机发送命令到完成 FLASH 读写一字节数据的操作时间是否小于 0.5 ms		
终止条件	正常终止条件:按正常测试步骤完成测试过程; 异常终止条件:FPGA 软件功能实现错误、测试用例设计错误、操作错误、测试环境出现异常情况		
测试输入及操作说明	上位机通过串口按照波特率为 460800 b/s,通信协议满足 1 bit 起始位,8 bit 数据位,LSB 模式,1 bit 停止位; 发送写 FLASH 操作命令,写命令帧头为 0XEB90,命令为 0X55,地址为 0X0001,数据为 0XAA; 发送读 FLASH 操作命令,读命令帧头为 0XEB90,命令为 0XAA,地址为 0X0001		

续表

预期测试结果	通过示波器观察串口协议中的起始位下降沿到 SPI 协议中的 CS 信号上升沿的时间间隔小于 0.5 ms	
评估准则	检查测试结果与预期结果是否一致。是:通过。否:不通过	
假定约束条件	系统输入时钟 29.4912 MHz	
测试人员		测试日期

4.4 接口测试

4.4.1 接收串口接口测试

接收串口接口测试见附表 7-12。

附表 7-12 接收串口接口测试

测试用例名称	接收串口接口测试	测试用例标识	UART2SPI-IO-001-001
测试追踪	5.4.1 串口接口测试		
测试级别	配置项测试	测试类型	接口测试
测试方法	实物测试		
测试说明	测试当上位机通过串口按照串口协议要求下发命令时,FPGA 软件是否能通过 rx_i 接口接收上位机下发的命令,并是否能够正确解析命令		
终止条件	正常终止条件:按正常测试步骤完成测试过程; 异常终止条件:FPGA 软件功能实现错误、测试用例设计错误、操作错误、测试环境出现异常情况		
测试输入及操作说明	上位机通过串口调试助手按照波特率为 460800 b/s,通信协议满足 1 bit 起始位,8 bit 数据位,LSB 模式,1 bit 停止位; 发送写 FLASH 操作命令,写命令帧头为 0XEB90,命令为 0X55,地址为 0X0001,数据为 0XAA; 发送读 FLASH 操作命令,读命令帧头为 0XEB90,命令为 0XAA,地址为 0X0001		
预期测试结果	通过示波器观察到接收串口时序满足协议要求		
评估准则	检查测试结果与预期结果是否一致。是:通过。否:不通过		
假定约束条件	系统输入时钟 29.4912 MHz		
测试人员		测试日期	

4.4.2 发送串口接口测试

发送串口接口测试见附表 7-13。

附表 7-13 发送串口接口测试

测试用例名称	发送串口接口测试	测试用例标识	UART2SPI-IO-001-002
测试追踪	5.4.1 串口接口测试		
测试级别	配置项测试	测试类型	接口测试
测试方法	实物测试		

测试说明	测试当上位机通过串口按照串口协议要求下发命令时,FPGA 软件是否能通过 rx_i 接口接收上位机下发的命令,并是否能够正确解析命令	
终止条件	正常终止条件:按正常测试步骤完成测试过程; 异常终止条件:FPGA 软件功能实现错误、测试用例设计错误、操作错误、测试环境出现异常情况	
测试输入及操作说明	上位机通过串口调试助手按照波特率为 460800 b/s,通信协议满足 1 bit 起始位,8 bit 数据位,LSB 模式,1 bit 停止位; 发送写 FLASH 操作命令,写命令帧头为 0XEB90,命令为 0X55,地址为 0X0001,数据为 0XAA; 发送读 FLASH 操作命令,读命令帧头为 0XEB90,命令为 0XAA,地址为 0X0001	
预期测试结果	通过示波器观察到发送串口时序满足协议要求	
评估准则	检查测试结果与预期结果是否一致。是:通过。否:不通过	
假定约束条件	系统输入时钟 29.4912 MHz	
测试人员		测试日期

4.4.3　SPI 写接口测试

SPI 写接口测试见附表 7-14。

附表 7-14　SPI 写接口测试

测试用例名称	SPI 写接口测试	测试用例标识	UART2SPI-IO-002-001
测试追踪	5.4.2 SPI 接口测试		
测试级别	配置项测试	测试类型	接口测试
测试方法	实物测试		
测试说明	测试当上位机通过串口按照串口协议要求下发命令时,FPGA 软件是否能通过 rx_i 接口接收上位机下发的命令,并是否能够正确解析命令		
终止条件	正常终止条件:按正常测试步骤完成测试过程; 异常终止条件:FPGA 软件功能实现错误、测试用例设计错误、操作错误、测试环境出现异常情况		
测试输入及操作说明	上位机通过串口调试助手按照波特率为 460800 b/s,通信协议满足 1 bit 起始位,8 bit 数据位,LSB 模式,1 bit 停止位; 发送写 FLASH 操作命令,写命令帧头为 0XEB90,命令为 0X55,地址为 0X0001,数据为 0XAA; 发送读 FLASH 操作命令,读命令帧头为 0XEB90,命令为 0XAA,地址为 0X0001		
预期测试结果	通过示波器观察到 SPI 写使能命令和 SPI 编程命令时序满足协议要求		
评估准则	检查测试结果与预期结果是否一致。是:通过。否:不通过		
假定约束条件	系统输入时钟 29.4912 MHz		
测试人员		测试日期	

4.4.4　SPI 读接口测试

SPI 读接口测试见附表 7-15。

附表 7-15　SPI 读接口测试

测试用例名称	SPI 读接口测试	测试用例标识	UART2SPI-IO-002-002
测试追踪	5.4.2 SPI 接口测试		
测试级别	配置项测试	测试类型	接口测试
测试方法	实物测试		
测试说明	测试当上位机通过串口按照串口协议要求下发命令时,FPGA 软件是否能通过 rx_i 接口接收上位机下发的命令,并是否能够正确解析命令		
终止条件	正常终止条件:按正常测试步骤完成测试过程; 异常终止条件:FPGA 软件功能实现错误、测试用例设计错误、操作错误、测试环境出现异常情况		
测试输入及操作说明	上位机通过串口调试助手按照波特率为 460800 b/s,通信协议满足 1 bit 起始位,8 bit 数据位,LSB 模式,1 bit 停止位; 发送写 FLASH 操作命令,写命令帧头为 0XEB90,命令为 0X55,地址为 0X0001,数据为 0XAA; 发送读 FLASH 操作命令,读命令帧头为 0XEB90,命令为 0XAA,地址为 0X0001		
预期测试结果	通过示波器观察到 SPI 读数据命令时序满足协议要求		
评估准则	检查测试结果与预期结果是否一致。是:通过。否:不通过		
假定约束条件	系统输入时钟 29.4912 MHz		
测试人员		测试日期	

......

4.5　时序测试

静态时序分析见附表 7-16。

附表 7-16　静态时序分析

测试用例名称	静态时序分析	测试用例标识	UART2SPI-TT-001-001
测试追踪	5.5.1 静态时序分析		
测试级别	配置项测试	测试类型	时序测试
测试方法	静态时序分析		
测试说明	测试是否存在建立时间和保持时间违例		
终止条件	正常终止条件:按正常测试步骤完成测试过程; 异常终止条件:FPGA 软件功能实现错误、测试用例设计错误、操作错误、测试环境出现异常情况		
测试输入及操作说明	在 ISE 14.7 中执行静态时序分析		
预期测试结果	不存在建立时间和保持时间违例的情况		
评估准则	检查测试结果与预期结果是否一致。是:通过。否:不通过		

假定约束条件	设计文件和约束文件完备		
测试人员		测试日期	

4.6 安全性测试

跨时钟域信号分析见附表 7-17。

附表 7-17 跨时钟域信号分析

测试用例名称	跨时钟域信号分析	测试用例标识	UART2SPI-ST-001-001
测试追踪	5.6.1 跨时钟域信号分析		
测试级别	配置项测试	测试类型	安全性测试
测试方法	设计检查-跨时钟域信号分析		
测试说明	测试是否存在对跨时钟域信号未进行有效处理的情况		
终止条件	正常终止条件:按正常测试步骤完成测试过程; 异常终止条件:FPGA 软件功能实现错误、测试用例设计错误、操作错误、测试环境出现异常情况		
测试输入及操作说明	使用 QuestaCDC 进行跨时钟域信号分析		
预期测试结果	对设计中的跨时钟域信号均进行了有效的同步处理		
评估准则	检查测试结果与预期结果是否一致。是:通过。否:不通过		
假定约束条件	设计文件和约束文件完备		
测试人员		测试日期	

5 可追踪性

测试用例与确认测试计划可追溯性见表 7-18。

附表 7-18 测试用例与确认测试计划可追溯性一览表

序号	测试项标识	测试项描述	测试用例标识
1	UART2SPI-CR-001	人工代码审查和编码规则检查	UART2SPI-CR-001-001
2			UART2SPI-CR-001-002
3	UART2SPI-FT-001	测试串口接收数据功能是否实现正确	UART2SPI-FT-001-001
			UART2SPI-FT-001-002
4	UART2SPI-FT-002	测试串口发送数据功能是否实现正确	UART2SPI-FT-002-001
5	UART2SPI-FT-003	测试写 FLASH 功能是否实现正确	UART2SPI-FT-003-001
6	UART2SPI-FT-004	测试读 FLASH 功能是否实现正确	UART2SPI-FT-004-001
7	UART2SPI-PT-001	测试上位机发送命令到完成 FLASH 读写一字节数据的操作时间是否小于 0.5 ms	UART2SPI-PT-001-001

续表

序号	测试项标识	测试项描述	测试用例标识
8	UART2SPI-IO-001	测试串口接口协议是否满足要求	UART2SPI-IO-001-001
			UART2SPI-IO-001-002
9	UART2SPI-IO-002	测试 SPI 接口协议是否满足要求	UART2SPI-IO-002-001
			UART2SPI-IO-002-002
10	UART2SPI-TT-001	测试是否存在建立时间和保持时间违例	UART2SPI-TT-001-001
11	UART2SPI-ST-001	测试是否存在对跨时钟域信号未进行有效处理的情况	UART2SPI-ST-001-001

附录8　《存储控制 FPGA 软件确认测试报告》

1　范围
1.1　标识
a. 文档标识号：UART2SPI-SVTR；

b. 文档名称：存储控制 FPGA 软件确认测试报告；

c. 文档版本号：V1.0。

1.2　系统概述
存储控制 FPGA 软件属于某系统的重要组成部分，主要由 FPGA 芯片和 FLASH 芯片组成。FPGA 芯片接收到串口写指令，将数据通过 SPI 接口写入 FLASH 芯片的指定地址。FPGA 芯片接收到串口读指令后，通过 SPI 接口从 FLASH 指定地址中读取数据，并通过串口输出。存储控制 FPGA 软件系统结构如附图 8-1 所示。

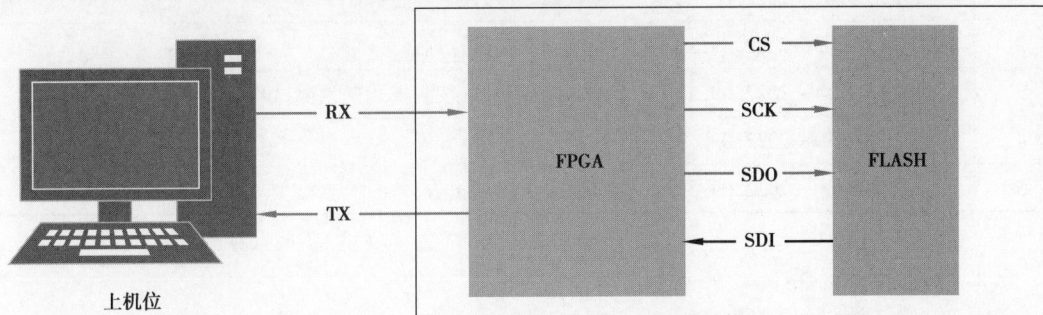

附图 8-1　存储控制 FPGA 软件系统结构

1.3　文档概述
本文档是对存储控制 FPGA 软件进行确认测试的报告，详细说明测试的起止时间、测试环境、测试过程、测试结果、测试问题，并对测试工作进行评估，给出对被测件的评估与建议，为软件质量评价提供依据。

2　引用文档
引用文档见附表 8-1。

附表 8-1　引用文档

序号	标识	文件名称	实施日期	颁布单位
1	GJB 9433—2018	《军用可编程逻辑器件软件测试要求》	2018-08-01	中央军委装备发展部
2	GJB 9764—2020	《军用可编程逻辑器件软件文档编制规范》	2020-08-01	中央军委装备发展部
3	GJB 9765—2020	《军用可编程逻辑器件软件编程语言安全子集—VHDL 语言篇》	2020-08-01	中央军委装备发展部
4	GJB 10157—2021	《军用可编程逻辑器件软件 Verilog 语言编程安全子集》	2022-03-01	中央军委装备发展部

续表

序号	标识	文件名称	实施日期	颁布单位
5	UART2SPI-SRS	存储控制 FPGA 软件需求规格说明	—	—
6	UART2SPI-SVTP	存储控制 FPGA 软件确认测试计划	—	—
7	UART2SPI-SVTD	存储控制 FPGA 软件确认测试说明	—	—
8	……			

3　测试概述

3.1　测试过程

确认测试过程见附表8-2。

附表 8-2　测试过程

序号	起止时间	主要工作内容
1	2022.09.01—2022.09.02	接收被测件,建立项目
2	2022.09.03—2022.09.13	编制确认测试计划
3	2022.09.14—2022.09.18	编制确认测试说明,搭建确认测试环境
4	2022.09.19—2022.09.29	执行首轮测试
5	2022.09.30—2022.09.30	编制确认测试报告

3.2　确认测试环境

3.2.1　确认测试环境概述

存储控制 FPGA 软件的实物测试环境如附图 8-2 所示。实物测试中使用上位机中安装的串口调试助手发送串口命令和接收串口数据。使用示波器观察信号波形。使用电源提供直流稳压电源。

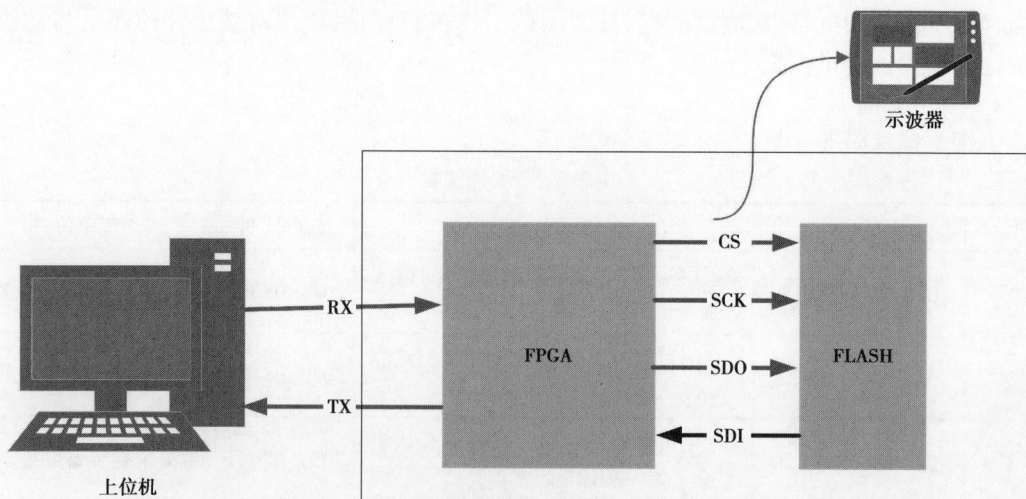

附图 8-2　存储控制 FPGA 软件的实物测试环境

3.2.2 软件项

此次确认测试环境使用的软件项见附表8-3。

附表8-3 软件项

序号	软件项名称	版本	用途	提供单位
1	Windows	7	操作系统	
2	存储控制 FPGA 软件	V1.0	被测件	
3	串口调试助手	5.0	发送串口命令,接收串口信息	
4	MicrosoftOffice	2010	文档审查支撑软件	—
5	ISE	14.7	静态时序分析	
6	QuestaCDC	2021	跨时钟域信号分析	
7	HDL Designer	2018	编码规则检查	

3.2.3 硬件和固件项

此次确认测试环境使用的硬件和固件项见附表8-4。

附表8-4 硬件和固件项

序号	硬件和固件项名称	设备编号	用途	配置	状态	数量	提供单位
1	台式计算机1	—	用于进行运行串口调试助手	—	在用	1	—
2	台式计算机2	—	用于文档编制	—	在用	1	
3	台式计算机3	—	用于进行静态时序分析、跨时钟域信号分析和编码规则检查	—	在用	1	
4	示波器	—	观察模拟量信号波形	—	检定有效期内	1	
5	直流电源	—	用于给目标板供电	—	检定有效期内	1	
6	目标板	—	搭载 FPGA 和 FLASH 芯片,运行被测软件	—	检定有效期内	1	

3.2.4 测试场地

测试工作在某实验室进行。

4 详细测试结果

4.1 确认测试执行结果

4.1.1 测试用例执行结果

测试用例执行结果见附表8-5。

附表8-5 测试用例统计表

测试阶段	设计用例数	执行用例数	未执行数	通过数	未通过数
初始测试	14	14	0	14	0

4.1.2 测试问题情况

首轮测试未发现问题。

4.2 测试充分性分析

可编程逻辑器件软件测试追踪性见附表 8-6。

附表 8-6 可编程逻辑器件软件测试追踪性分析表

序号	需求规格说明		确认测试报告			
	需求标识号	需求名称	测试项标识	测试项名称	测试用例标识	测试用例名称
—			UART2SPI-CR-001	代码审查	UART2SPI-CR-001-001	人工代码审查
—					UART2SPI-CR-001-002	编码规则检查
1	3.2	功能需求	UART2SPI-FT-001	测试串口接收数据功能是否实现正确	UART2SPI-FT-001-001	串口接收功能测试1
					UART2SPI-FT-001-002	串口接收功能测试2
			UART2SPI-FT-002	测试串口发送数据功能是否实现正确	UART2SPI-FT-002-001	串口发送功能测试
			UART2SPI-FT-003	测试写FLASH功能是否实现正确	UART2SPI-FT-003-001	写FLASH功能测试
			UART2SPI-FT-004	测试读FLASH功能是否实现正确	UART2SPI-FT-004-001	读FLASH功能测试
2	3.3	性能需求	UART2SPI-PT-001	测试上位机发送命令到完成FLASH读写一字节数据的操作时间是否小于0.5 ms	UART2SPI-PT-001-001	读写FLASH性能测试
3	3.5	外部接口需求	UART2SPI-IO-001	测试串口接口协议是否满足要求	UART2SPI-IO-001-001	串口接收接口测试
					UART2SPI-IO-001-002	串口发送接口测试
			UART2SPI-IO-002	测试SPI接口协议是否满足要求	UART2SPI-IO-002-001	SPI写接口测试
					UART2SPI-IO-002-002	SPI读接口测试

序号	需求规格说明		确认测试报告			
	需求标识号	需求名称	测试项标识	测试项名称	测试用例标识	测试用例名称
4	—	隐含需求	UART2SPI-TT-001	测试是否存在建立时间和保持时间违例	UART2SPI-TT-001-001	静态时序分析
5	3.10	安全性需求	UART2SPI-ST-001	测试是否存在对跨时钟域信号未进行有效处理的情况	UART2SPI-ST-001-001	跨时钟域信号分析

5 评估和建议

略。

5.1 测试环境的影响

确认测试中上位机的串口调试助手按照串口通信协议的格式和时序,模拟外部设备按协议与被测软件通信,因此对测试结果无影响。

5.2 测试改进建议

无。

确认测试用例记录见附表 8-7。

附表 8-7　确认测试用例记录表

测试用例名称	人工代码审查	测试用例标识	UART2SPI-CR-001-001
需求追踪	5.1.1 代码审查		
测试级别	配置项测试	测试类型	代码审查
测试方法	设计检查		
测试说明	对照软件需求规格说明审查代码是否正确实现了文档要求		
测试输入及操作说明	人工审查代码,检查软件需求规格说明文档与代码的一致性		
预期测试结果	代码实现与需求文档要求一致		
实际测试结果	代码实现与需求文档要求一致		
测试通过结果	通过		
假定约束条件	被测件源代码完整		
测试人员		测试日期	

编码规则检查见附表 8-8。

附表 8-8　编码规则检查

测试用例名称	编码规则检查	测试用例标识	UART2SPI-CR-001-002
需求追踪	5.1.1 代码审查		
测试级别	配置项测试	测试类型	代码审查

续表

测试方法	设计检查
测试说明	通过编码规则检查工具检查,测试编码是否符合(GJB 9765—2020)《军用可编程逻辑器件软件编程语言安全子集–VHDL 语言篇》和(GJB 10157—2021)《军用可编程逻辑器件软件 Verilog 语言编程安全子集》的要求
测试输入及操作说明	通过编码规则检查工具进行编码规则检查
预期测试结果	未发现违反编码规则的代码设计
实际测试结果	未发现违反编码规则的代码设计
测试通过结果	通过
假定约束条件	被测件源代码完整
测试人员		测试日期	

串口接收功能测试 1 见附表 8-9。

附表 8-9 串口接收功能测试 1

测试用例名称	串口接收功能测试 1	测试用例标识	UART2SPI-FT-001-001
需求追踪	5.2.1 串口接收功能测试		
测试级别	配置项测试	测试类型	功能测试
测试方法	实物测试		
测试说明	测试当上位机通过串口按照串口协议要求下发命令时,FPGA 软件是否能通过 rx_i 接口接收上位机下发的命令,并是否能够正确解析命令		
测试输入及操作说明	上位机通过串口调试助手发送操作命令: 发送写 FLASH 操作命令,写命令帧头为 0XEB90,命令为 0X55,地址为 0X1000,数据为 0XAA; 发送读 FLASH 操作命令,读命令帧头为 0XEB90,命令为 0XAA,地址为 0X0001		
预期测试结果	通过示波器观察,串口接收到的数据与串口调试助手发送的数据一致。上位机不能正常读取 FLASH 通过 FPGA 回传的数据 0XAA		
实际测试结果	写入数据命令为 0xEB90551000AA,与通过示波器观察到的数据一致 串口调试助手读取到的回传数据为 0XAA		

续表

测试通过结果	通过		
假定约束条件	系统输入时钟 29.4912 MHz		
测试人员		测试日期	

串口接收功能测试 2 见附表 8-10。

附表 8-10　串口接收功能测试 2

测试用例名称	串口接收功能测试 2	测试用例标识	UART2SPI-FT-001-002
需求追踪	5.2.1 串口接收功能测试		
测试级别	配置项测试	测试类型	功能测试
测试方法	实物测试		
测试说明	测试当上位机通过串口按照串口协议要求下发命令时,FPGA 软件是否能通过 rx_i 接口接收上位机下发的命令,并是否能够正确解析命令		
测试输入及操作说明	上位机通过串口调试助手发送操作命令: 发送写 FLASH 操作命令,写命令帧头为 0XEB91,命令为 0X55,地址为 0X1000,数据为 0XAA; 发送读 FLASH 操作命令,读命令帧头为 0XEB90,命令为 0XAA,地址为 0X0001		
预期测试结果	通过示波器观察,串口接收到的数据与串口调试助手发送的数据一致。上位机不能正常读取 FLASH 通过 FPGA 回传的数据		
实际测试结果	串口调试助手读取到的回传数据不为 0XAA		
测试通过结果	通过		
假定约束条件	系统输入时钟 29.4912 MHz		
测试人员		测试日期	

串口发送功能测试见附表 8-11。

附表 8-11　串口发送功能测试

测试用例名称	串口发送功能测试	测试用例标识	UART2SPI-FT-002-001
需求追踪	5.2.2 串口发送功能测试		
测试级别	配置项测试	测试类型	功能测试
测试方法	实物测试		
测试说明	测试当上位机通过串口按照串口协议要求下发命令时,FPGA 软件是否能通过 rx_i 接口接收上位机下发的命令,并是否能够正确解析命令		
测试输入及操作说明	上位机通过串口调试助手发送操作命令: 发送写 FLASH 操作命令,写命令帧头为 0XEB90,命令为 0X55,地址为 0X1000,数据为 0XAA; 发送读 FLASH 操作命令,读命令帧头为 0XEB90,命令为 0XAA,地址为 0X1000		

续表

预期测试结果	通过示波器观察,串口发送数据与写入数据一致。上位机正常读取 FLASH 通过 FPGA 回传的数据 0XAA	
实际测试结果	通过示波器观察到的串口发送数据为 上位机正常读取 FLASH 通过 FPGA 回传的数据 0XAA	
测试通过结果	通过	
假定约束条件	系统输入时钟 29.4912 MHz	
测试人员		测试日期

写 FLASH 功能测试见附表 8-12。

附表 8-12   写 FLASH 功能测试

测试用例名称	写 FLASH 功能测试	测试用例标识	UART2SPI-FT-003-001
需求追踪	5.2.3 写 FLASH 功能测试		
测试级别	配置项测试	测试类型	功能测试
测试方法	实物测试		
测试说明	测试当上位机通过串口按照串口协议要求下发命令时,FPGA 软件是否能通过 rx_i 接口接收上位机下发的命令,并是否能够正确解析命令,并按照 SPI 协议执行写操作		
测试输入及操作说明	上位机通过串口调试助手发送操作命令: 发送写 FLASH 操作命令,写命令帧头为 0XEB90,命令为 0X55,地址为 0X0001,数据为 0XAA		
预期测试结果	通过示波器观察到 FLASH 写数据为 0XAA		

实际测试结果	通过示波器观察到 FLASH 写数据为 0XAA
测试通过结果	通过
假定约束条件	系统输入时钟 29.4912 MHz
测试人员		测试日期	

读 FLASH 功能测试见附表 8-13。

附表 8-13　读 FLASH 功能测试

测试用例名称	读 FLASH 功能测试	测试用例标识	UART2SPI-FT-004-001
需求追踪	5.2.4 读 FLASH 功能测试		
测试级别	配置项测试	测试类型	功能测试
测试方法	实物测试		
测试说明	测试当上位机通过串口按照串口协议要求下发命令时,FPGA 软件是否能通过 rx_i 接口接收上位机下发的命令,并是否能够正确解析命令,并按照 SPI 协议执行读操作		
测试输入及操作说明	上位机通过串口调试助手发送操作命令: 发送写 FLASH 操作命令,写命令帧头为 0XEB90,命令为 0X55,地址为 0X0001,数据为 0XAA; 发送读 FLASH 操作命令,读命令帧头为 0XEB90,命令为 0XAA,地址为 0X0001		
预期测试结果	通过示波器观察到 FLASH 读出数据为 0XAA		

续表

实际测试结果	通过示波器观察到 FLASH 读出数据为 0XAA
测试通过结果	通过
假定约束条件	系统输入时钟 29.4912 MHz
测试人员		测试日期	

读写 FLASH 性能测试见附表 8-14。

附表 8-14　读写 FLASH 性能测试

测试用例名称	读写 FLASH 性能测试	测试用例标识	UART2SPI-PT-001-001
需求追踪	5.3.1 读写 FLASH 性能测试		
测试级别	配置项测试	测试类型	接口测试
测试方法	实物测试		
测试说明	测试上位机发送命令到完成 FLASH 读写一字节数据的操作时间是否小于 0.5 ms		
测试输入及操作说明	上位机通过串口调试助手按照波特率为 460800 b/s,通信协议满足 1 bit 起始位,8 bit 数据位,LSB 模式,1 bit 停止位; 发送写 FLASH 操作命令,写命令帧头为 0XEB90,命令为 0X55,地址为 0X0001,数据为 0XAA; 发送读 FLASH 操作命令,读命令帧头为 0XEB90,命令为 0XAA,地址为 0X0001		
预期测试结果	通过示波器观察串口协议中的起始位下降沿到 SPI 协议中的 CS 信号上升沿的时间间隔小于 0.5 ms		
实际测试结果	写操作:305 μs 读操作:283 μs		
测试通过结果	通过		
假定约束条件	系统输入时钟 29.4912 MHz		
测试人员		测试日期	

串口接收接口测试见附表 8-15。

附表 8-15　串口接收接口测试

测试用例名称	串口接收接口测试	测试用例标识	UART2SPI-IO-001-001
需求追踪	5.4.1 串口接口测试		
测试级别	配置项测试	测试类型	接口测试
测试方法	实物测试		
测试说明	测试当上位机通过串口按照串口协议要求下发命令时,FPGA 软件是否能通过 rx_i 接口接收上位机下发的命令,并是否能够正确解析命令		
测试输入及操作说明	上位机通过串口调试助手按照波特率为 460800 b/s,通信协议满足 1 bit 起始位,8 bit 数据位,LSB 模式,1 bit 停止位; 发送写 FLASH 操作命令,写命令帧头为 0XEB90,命令为 0X55,地址为 0X0001,数据为 0XAA; 发送读 FLASH 操作命令,读命令帧头为 0XEB90,命令为 0XAA,地址为 0X0001		
预期测试结果	通过示波器观察到接收串口时序满足协议要求		
实际测试结果	接收串口时序满足协议要求 		
测试通过结果	通过		
假定约束条件	系统输入时钟 29.4912 MHz		
测试人员		测试日期	

串口发送接口测试见附表 8-16。

附表 8-16　串口发送接口测试

测试用例名称	串口发送接口测试	测试用例标识	UART2SPI-IO-001-002
需求追踪	5.4.1 串口接口测试		
测试级别	配置项测试	测试类型	接口测试
测试方法	实物测试		
测试说明	测试当上位机通过串口按照串口协议要求下发命令时,FPGA 软件是否能通过 rx_i 接口接收上位机下发的命令,并是否能够正确解析命令		

续表

测试输入及操作说明	上位机通过串口调试助手按照波特率为 460800 b/s,通信协议满足 1 bit 起始位,8 bit 数据位,LSB 模式,1 bit 停止位; 发送写 FLASH 操作命令,写命令帧头为 0XEB90,命令为 0X55,地址为 0X0001,数据为 0XAA; 发送读 FLASH 操作命令,读命令帧头为 0XEB90,命令为 0XAA,地址为 0X0001
预期测试结果	通过示波器观察到发送串口时序满足协议要求
实际测试结果	发送串口时序满足协议要求
测试通过结果	通过
假定约束条件	系统输入时钟 29.4912 MHz
测试人员		测试日期	

SPI 写接口测试见附表 8-17。

附表 8-17　SPI 写接口测试

测试用例名称	SPI 写接口测试	测试用例标识	UART2SPI-IO-002-001
需求追踪	5.4.2 SPI 接口测试		
测试级别	配置项测试	测试类型	接口测试
测试方法	实物测试		
测试说明	测试当上位机通过串口按照串口协议要求下发命令时,FPGA 软件是否能通过 rx_i 接口接收上位机下发的命令,并是否能够正确解析命令		
测试输入及操作说明	上位机通过串口调试助手按照波特率为 460800 b/s,通信协议满足 1 bit 起始位,8 bit 数据位,LSB 模式,1 bit 停止位; 发送写 FLASH 操作命令,写命令帧头为 0XEB90,命令为 0X55,地址为 0X0001,数据为 0XAA; 发送读 FLASH 操作命令,读命令帧头为 0XEB90,命令为 0XAA,地址为 0X0001		
预期测试结果	通过示波器观察到 SPI 写使能命令和 SPI 编程命令时序满足协议要求		

实际测试结果	SPI 写使能命令和 SPI 编程命令时序满足协议要求
测试通过结果	通过
假定约束条件	系统输入时钟 29.4912 MHz
测试人员		测试日期	

SPI 读接口测试见附表 8-18。

附表 8-18　SPI 读接口测试

测试用例名称	SPI 读接口测试	测试用例标识	UART2SPI-IO-002-002
需求追踪	5.4.2 SPI 接口测试		
测试级别	配置项测试	测试类型	接口测试
测试方法	实物测试		
测试说明	测试当上位机通过串口按照串口协议要求下发命令时,FPGA 软件是否能通过 rx_i 接口接收上位机下发的命令,并是否能够正确解析命令		
测试输入及操作说明	上位机通过串口调试助手按照波特率为 460800 b/s,通信协议满足 1 bit 起始位,8 bit 数据位,LSB 模式,1 bit 停止位; 发送写 FLASH 操作命令,写命令帧头为 0XEB90,命令为 0X55,地址为 0X0001,数据为 0XAA; 发送读 FLASH 操作命令,读命令帧头为 0XEB90,命令为 0XAA,地址为 0X0001		
预期测试结果	通过示波器观察到 SPI 读数据命令时序满足协议要求		

续表

实际测试结果	SPI 读数据命令时序满足协议要求
测试通过结果	通过
假定约束条件	系统输入时钟 29.4912 MHz
测试人员	测试日期

静态时序分析见附表 8-19。

附表 8-19　静态时序分析

测试用例名称	静态时序分析	测试用例标识	UART2SPI-TT-001-001
需求追踪	5.5.1 静态时序分析		
测试级别	配置项测试	测试类型	时序测试
测试方法	静态时序分析		
测试说明	测试是否存在建立时间和保持时间违例		
测试输入及操作说明	在 ISE 14.7 中执行静态时序分析		
预期测试结果	不存在建立时间和保持时间违例的情况		
实际测试结果	不存在建立时间和保持时间违例的情况		
测试通过结果	通过		
假定约束条件	设计文件和约束文件完备		
测试人员		测试日期	

跨时钟域信号分析见附表 8-20。

附表 8-20　跨时钟域信号分析

测试用例名称	跨时钟域信号分析	测试用例标识	UART2SPI-ST-001-001
需求追踪	5.6.1 跨时钟域信号分析		

测试级别	配置项测试	测试类型	安全性测试
测试方法	设计检查-跨时钟域信号分析		
测试说明	测试设计是否对跨时钟域信号进行了有效同步		
测试输入及操作说明	使用 QuestaCDC 进行跨时钟域信号分析		
预期测试结果	对设计中的跨时钟域信号均进行了有效的同步处理		
实际测试结果	设计中的跨时钟域信号均进行了有效的同步处理		
测试通过结果	通过		
假定约束条件	设计文件和约束文件完备		
测试人员		测试日期	

附录9 被测设计源代码

top. v

```
1 module  ser_spi_flash (
2     // global signals
3     input  clk_i,      //29.4912MHz
4     input  rst_n_i,      //rst_n,
5     //uart bus signals
6     input  rx_i,      //rx,
7     output  tx_o,      //tx,
8     //spi bus signals
9     output  cs_n_o,      //cs_n,
10     output  wp_n_o,      //wp_n,
11     output  hold_on_o,      //hold_on,
12     output  sck_o,      //sck,
13     output  sdi_o,      //si,
14     input  sdo_i      //so
15
16  );
17
18     // wire declaration
19     wire  sys_clk;  // 58.9824MHz
20     wire  sys_rst_n;
21     wire  clk30m;
22     wire  rec_done;
23     wire [47:0]  ATP_rec;
24     wire  ext_rd_trig;
25     wire [7:0]  rd_data;
26     wire  watch_dog;
27     wire  clk460p8khz;
28     wire  clk3m6864hz;
29
30     wire  spi_rst_n;
31     wire  ext_rd_trig_sync;
32     wire  rec_done_sync;
33
34
35     // DCM instance
```

```
36      clk_manage  clk_manage_inst0(
37          // Clock in ports
38          .CLK_IN1(clk_i),
39          // Clock out ports
40          .CLK_OUT1(sys_clk),
41          .CLK_OUT2(clk30m),
42          // Status and control signals
43          .RESET(!rst_n_i),
44          .LOCKED()
45          );
46
47      // async reset sync process
48      async_rst_sync_re async_rst_sync_re_inst0(
49          .clk_i(sys_clk),
50          .rst_n_i(rst_n_i),
51          .rst_sync_re_o(sys_rst_n)
52          );
53
54      async_rst_sync_re async_rst_sync_re_inst1(
55          .clk_i(clk30m),
56          .rst_n_i(rst_n_i),
57          .rst_sync_re_o(spi_rst_n)
58          );
59
60      uart_clk  uart_clk_inst0(
61          .clk_i(sys_clk),
62          .rst_n_i(sys_rst_n),
63          .tx_clk_o(clk460p8khz),
64          .rx_clk_o(clk3m6864hz)
65          );
66
67      Uart_Rx Uart_Rx_ATP_inst0(          //460.8K*8=3.6864MHz
68          .clk8xuart   (clk3m6864hz),    // input   clk8xuart
69          .rst_n       (sys_rst_n),      // input   rst_n
70          .Rxd         (rx_i),           // input   Rxd   ---application purpose
71          .rec_done    (rec_done),       // output   rec_done
72          .rec_data    (ATP_rec)         // output [47:0] rec_data
73          );
74
75
```

```
76      Uart_Tx Uart_Tx_ATP_inst0(          //460.8K      ok
77          . clk460k  (clk460p8khz),       // input   clk460k
78          . rst_n    (sys_rst_n),         // input   rst_n
79          . Txd      (tx_o),              // output  Txd
80          . trig_spot(ext_rd_trig_sync),  // input   trig_spot
81          . recdata  (rd_data)            // input [328:0] recdata
82          );
83
84      synchronizer #(
85          . SYNC_FF_WIDTH(1)
86      ) synchronizer_spi_tx (
87          . clk_i(clk460p8khz),
88          . rst_n_i(sys_rst_n),
89          . dff_i(ext_rd_trig),
90          . sync_dff_o(ext_rd_trig_sync)
91      );
92
93      rd_wr_flash rd_wr_flash_inst0(
94          . clk30m(clk30m),
95          . rst_n(spi_rst_n),
96          . watch_dog(watch_dog),
97          . hold_n(hold_on_o),
98          . wp_n(wp_n_o),
99          . cs_n(cs_n_o),
100         . so(sdo_i),
101         . si(sdi_o),
102         . sck(sck_o),
103         . s_trig(rec_done_sync),
104         . spi_cmd(ATP_rec[31:0]),
105         . ext_rd_trig(ext_rd_trig),
106         . rd_data(rd_data)
107     );
108
109
110     synchronizer #(
111         . SYNC_FF_WIDTH(1)
112     ) synchronizer_rx_spi (
113         . clk_i(clk30m),
114         . rst_n_i(spi_rst_n),
115         . dff_i(rec_done),
```

```
116     . sync_dff_o( rec_done_sync )
117   );
118
119
120   endmodule
```

Uart_Rx. v

```
1   module   Uart_Rx( clk8xuart, rst_n, Rxd, rec_done, rec_data );
2
3   input clk8xuart;
4   input   rst_n,Rxd;
5   reg   rec_flag;
6   output   reg   rec_done;
7   output reg [47:0]rec_data;
8   reg [47:0]data_buf;   //6 * 8 bit =48
9
10   reg   clkbaud8x;
11   wire Rxd_buf;
12   reg   clk_uart;
13   reg   trig;
14   reg [7:0] tally;
15
16   reg [7:0] Rxd_data;
17   reg [31:0] baud8x_rec_cnt;
18
19   reg [7:0] rec_datdls;
20   reg [7:0] rec_dat0;
21   reg [7:0] rec_dat1,  rec_dat2,  rec_dat3,  rec_dat4,  rec_dat5,  rec_dat6,
rec_dat7, rec_dat8;
22   reg [7:0] rec_dat9, rec_dat10, rec_dat11, rec_dat12, rec_dat13, rec_dat14, rec_
dat15, rec_dat16;
23
24
25   reg rx0,rx1,rx2,rx3;
26   reg [8:0] Rxd_reg;
27
28   reg [7:0] j;   //8X          baud 76800, actual value =76687bps
29   reg [3:0] state;
30   parameter
31     Init                 =4' d0,
```

```
32      Idle              = 4' d1 ,
33      Syn_First         = 4' d2 ,
34      Syn_S_Pre         = 4' d3 ,
35      Syn_Second        = 4' d4 ,
36      Start_R_Pre       = 4' d5 ,
37      Start_rec         = 4' d6 ,
38      Receive_over      = 4' d7 ;
39
40   reg [31:0] tick ;
41   reg [3:0]   cond ;
42   parameter
43      Seek_High = 4' d8 ,
44      Seek_Low  = 4' d9 ;
45   parameter value = 32' d5 ;
46
47   always @ ( posedge clk8xuart or negedge rst_n )
48   begin
49      if( ! rst_n )
50      begin
51         state <= Init ;
52   end
53   else
54      case ( state )
55      Init :
56      begin
57         state <= Idle ;
58         tally <= 8' d15 ;
59         trig <= 1' b0 ;
60         rec_flag   <= 1' b0 ;
61         rx0<=1' b1 ; rx1<=1' b1 ; rx2<=1' b1 ; rx3<=1' b1 ;
62         baud8x_rec_cnt   <= 32' d0 ;
63         Rxd_data <=8' h00 ;
64         Rxd_reg   <=9' b0000_0000_0 ;
65      end
66      Idle :
67      begin
68         rx0 <=Rxd ;
69         rx1 <= rx0 ;
70         rx2 <= rx1 ;
71         rx3 <= rx2 ;
```

```verilog
72          baud8x_rec_cnt   <= 32' d0;
73          trig <= 1' b0;
74          rec_flag   <= 1' b0;
75          if ( ~ rx3 &  ~ rx2 &  ~ rx1 &  ~ rx0)
76             state <= Syn_First;
77          else
78             state <= Idle;
79       end
80       Syn_First:
81       begin
82          baud8x_rec_cnt <= baud8x_rec_cnt +32' d1;
83          case ( baud8x_rec_cnt)
84          ( value):
85             begin
86                Rxd_reg[ 0 ]<=Rxd;
87                state <= Syn_First;
88             end
89          ( value+32' d8):
90             begin
91                Rxd_reg[ 1 ]<=Rxd;
92                state <= Syn_First;
93             end
94          ( value+32' d16):
95             begin
96                Rxd_reg[ 2 ]<=Rxd;
97                state <= Syn_First;
98             end
99          ( value+32' d24):
100            begin
101               Rxd_reg[ 3 ]<=Rxd;
102               state <= Syn_First;
103            end
104         ( value+32' d32):
105            begin
106               Rxd_reg[ 4 ]<=Rxd;
107               state <= Syn_First;
108            end
109         ( value+32' d40):
110            begin
```

```
111         Rxd_reg[5]<=Rxd;
112           state <= Syn_First;
113        end
114      (value+32'd48):
115        begin
116           Rxd_reg[6]<=Rxd;
117           state <= Syn_First;
118        end
119      (value+32'd56):
120        begin
121           Rxd_reg[7]<=Rxd;
122           state <= Syn_First;
123          end
124      (value+32'd57):
125        begin
126           Rxd_data<=Rxd_reg[7:0];
127           state <= Syn_First;
128          end
129      (value+32'd64):
130        begin
131           Rxd_reg[8]<=Rxd;
132           rx0<=1'b1; rx1<=1'b1; rx2<=1'b1; rx3<=1'b1;
133           if(Rxd_data==8'heb)
134           begin
135              state <= Syn_S_Pre;
136           end
137        else
138           begin
139              state <= Idle;
140           end
141        end
142    default :   //(baud8x_rec_cnt)
143        begin
144             state   <= Syn_First;
145        end
146      endcase
147    end
148    Syn_S_Pre:
149    begin
```

```
150      rx0 <=Rxd;
151      rx1 <= rx0;
152      rx2 <= rx1;
153      rx3 <= rx2;
154      baud8x_rec_cnt <= 32' d0;
155      trig <= 1' b0;
156      rec_flag   <= 1' b0;
157      if ( ~ rx3 &  ~ rx2 &  ~ rx1 &  ~ rx0)
158         state <= Syn_Second;
159      else
160         state <= Syn_S_Pre;
161   end
162   Syn_Second:
163   begin
164      baud8x_rec_cnt <= baud8x_rec_cnt +32' d1;
165      case ( baud8x_rec_cnt)
166      (value) :
167      begin
168         Rxd_reg[0]<=Rxd;
169         state <= Syn_Second;
170      end
171      (value+32' d8):
172      begin
173         Rxd_reg[1]<=Rxd;
174         state <= Syn_Second;
175      end
176      (value+32' d16):
177      begin
178         Rxd_reg[2]<=Rxd;
179         state <= Syn_Second;
180      end
181      (value+32' d24):
182      begin
183         Rxd_reg[3]<=Rxd;
184         state <= Syn_Second;
185      end
186      (value+32' d32):
187      begin
188         Rxd_reg[4]<=Rxd;
189         state <= Syn_Second;
```

```
190        end
191        (value+32' d40):
192        begin
193          Rxd_reg[5]<=Rxd;
194          state <= Syn_Second;
195        end
196        (value+32' d48):
197        begin
198          Rxd_reg[6]<=Rxd;
199          state <= Syn_Second;
200        end
201        (value+32' d56):
202        begin
203          Rxd_reg[7]<=Rxd;
204          state <= Syn_Second;
205        end
206        (value+32' d57):
207        begin
208          Rxd_data<=Rxd_reg[7:0];
209          state <= Syn_Second;
210        end
211        (value+32' d64):
212        begin
213          Rxd_reg[8]<=Rxd;
214          rx0<=1' b1; rx1<=1' b1; rx2<=1' b1; rx3<=1' b1;
215            if(Rxd_data==8' h90)
216            begin
217              state <= Start_R_Pre;
218              tally <= 0;
219            end
220            else
221            begin
222              state <= Init;
223            end
224        end
225        default:
226        begin
227          state <= Syn_Second;
228        end
229        endcase
```

```
230        end
231        Start_R_Pre：
232        begin
233          rx0 <=Rxd；
234          rx1 <= rx0；
235          rx2 <= rx1；
236          rx3 <= rx2；
237          baud8x_rec_cnt <= 32' d0；
238          trig <= 1' b0；
239          if（ ~rx3 &  ~rx2 &  ~rx1 &  ~rx0）
240            state <= Start_rec；
241          else
242            state <= Start_R_Pre；
243        end
244        Start_rec：
245        begin
246          baud8x_rec_cnt <= baud8x_rec_cnt +32' d1；
247          case（baud8x_rec_cnt）
248          （value） ：
249          begin
250            Rxd_reg[0]<=Rxd；
251            state <= Start_rec；
252          end
253          （value+32' d8）：
254          begin
255            Rxd_reg[1]<=Rxd；
256            state <= Start_rec；
257          end
258          （value+32' d16）：
259          begin
260            Rxd_reg[2]<=Rxd；
261            state <= Start_rec；
262          end
263          （value+32' d24）：
264          begin
265            Rxd_reg[3]<=Rxd；
266            state <= Start_rec；
267          end
268          （value+32' d32）：
269          begin
```

```
270            Rxd_reg[4]<=Rxd;
271            state <= Start_rec;
272          end
273          (value+32'd40):
274          begin
275            Rxd_reg[5]<=Rxd;
276            state <= Start_rec;
277          end
278          (value+32'd48):
279          begin
280            Rxd_reg[6]<=Rxd;
281            state <= Start_rec;
282          end
283          (value+32'd56):
284          begin
285            Rxd_reg[7]<=Rxd;
286            state <= Start_rec;
287          end
288          (value+32'd57):
289          begin
290            Rxd_data<=Rxd_reg[7:0];
291            state <= Start_rec;
292          end
293          (value+32'd64):
294          begin
295            Rxd_reg[8]<=Rxd;

296          rx0<=1'b1; rx1<=1'b1; rx2<=1'b1; rx3<=1'b1;
297          tally <= tally + 8'd1;
298          if(tally <8'd4)
299          begin
300            case(tally)
301            8'd0:
302            begin
303              rec_flag <= 0;
304              rec_dat0 <=Rxd_data;   //"data1"
305            end
306            8'd1:
307            begin
308              rec_flag <= 0;
```

```
309              rec_dat1 <=Rxd_data;   //"data2"
310          end
311          8'd2:
312          begin
313            rec_flag <= 0;
314            rec_dat2 <=Rxd_data;   //"data2"
315          end
316          8'd3:
317          begin
318            rec_dat3 <=Rxd_data;   //"data3"
319            rec_flag <= 1;
320          end
321          default:
322          begin
323            rec_flag <= 0;
324          end
325          endcase
326            state <= Start_rec;
327        end
328      end
329      (value+32'd65):
330      begin
331        if(rec_flag == 1'b1)
332        begin
333          data_buf <= { 8'heb,8'h90,rec_dat0,rec_dat1,rec_dat2,rec_dat3 };
334          trig <= 1'b1;
335          state  <= Receive_over;
336        end
337        else
338        begin
339          trig <= 1'b0;
340          state  <= Start_rec;
341        end
342      end
343      (value+32'd66):
344      begin
345        state  <= Start_R_Pre;
346      end
347      default :
348      begin
```

```
349            state   <= Start_rec;
350          end
351        endcase
352      end
353      Receive_over:
354      begin
355        rx0<=1'b1; rx1<=1'b1; rx2<=1'b1; rx3<=1'b1;
356        rec_flag <= 0;
357        trig<= 0;
358        state <= Init;
359      end
360      default:
361      begin
362        rx0<=1'b1; rx1<=1'b1; rx2<=1'b1; rx3<=1'b1;
363        state <= Init;
364      end
365      endcase
366    end
367
368    always@ (negedge rec_flag)
369    begin
370      rec_data <= data_buf;
371    end
372
373    always@ (posedge clk8xuart or negedge rst_n)
374    begin
375      if(! rst_n)
376      begin
377        tick <= 0;
378        rec_done <= 0;
379        cond <= Seek_Low;
380      end
381      else
382        case(cond)
383        Seek_Low:
384        begin
385          if(trig==1'b0)
386          begin
387            rec_done <= 0;
388            cond <= Seek_Low;
```

```
389              end
390           else
391           begin
392              rec_done <= 1;
393              tick <= 0;
394              cond <= Seek_High;
395           end
396        end
397     Seek_High:
398     begin
399        tick <= tick + 1;
400        if(tick<300)   //80us
401        begin
402           rec_done <= 1;
403           cond <= Seek_High;
404        end
405        else
406        begin
407           cond <= Seek_Low;
408        end
409     end
410     default:
411     begin
412        rec_done <= 0;
413        cond <= Seek_Low;
414        tick <= 0;
415     end
416     endcase
417  end
418
419  endmodule
```

uart_clk. v

```
1   module  uart_clk(
2    input    clk_i,
3    input    rst_n_i,
4    output   tx_clk_o,
5    output   rx_clk_o
6   );
```

```
7   // register declaration
8     reg       clk3m_r;
9     reg       clk460k_r;
10      reg [7:0]  k_r;
11      reg [7:0]  kk_r;
12
13
14    always @ (posedge clk_i , negedge rst_n_i) // 100MHz
15    begin
16      if( !rst_n_i) begin
17        k_r <= 0;
18        clk460k_r <= 0;
19      end else if (k_r == 8' d63) begin//460.8K
20        k_r <= 0;
21        clk460k_r <= ~clk460k_r;
22      end else begin
23        k_r <= k_r + 1;
24      end
25    end
26    always @ (posedge clk_i , negedge rst_n_i)
27    begin
28      if( !rst_n_i) begin
29        kk_r <= 0;
30        clk3m_r <= 0;
31      end else if (kk_r == 8' d7) begin
32        kk_r <= 0;
33        clk3m_r <= ~clk3m_r;
34      end       //3.6864M
35      else                    begin
36        kk_r <= kk_r + 1;
37      end
38    end
39    assign  tx_clk_o = clk460k_r;
40    assign  rx_clk_o = clk3m_r;
41
42    endmodule
```

Uart_Tx. v

```
1    module   Uart_Tx (
2      clk460k,
3      rst_n,
4      Txd,
5      trig_spot,
6      recdata
7    );
8
9    input wire    clk460k;
10     input wire   rst_n;
11     input wire [7:0] recdata;
12     output reg   Txd;
13     input wire   trig_spot;
14
15     reg [7:0]   preamble[2:0];
16     reg [7:0]   tx_data;
17     wire   trig_spot_Re;
18     wire   trig_spot_Fe;
19     wire [7:0]   spi_recdat_ff;
20
21     reg [7:0]   i;
22     reg [7:0]   k;
23     reg [20:0]   counter;
24     reg [31:0]   ticker;
25     reg [7:0]   cycle;
26     reg [7:0]   Tx_cnt;
27     reg [3:0]   state;
28
29     parameter Idle = 4'b0001, Endow = 4'b0010, Start_Tx = 4'b0100, Tx_Over =
4'b1000;
30
31     // sync process from   uart command
32     synchronizer   #(
33     . SYNC_FF_WIDTH(8)
34     ) synchronizer_inst0 (
35     . clk_i(clk460k),
36     . rst_n_i(rst_n),
37     . dff_i(recdata),
38     . sync_dff_o(spi_recdat_ff)
```

```
39        );
40
41        slib_edge_detect slib_edge_detect_inst0(
42          .CLK(clk460k),   //: in std_logic;        -- Clock
43          .RST(!rst_n),    //: in std_logic;        -- Reset
44          .D(trig_spot),   //: in std_logic;        -- Signal input
45          .RE(trig_spot_Re),  //: out std_logic;      -- Rising edge detected
46          .FE(trig_spot_Fe)   //: out std_logic       -- Falling edge detected
47        );
48
49        always  @(posedge clk460k or negedge rst_n) begin
50          if(!rst_n) begin
51            Txd     <= 1'b1;
52            Tx_cnt <= 8'd0;
53            i       <= 8'd0;
54            cycle  <= 8'h0;
55            state  <= Idle;
56          end else begin
57            case (state)
58              Idle: begin
59              Txd          <= 1'b1;
60              Tx_cnt       <= 8'd0;
61              i            <= 8'd0;
62              preamble[0] <= 8'hf5;
63              preamble[1] <= 8'haf;
64              preamble[2] <= spi_recdat_ff;
65              if (trig_spot_Re) begin
66                state <=Endow;   //prepare data for transfer
67                end else begin
68                  state <= Idle;
69                end
70              end
71              Endow: begin
72                i <= i + 1;  //
73                tx_data <= preamble[i];
74                Tx_cnt <= 8'd0;
75                state <= Start_Tx;
76              end
77              Start_Tx: begin
```

```
78              Tx_cnt <= Tx_cnt + 1;
79          case (Tx_cnt)
80            8' d0: begin
81              Txd   <= 1' b1;   //Idle 1
82              state <= Start_Tx;
83            end
84            //--------------------this part is used for data start--------------
85            8' d1: begin
86              Txd   <= 1' b0;   //Start_bit 0
87              state <= Start_Tx;
88            end
89
90            8' d2: begin
91              Txd   <= tx_data[0];
92              state <= Start_Tx;
93            end
94            8' d3: begin
95              Txd   <= tx_data[1];
96              state <= Start_Tx;
97            end
98            8' d4: begin
99              Txd   <= tx_data[2];
100             state <= Start_Tx;
101           end
102           8' d5: begin
103             Txd   <= tx_data[3];
104             state <= Start_Tx;
105           end
106           8' d6: begin
107             Txd   <= tx_data[4];
108             state <= Start_Tx;
109           end
110           8' d7: begin
111             Txd   <= tx_data[5];
112             state <= Start_Tx;
113           end
114           8' d8: begin
115             Txd   <= tx_data[6];
116             state <= Start_Tx;
```

```
117              end
118                  8'd9: begin
119                Txd   <= tx_data[7];
120                  state <= Start_Tx;
121              end
122              //--------------------this part is used for data end--------------
123              8'd10: begin
124                Txd   <= 1'b1;  //Stop_bit =1
125                  state <= Start_Tx;
126              end
127              /* * * * * * * * * * * * * * * * * * * * * * * * * * * *
Third Byte End * * * * * * * * * * * * * * * * * * * * * * * * * * * * * */
128              8'd11: begin
129                Txd   <= 1'b1;  //Stop_bit =1
130                  state <= Tx_Over;
131              end
132              default: begin
133                Txd   <= 1'b1;  //Stop_bit =1
134                  state <= Start_Tx;
135                  end
136                endcase
137            end
138          Tx_Over: begin
139          if (i == 8'd3) begin
140            state <= Idle;
141          end else begin
142            state <= Endow;
143            end
144          end
145        default: begin
146          state <= Idle;
147        end
148      endcase
149    end
150  end
151
152  endmodule
```

synchronizer. v

```verilog
1    module synchronizer
2      #( parameter SYNC_FF_WIDTH = 1 )
3      (
4        input                          clk_i,
5        input                          rst_n_i,
6        input [ SYNC_FF_WIDTH-1 : 0 ]      dff_i,
7        output [ SYNC_FF_WIDTH-1 : 0 ]      sync_dff_o
8      );
9
10     // registers declaration
11     reg [ SYNC_FF_WIDTH-1 : 0 ]  dff_r[ 1 :0 ];
12
13     always  @ ( posedge clk_i , negedge rst_n_i )
14     begin
15       if( ! rst_n_i ) begin
16         dff_r[ 0 ] <= { SYNC_FF_WIDTH{ 1' b0 } };
17         dff_r[ 1 ] <= { SYNC_FF_WIDTH{ 1' b0 } };
18       end else begin
19         dff_r[ 0 ] <= dff_i;
20         dff_r[ 1 ] <= dff_r[ 0 ];
21       end
22     end
23
24     assign  sync_dff_o = dff_r[ 1 ];
25
26   endmodule
```

slib_edge_detect. vhd

```vhdl
1    LIBRARY IEEE;
2    USE IEEE. std_logic_1164. all;
3    USE IEEE. numeric_std. all;
4
5    entity slib_edge_detect is
6      port (
7        CLK   : in std_logic;      -- Clock
8        RST   : in std_logic;      -- Reset
9        D     : in std_logic;      -- Signal input
10       RE    : out std_logic;      -- Rising edge detected
11       FE    : out std_logic      -- Falling edge detected
```

```
12      );
13  end slib_edge_detect;
14
15  architecture rtl of slib_edge_detect is
16      signal  iDd : std_logic;                -- D register
17  begin
18      -- Store D
19      ED_D: process (RST, CLK)
20      begin
21        if (RST   = '1') then
22          iDd <= '0';
23        elsif (CLK' event and CLK='1') then
24          iDd <= D;
25        end if;
26      end process;
27
28      -- Output ports
29      RE <= '1' when  iDd = '0' and D = '1' else '0';
30      FE <= '1' when  iDd = '1' and D = '0' else '0';
31
32  end rtl;
```

async_rst_sync_re. v

```
1   module  async_rst_sync_re(
2     input   clk_i,
3     input   rst_n_i,
4     output  rst_sync_re_o
5   );
6
7     // reset process signals
8     reg [1:0]   rst_tmp_r;
9
10    always  @ (posedge clk_i or negedge rst_n_i)
11      begin
12        if(rst_n_i == 1'b0)begin
13          rst_tmp_r <= 2'b00;
14        end else begin
15          rst_tmp_r[0] <= rst_n_i;
16          rst_tmp_r[1] <= rst_tmp_r[0];
17        end
```

```
18        end
19
20        assign   rst_sync_re_o = rst_tmp_r[1];
21
22   endmodule
```

参考文献

［1］ 中华人民共和国国家质量监督检验检疫总局,中国国家标准化管理委员会.可编程逻辑器件软件测试指南:GB/T 33783—2017［S］.北京:中国标准出版社,2017.

［2］ 中华人民共和国国家质量监督检验检疫总局,中国国家标准化管理委员会.可编程逻辑器件软件文档编制规范:GB/T 33784—2017［S］.北京:中国标准出版社,2017.

［3］ 国家市场监督管理总局,中国国家标准化管理委员会.可编程逻辑器件软件 VHDL 编程安全要求:GB/T 37979—2019［S］.北京:中国标准出版社,2019.

［4］ 中央军委装备发展部.军用可编程逻辑器件软件测试要求:GJB 9433—2018［S］.北京:国家军用标准出版发行部,2018.

［5］ 中央军委装备发展部.军用可编程逻辑器件软件文档编制规范:GJB 9764—2020［S］.北京:国家军用标准出版发行部,2020.

［6］ 中央军委装备发展部.军用可编程逻辑器件软件编程语言安全子集—VHDL 语言篇:GJB 9765—2020［S］.北京:国家军用标准出版发行部,2018.

［7］ 中央军委装备发展部.军用可编程逻辑器件软件 Verilog 语言编程安全子集:GJB 10157—2020［S］.北京:国家军用标准出版发行部,2021.

［8］ 狄超,刘萌.FPGA 之道［M］.西安:西安交通大学出版社,2014.